中国城市规划·建筑学·园林景观博士文库

空间宪政中的城市规划

著者　何明俊

学科　宪法与行政法

学校　浙江大学

东南大学出版社

主 编 的 话

　　回顾我国 20 年来的发展历程,随着改革开放基本国策的全面实施,我国的经济、社会发展取得了令世人瞩目的巨大成就,就现代化进程中城市化而言,20 世纪末我国的城市化水平达到了 31%。可以预见:随着我国现代化进程的推进,在 21 世纪我国城市化进程将进入一个快速发展的阶段。由于我国城市化的背景大大不同于发达国家工业化初期的发展状况,所以,我国的城市化历程将具有典型的"中国特色",即:在经历了漫长的农业化过程而尚未开始真正意义上的工业化之前,我们便面对信息时代的强劲冲击。因此,我国城市化将面临着劳动力的大规模转移和第一、二、三产业同步发展、全面现代化的艰巨任务。所有这一切又都基于如下的背景:我国社会主义市场经济体制有待进一步完善与健全;全球经济文化一体化带来了巨大冲击;脆弱的生态环境与社会经济发展的需要存在着巨大矛盾;⋯⋯无疑,我们面临着严峻的挑战。

　　在这一宏大的背景之下,我国的城镇体系、城市结构、空间形态、建筑风格等我们赖以生存的生态及物质环境正悄然地发生着重大改变,这一切将随着城市化进程的加快而得到进一步强化并持续下去。当今城市发展的现状与趋势呼唤新思维、新理论、新方法,我们必须在更高的层面上,以更为广阔的视角去认真而理性地研究与城市发展相关的理论及其技术,并以此来指导我国的城市化进程。

在今天，我们所要做的就是为城市化进程和现代化事业集聚起一支高质量的学术理论队伍，并把他们最新、最好的研究成果展示给社会。由东南大学出版社策划的《中国城市规划·建筑学·园林景观》博士文库，就是在这一思考的基础上编辑出版的。该博士文库收录了城市规划、建筑学、园林景观及其相关专业的博士学位论文，鼓励在读博士立足当今中国城市发展的前沿，借鉴发达国家的理论与经验，以理性的思维研究中国当今城市发展问题，为中国城市规划及其相关领域的研究和实践工作提供理论基础。该博士文库的收录标准是：观念创新和理论创新，鼓励理论研究贴近现实热点问题。

作为博士文库的最先阅读者，我怀着钦佩的心情阅读每一本论文，从字里行间我能够读出著者写作的艰辛和其锲而不舍的毅力，导师深厚的学术修养和高屋建瓴的战略眼光，不同专业、不同学校严谨治学的风格和精神。当把这一本本充满智慧的论文奉献给读者时，我真挚地希望每一位读者在阅读时迸发出新的思想火花，热切关注当代中国城市的发展问题。

可以预期，经过一段时间的"引爆"与"集聚"，这套丛书将以愈加开阔多元的理论视角、更为丰富扎实的理论积淀、更为深厚的人文关怀而越来越清晰地存留于世人的视野之中。

南京工业大学　赵和生

序

在市场经济条件下,伴随城市化所产生的,诸如住房紧张、交通拥挤、环境污染等问题日益影响着城市发展。农村发展、征地拆迁问题更是成为城市化进程中两个关键问题,并受到了政府和社会的高度关注。如何建立公平、公正的资源配置体系成为这一代人共同的责任。城市规划作为政府干预城市发展的重要手段,在城市化与城市发展进程中所起的作用是众所周知的。2004 年的宪法修正案提出保护私有财产,引起了社会各界对城市规划法律问题的广泛关注。如何规范干预城市空间的公权力的制度设计显得更加迫切。

城市化是中国社会经济发展的必然趋势。如何形成有序的城市空间秩序则是关注城市发展各学科的共同目的。政治学、地理学、经济学、社会学均对城市规划产生了较大影响。虽然法律界这几年也对此课题展开研究,但相比较而言,城市规划的法律研究仍相对滞后。在此背景下,何明俊同志以《空间宪政中的城市规划》作为博士毕业论文进行了研究,这是将行政规划中的城市规划单独作为研究对象的有益尝试。

其毕业论文并没有按照通常的研究路径,而是从更宏观的视野,结合多学科进行研究。作者采用宪法理论分析空间中的基本权利以及权利冲突,提出了空间中基本权利的矛盾性、复杂性特征。作者比较了不同的制度如市场的制度、政府的制度、民主的制度、道德的制度对权利配置的影响,提出对基本权利的保障关键是制度的协同。作者不仅关注平等权利和公平正义,而且对城市规划的立法模式进行了比较研究。作者还对城市规划的立法目的和正当程序,也即公共利益与公众参与作了认真的分析梳理。作者最后借鉴国外的经验对城市规划的权利救济提出了自己的观点。

全书逻辑清晰,内容完整,旁征博引,更值得一提的是其有两个创新点:①首次提出空间宪政的概念。其目的是建立空间中权利与权利、权利与权力、权力与权力的关系分析的理论框架,研究空间中权利的实现方式

1

和相应的"美好城市"的制度设计的理论,并作为城市化进程中政府介入城市空间发展的理论依据。②首次用行政行为的理论对城市规划进行分析。作者认为城市规划是规制型的行政指导、行政给付、行政强制、行政征收,是具有具体行政行为特征的抽象复合行政行为。城市规划行政行为的分析可以更好地为法律规范城市规划行政权提供理论基础。

城市化的过程十分复杂。城市规划作用于城市不仅有程序的问题,其对城市空间也产生了实质影响。作者并没有停留在行政程序这一层面,而是更进一步关注城市规划作用的对象所产生的空间平等、空间正义以及制度设计等问题。在写作过程中,作者能广泛阅读,在采用以法学理论和原理为研究基础的同时借用了政治哲学、城市规划、城市社会、城市地理等学科的观点。作者这种采用交叉学科研究的方式,不仅为城市规划制度设计提供理论参考,同时也为法学中公权力的研究提供了新的思考空间。这是一种可喜的理论探讨与尝试。

在目前中国的法律制度中,城市规划(Plan)仍属于抽象的行政行为,司法审查的案例基本没有,这给本书的研究带来不少困难,也是本书国内的经验总结不够的原因。在法律界十分关注抽象行政行为是否可诉的今天,对城市规划的法律研究显得十分重要。城市规划的法律研究不仅是理论研究的需要,而且是实践的需要。本书的出版对城市规划的法律研究必将产生推动作用,同时希望更多的同行参与城市规划与法律的基础性研究。

胡建淼

2012 年 4 月 16 日

前　言

　　城市化是社会经济发展的产物,城市化带来了人口与产业在空间的再分布。人口与产业的再分布实质上是空间资源再分配的问题。城市规划作为政府回应城市化的行动而广泛受到关注。"谁的城市"、"公民可以进入城市吗"是宪政对城市规划的追问。法律意义上的城市规划涉及三个基本问题:①城市空间中公民权利的实现方式与城市资源的公平配置。②如何应对城市空间的极化与社会正义。③城市规划对财产权的限制与保护。如何设计出"美好城市"的制度,实现城市空间的平等、公平、公正,既是一个理论问题,又是一个现实问题。

　　城市规划是有意识地干预城市发展的政府行动。城市规划一般分为两个范畴,作为抽象行政行为的规划编制,作为具体行政行为的建设项目的许可。由于建设项目的许可必须依据城市规划,因此,城市规划的编制是城市规划的核心工作。本书是对所谓的"抽象的行政行为"——所制定的城市规划进行分析。目前有关城市规划的法律研究,主要是从比较行政法的角度和行政程序法的角度进行研究。由于城市规划是一项干预私有产权的制度,如何对城市规划进行法律控制一直是一个有争议的话题。

　　本研究采用新的视角,提出空间宪政的理论,试图解释空间中权利与权力的宪政关系。本研究从场所、空间和权利出发,探讨空间中公民基本权利的关联性和相互影响。通过城市贫困、社会隔离、财产权的外在影响和邻避现象分析公民基本权利在空间中的冲突和矛盾。考默萨(2007)认为:制度的选择决定着权利的变化。本研究重点讨论空间宪政中的四个基础理论问题:权利与制度、空间与平等、空间与正义、财产与干预。城市规划是一种事前干预的制度。本研究依据诺齐克和罗尔斯的正义理论,尝试提出空间资源配置的原则。城市规划作为干预私有产权的法律制度,其合宪性受到人们的关注。本研究借鉴美国城市规划司法审查的相关经验,从城市规划的目的和与目的关联性的手段分析了城市规划的合宪性。

　　作为行政权的城市规划主要是从发展权的配置、自然资源与人文资源的保护、对私有产权实施的公共管理对城市空间进行约束或者是规制。从行政行为的角度则是由行政指导、行政给付、行政强制和行政征收组成的复合行政行为。但这些行政行为均为"不成熟"的行政行为,或者是规制型的行政行为。从宪法的角度,这种复合行政行为须遵循法律保留的原则。如何理解法律保留,笔者比较西方多国的城市规划制度后提出,城市规划应采用软硬兼施的立法模式。笔者认为,城市规划中有关行政给付、行政强制和行政征收的内容适用于"法律保留"原则。因此,直接干预土地利用的城市规划应采用"立法"模式,或者是法定图则的模式。

公共利益是城市规划对私有的土地产权实施公共管理的重要依据,也是城市规划的中心议题。由于公共利益概念的不确定性,引发了学术界的争论。本研究则将公共利益与公民基本权利相联系,提出空间中的公共利益是在社会经济发展场景中的社会价值的体现。但公共利益的寻找需要公众参与。然而,如何从近似于布朗运动的公众意见中寻求一致,则是公众参与中的困难。阿罗的不可能定律、孙斯坦的协商意见极化以及博曼的协商不平等理论表明了公众参与中的难题。

司法如何看待公共利益,司法如何看待社会权的实现的途径是讨论城市规划可诉性的关键所在。由于城市规划是在公众参与下的"立法"模式,法院在公众利益方面更有发言权的观点恐怕是令人怀疑的。城市规划制度的权利救济应是广义的,公众参与、行政监督是救济的重要手段。本研究仍坚持,司法与行政在公共利益的找寻和认定方面各有优势。为此,笔者认为司法审查应仅限于具体的行政行为,而不应将城市规划的编制列为司法严格审查的对象。

空间宪政不仅是控制政府的"有形之手",而且是实现社会和谐的制度设计。城市规划法律制度的运行机制是在市场、政府、公民社会的互动的前提条件下,个体利益与社会的公共利益的博弈或者是妥协的结果。作为干预土地产权、建立空间秩序的城市规划应以公民基本权利为价值取向。在城市空间中,公民权利随城市结构的转型"此消彼长",而社会和谐与平衡则是判断城市规划法律制度好坏的判断标准。发展、权利和社会和谐应是城市规划法律制度研究的中心或主题。

城市规划的法学研究是一个有意义但十分艰辛的选题,以上思考,供大家批评指正。

何明俊

2012 年 4 月 16 日

目　录

1 绪论

1.1 城市规划法律研究的缘起

2004年宪法修正案提出保护合法的私人财产,2007年全国人大已批准物权法,这标志着规范社会主义市场经济的基本法律制度已基本确立。对私有财产的保护必须对权力进行规范。由于城市规划不是先于城市而存在,为此,对城市规划权力的规范应从城市化进程以及城市规划介入城市发展开始说起。

1.1.1 城市化与空间冲突

可以说,人类文明史就是一部城市化进程的历史。城市是人类文明的标志。社会经济发展与城市化相辅相成,相互推动。随着社会经济的发展,城市成为了人类社会的主要集聚方式,21世纪也将是城市化的世纪。城市化是随社会经济发展而出现的一种社会、经济在空间上的演化方式。城市化促进了人类社会的发展形态由分散型的乡村社会向集聚型的城市社会的转型。随着人口从乡村向城市的集聚,人类社会的生产方式、生活方式、资源利用、空间形态等方面都发生了很大的变化。

城市化推动了城市发展,改变了城市结构,并影响着社会关系和空间关系。城市化过程是一种空间占用的过程,也是一种社会的集体行动的过程。在城市化过程中,空间的生产、占有、配置是各利益体发展的基础,也是各利益体矛盾冲突的根源。为此,"空间生产成为矛盾的焦点"(孙江,2008)。有限的空间资源引发了各利益体的竞争与冲突。在城市化背景下,城市交通、住房、环境污染、基础设施配置等城市问题是在有限资源约束下,利益博弈在城市空间中的宏观表现。在市场经济的体制下,城市发展中利益主体的多元化,形成了空间利益博弈的格局。从博弈的角度看,城市结构是一种利益博弈的现实表现。城市化带来了城市结构的变迁,因而,城市化进程也是利益博弈的进程。

对中国而言,城市化意味着更多的农村人口进入城市。如果从改革开放开始计算,城市化将使得 8 亿农民进入城市。农村人口进入城市不是一个简单的空间分布问题,而是一个复杂的利益分配和权利实现的制度问题。宪法规定了公民的基本权利,而"权利需要将资源、机会和自由分配给具体的个人"(托马斯,2006)。宪法还规定了平等权利,城市空间资源的配置就应符合这一原则。因此,在城市化进程中,分配资源、机会和自由的制度设计成为实现公民基本权利和宪法原则的关键所在。

随着城市化的进程,城市成为实现公民权利的空间载体。空间中公民的基本权利首先是进入城市的权利,这是平等权利的体现。"将群体、阶级、个体从城市中排出,就是把他们从文明中排出,甚至是从社会中排出"(勒菲弗,2008)。1975 年美国新泽西州最高法院在南伯灵顿县诉芒特劳雷尔镇案的判决中,提出了发展中的城镇有义务通过分区规划为中低收入阶层提供获得合适住房的机会。进入城市最基本是居住权利的实现,而最困难的则是中低阶层的人群。因此,芒特劳雷尔案的判决是肯定了中低收入阶层获得住房的机会,而实质上是肯定了公民进入城市的权利。进入城市的权利是公民平等权的体现。

随着社会经济持续快速发展,中国正在经历着一场大规模、高速度的城市化。2000 年诺贝尔经济学奖获得者斯蒂格利茨曾预言:中国的城市化运动将是给 21 世纪人类社会进程造成最深刻的影响的两大事件之一。2010 年中央一号文件首次提出通过城镇化的发展方式,解决"三农问题"。这足以说明城市化对中国社会经济发展的意义。中国的城市化意义重大,但也面临巨大的难题。目前,中国有 660 多个城市,城市化比例达到 50% 左右。据预测,如果中国每年的城市化比例以 1.0% 的速度增长,每年约有 1 000 万以上的人口进入城市,那么到 2020 年城市个数将达到 1 500 个。若城市化水平达到 70% 以上,至少还有 3 亿~4 亿人口进入城市。按照周伟林等学者(2010)的预测,还将会有 5 亿人口进入城市。中国的城市化将改变中国人口分布方式,也改变着城市的居住方式、就业方式、土地使用方式。

城市化以城市发展为前提,而城市发展则由一系列的土地开发组成。土地的开发在法学上具有多重性。例如,一个工厂的建设,意味着土地业主财产收益权的行使。对市民来说增加了就业机会,为潜在的就业者创造了获得其他权利的机会。对社会而言,增加了就业机会,就会获得社会的稳定。但是,该工厂还可能产生污染,影响周边的居住环诉？城市规划的制定是法律授权的一项工作。然而法律的授权采用的是不确定性的法律概念，诸如合理布局、人居环境等。这使得城市规划的制定具有巨大的裁量权。然而城市规划依照目前的行政法理论是属于抽象的行政行为。按照现行的行政复议与行政诉讼制度，城市规划不属于受案范围。但作为干预私有产权的城市规划，从法理的角度是应该可以进行权利救济的。但由于对城市规划的法律性质认识不清，城市规划的可诉性一直是学界的讨论滞后于现实的问题。

1.2.3 西方城乡规划制度研究现状——以美国为例

城市规划涉及政治、法律、经济等制度，各国的城市规划制度均不相同。就英国和美国比较，虽然均以普通法为基础，按照梁鹤年（2004）观点，英国城市规划制度的特征是"以理治法"，而美国的城市规划制度则是"法可压理"。具有普通法传统的美国，在城市规划方面并未受到英国的强烈影响，而是学习德国的区划制度。大陆法律的一个重要特征是"法律确定性"，这也影响了大陆的规划体系是"命令式的"，在事前给出系统的制定规则（斯特德等，2009）。美国是"把城市规划转化为法律"（王伊俏，2008）。美国对土地的控制是依据警察权（Police Power），也即促进公共健康、安全、福祉等方面的权力，采用法定的分区制度。

20 世纪以前，美国也没有政府土地管理的行为。作为普通法的国度，对土地的管理一般限于司法行为，也就是"由法院强制执行私人协议并审理侵扰纠纷"（斯普兰克林，2009）。但随着城市规划的进程、土地使用影响的增大，土地使用受到了各种规章、条例和法律的约束。城市规划正是在此背景下产生。英美规划法的产生是"国家土地法中的公共意识高于所有权意识的建立"（吴志强，2000；王伊俏等，2008）。1916 年纽约采用综合区划条例标志着美国现代城市规划制度的开始。联邦政府授权各州编制区划，而大多数州也授权地方政府采用区划制度。区划条例包括文本和图纸。

涉及美国城市规划的法律制度的著作已经有很多。美国的城市规划法律制度体系比较完善，既有宪法依据，又有司法判例。美国城市规划法律制度的研究成果理论与实践相结合，是本研究学习与分析的重点。本节则简要分析如下研究成果：约翰·M.利维 2003 年的中文版《现代城市规划》，斯普兰克林 2009 年的《美国财产法精解》，曼德尔克（Daniel R. Mandelker）1997 年的《土地利用法（第 4 版）》[Land Use Law（Fourth

Edition）]以及曼德尔克与坎宁安（Roger A. Cunningham）1990 年合著的《规划和土地发展控制：案例资料》（*Planning and Control of Land Development，Case and Materials*）。

利维 2003 年中文版《现代城市规划》是城市规划的专著。该书用了一章的篇幅讨论了城市规划的法律基础。该书的观点是城市规划具有征收的权力（Eminent Domain），分区制的合法性在于治安权（Police Power）。该书提出了城市规划需解决的主要问题（利维，2003）：①交通；②供水、排水和污物处理；③空气质量；④公园、户外活动和开敞空间；⑤经济发展；⑥住房。这些问题均与基本权利密切相关。因此，该书提出城市"规划是在高度政治化的背景下进行的"（利维，2003）。

斯普兰克林 2009 年的《美国财产法精解》，虽然该书的主要目的是财产的法律，但涉及城市规划的内容有五章。从该书的结构可知道财产与城市规划有着密切的关系。该书的观点为城市规划限制土地利用是一个演变的过程，"城市化、工业化、人口增长、技术进步以及其他经济、社会力量导致了这种革命性的变化"（斯普兰克林，2009）。该书从尤科里德村（其他书为"欧几里得村"）案，阐述了城市规划的合宪性。该书选择了许多案例，从宪法的角度，对城市规划制度的演变历程进行了评述。由于美国采用的是普通法制度，地方议会授权规划委员会编制的区划（Zoning）采用的是"立法"的模式，案例的选择表明了美国的城市规划是可诉的。

曼德尔克 1997 年的《土地利用法（第 4 版）》是一本土地利用规划的专著。该书提出了城市规划的权力范围：①土地使用和密度的区划；②历史地区的区划；③环境土地的规制和历史标志的保护；④美学的规制；⑤增长管理；⑥土地使用细分。美国的城市规划虽然可以进行司法审查，但各州的标准是不一致的，重点关注的是平等保护、对经济利益的过度影响等宪法性问题。美国宪法要求征收应给予公正的赔偿，法院也要求土地使用规划遵守正当程序。假如法院认为土地利用的规制违反了征收条款，最高法院会要求在土地使用规制生效期间由于暂时的征收而给予赔偿（曼德尔克，1997）。联邦和州宪法中的征收、平等保护和正当程序是土地使用的法律基础，也是司法审查的基础。

曼德尔克与坎宁安 1990 年合著的《规划和土地发展控制：案例资料》也是一本有关规划和控制土地利用的专著。该书提出政府通过城市规划对城市土地利用进行干预，干预的合理性来源于市场失效，诸如外在性的问题。而城市规划是"将价值转译为方案"（曼德尔克与坎宁安，1990），并通过避免不相容的土地使用来减少冲突。城市规划的法律基础是：①妨碍（法），为防止土地权利的过度使用；②治安权，则是为了公共利益对土地使用的规制；③违宪纠正，重点则是规划涉及宪法中所谓的"征收"所牵涉的合理补偿的问题。该书将科斯的交易成本理论用于城市规划应对外在影响的分析之中。通过排他性区划，讨论诸如平等权、正义等理念。

美国已经高度城市化，"权利的此消彼长"不是城市的主要问题。经过近百年的发展，美国的城市规划法律制度比较成熟，已经建立了一套完善的城市规划体系、城市规划编制以及权利救济的制度。在崇尚自由市场经济的国家，财产权的概念深入人心。但是，自由主义导向的结果是城市蔓延。城市蔓延蚕食了大量农田和生态用地，扩大了城市的出行时间。小汽车的使用加快了环境的恶化。城市的蔓延和资源的浪费成为美国面对的又一个难题。虽然，导致城市蔓延的因素是多样的，然而政府的管制和区划的作用则是十分重要的（田莉，2004）。"如果废除所有的土地使用限制，美国城市也许会重建成更高密度的地方，拥有更多样化的功能"（布鲁格曼，2009）。从这一角度，美国城市规划缺乏的是如何将"可持续发展"注入到城市规划的法律制度中。

1.3　研究的理论方法和分析视角

方法是理论研究的核心，不同的方法产生不同的结果。爱因斯坦曾经说过，当面对重大问题时，我们无法在制造出这些问题的层次上思考解决的办法。为此，研究城市规划的法律问题，我们不能仅在城市规划的层次上思考。

1.3.1　研究的视角

如何看待城市规划，不同的视角有不同的结果。从现行的规划定义看，城市规划是一定时期城市经济和社会发展、土地利用、空间布局以及各项建设的综合部署和具体安排。从政治经济学的观点看，城市规划是公平、公正、合理地配置空间资源和空间利益的过程。从法学的角度则认为，城市规划是规范土地的占有、使用和改造的法律规则，或者说确定土地使用的种类和方式的规则。方法论对理论研究具有重要意义，方法论的创新往往会推动学科的创新。这里无意进一步探讨方法论问题。但是，可以肯定的是，多视角的研究可以更好地把握问题的实质，可以更好体现研究成果的解释能力和预见能力。

从法学的角度研究城市规划,可以有三条基本的研究进路:①比较法的方式:通过对各国规划法的比较,结合中国实际,提出城市规划的法律制度。例如,可以对英国、美国、德国、日本等国家的城市规划制度进行比较研究,总结出规律性的理论和原则,提出中国城市规划的法律制度。由大陆法系产生的"严格规则"的城市规划制度,如美国借鉴德国城市规划制度而产生的区划制度,以及普通法系产生的"自由裁量"的城市规划制度,如英国的地方规划的发展控制制度,均是值得研究与借鉴的课题。②行政法的进路:从分析城市规划的行政行为出发,从行政程序法的角度,提出城市规划的法律制度。这是一种可操作的研究方式。其成果可以直接指导城市规划实践。但对城市规划中的法律基本问题,如城市规划所涉及法律地位、可诉性、公共利益、征收等问题回答乏力。③宪政的角度:从宪政的基本概念着手,研究城市空间权利与权力等基本问题,提出规范城市规划的法律制度。该研究进路可以从法律的元理论出发,用规范的方法,提出总揽全局的理论体系。该研究进路意义重大,也是一个庞大的工程。

城市规划已经成为了一种干预空间发展的制度,要更有效地发挥城市规划在解决城市问题中的作用,就应改变分析城市规划的视角、思维方式与方法。宪法研究权力、权利等问题是在无限的时间与空间的条件下。但在城市空间中,宪法中的权利与权力受到了资源有限的制约。虽然,诸如平等权、自由权、人格权等权利并没有与空间有直接的联系,但是居住权、就业权、教育权以及环境权就与空间关系密切,并依赖于空间。它们之间的关系甚至是相互影响、相互排斥的。因此,要实现宪法所规定的权利,就应将空间纳入分析的视角。

从宪政的角度,城市规划所涉及的是空间发展中的对权利干预的权力,或者是空间转向中的权利与权力的关系研究。空间是社会科学研究的重要内容。列斐伏尔、詹姆逊等学者十分重视空间的研究。列斐伏尔曾提出绝对空间、相对空间、政治空间、社会空间等 30 多种空间的概念(Dear,2004),并认为"哪里有空间,哪里就有存在"(Lefebvre,1990;Dear,2004)。如果权利不是一种虚幻的概念,而是一种实体或空间承载的概念,那么,列斐伏尔的名言可改为:"哪里有空间,哪里就有权利"。这就在空间中注入了权利。

空间、权利与社会也有密切的关系。城市化是乡村社会转向城市社会,也是城市空间不断地产生的过程。列斐伏尔在1991年的《空间的生产》一书中指出,空间与社会是相互构建的,空间是社会的产物,空间也在积极塑造社会。Allen Pred在论述空间与社会的关系时说"社会变成了空间,空间变成了社会"(Pred,1985;李志明,2009)。空间与社会相互融入,空间就成了社会经济的发展场景的展示平台。为此,"空间也并不是一种中性的物质领域,空间的产生必然涉及复杂的社会经济与政治过程"(Lefebvre,1991;李志明,2009)。这表明空间是权利与社会塑造的产物。

在城市空间中,作为政府干预手段的城市规划所涉及的不仅是行政法问题,同时包括了宪政问题。美国南伯灵顿县诉芒特劳雷尔镇案(薛源,2006),可以清晰地表明这一点。1964年芒特劳雷尔镇通过了土地使用规划。该规划的工业用地占29.2%,商业用地占1.2%。该镇规划了四个住宅区,这些住宅区只允许建造独户住宅,不允许建设联排住宅、公寓与活动房屋。由于这些禁令,即使工业用地尚未用完,也不能将工业用地改为低收入住宅。因此,原告提出诉讼,"认为中低收入的家庭被违法地排除该镇"(薛源,2006)。这引发的法律问题意义深远。这不是一般意义的行政法问题,而是宪政中的平等权问题。该案中,分区条例对中低收入阶层的不平等对待,且受到歧视甚至是排除,与宪法的原则是矛盾的。

由于城市规划关注空间资源的配置,涉及价值判断、利益冲突等政治性问题,仅从行政程序的角度研究是不够的,而从宪政的角度研究就显得十分必要。从宪政角度研究的理由如下:①空间与权利密切相关。由于空间是存在的秩序,空间中权利冲突普遍存在。空间中存在空间贫困、空间正义的问题。②空间是权力参与塑造的结果。空间中对权利的强制与保护需要借助于权力,空间秩序的形成需要权威。而宪政规范了权力结构。③空间中的冲突往往涉及宪法。美国城市规划的实践表明,受土地规划影响的人往往求助于宪法以寻求救济,对诸如规划的目的、隔离、征收、妨害等问题进行违宪审查。④空间规划是一个政治过程。对空间的规划,涉及诸如交通拥挤、环境污染、公共安全、公共卫生、审美观念等问题,而变得富有争议。"规划是一个高度复杂并充满冲突的政治过程"(Forester,1987;张庭伟等,2009)。

列斐伏尔1970年在其《空间政治学的反思》中对城市规划的方法论和意识形态进行了批判,并认为"城市理论以及所支持的城市规划是建立在否定空间的内在政治性的前提上的,它完全忽视了塑造城市空间的社会关系、经济结构及不同团体的政治对抗"(李志明,2009)。空间生产的过程是权利、权力交织的过程。空间的侵入、空间的竞争、空间的接替,包含了权力与权利的合作与对抗。实质上,权利、权力、空间构成了空间宪政关注的主题。本研究提出的空间宪政试图成为城市规划法律研究的理论基础。

从空间的角度研究宪政,或者是从宪政的角度研究空间也就形成了一个新的研究领域:空间宪政。空间宪政是一个系统的视角,是将空间中的权利与权力置于"宪政"这个基本的背景框架之中:①在城市空间上如何实现公民的基本权利。在城市化背景下,城市空间结构与功能的变化,引发公民权实现方式的变化。城市空间的极化所产生的社会隔离,实质上是财产权的个体占有与社会性的矛盾。②在城市空间上如何规范政府的行政权力。在2004年宪法修正案和2007年物权法提出的保护私有财产的背景下,城市规划的法律依据是什么? 城市规划存在的目的和意义是什么? 公民如何维护自己的权利? 这些视角和相应的问题形成了空间中的宪政议题。因此,空间宪政可认为是将空间的因素引入宪政而进行研究的知识领域。

从上面分析可知,城市规划作为行政法的领域,核心是规范城市规划行政权力的运用。但城市规划所涉及的法律问题既是行政法问题,也是宪政问题。仅仅从行政程序的角度来研究城市规划是不够的,应从更高的角度统揽全局,关注城市规划的行政程序,以及城市规划所导致的空间的实质问题。为此,本研究从空间宪政的角度出发,提出规范城市规划的基本概念,利用比较研究和实证分析,重点从行政法的层面研究城市规划的法律制度,从而为城市规划的实践提供理论和指导。

1.3.2　研究的范围

由于城市规划是一个范围较广的工作。一般而言,城市规划分为两部分内容。一是作为行政规定或抽象行为的城市规划,也就是城市规划编制的过程以及所编制的成果;另一个是以城市规划为依据的建设项目的行政许可,也就是城市规划的实施过程和结果。城市规划的许可,是作为行政决定,或者是具体的行政行为,其运作程序和相关法律法规都相对较全,而且其结果均有行政复议和司法救济。城市规划的编制是城市规划工作的核心内容。依据《城乡规划法》,所有建设项目的规划许可或规划条件均必须依据控制性详细规划。所编制的城市规划既是《城乡规划法》授权地方政府编制的作为管理城市发展的工具,也是建设项目许可的依据。

从法律的角度,城市规划一经批准,对城市空间产生了新的法律效果。它规定了城市规划权力的运行方式,并对空间中的支持基本权利的财产权进行限制。在所有城市规划的工作中,所制定的城市规划是城市规划核心。它的实施改变了过去的空间控制,规定了未来的发展秩序。它对上要承接相关法律规范,对下则是建设项目许可依据。而在法律现状的评述中,城市规划(Plan)的制定是城市规划法律研究的薄弱环节。甚至在有的研究中,城市规划的编制与建设项目的许可不分,误认为城市规划的编制与建设项目的许可是同一个内容。因此,本研究的范围将放在作为行政规定或抽象行为的城市规划(Plan)。

城市规划分为"法定规划"和"非法定规划"。为了更深入地研究城市规划的法律属性与规范方式,本研究将范围限定在城市总体规划和控制详细规划。本研究只是从空间宪政的角度,研究城市规划的法律特征以及对城市规划的法律控制的问题。本研究的几个主要组成部分为城市空间与公民基本权利、空间宪政的理论基础、空间宪政中的城市规划、作为行政行为的城市规划、城市规划中的公共利益与公众参与、城市规划法制化、城市规划中的权利救济等内容。

1.3.3 研究的逻辑与分析方法

本研究借鉴宪法学的研究方法,从公民的基本权利着手,研究在城市空间中公民基本权利的冲突与矛盾,并提出空间宪政的概念,为规范城市规划行政权力建立理论基础。本研究将城市规划从行政行为的角度进行解析,目的是为城市规划的法制化和城市规划的权利救济提供依据。本研究采用了系统方法、规范研究、实证分析、比较研究和文献学习的方法。

(1)系统方法:系统要素之间相互关联,构成了一个不可分割的整体。系统的方法要求用整体原则、相互联系原则、有秩序原则、动态原则看待系统的产生和发展。空间是事物存在的客体,也是事物存在的秩序。系统的方法要求采用联系的方法对空间中权利进行动态的、整体的研究。

(2)规范研究:从元问题着手,也就是从空间中基本权利与权利实现方式,推论出权利之间的矛盾性与复杂性,进而从多角度分析政府的空间干预问题。本研究借用地理学、政治学、制度经济学的方法,提出联系空间、权利、制度和社会正义等方面的空间宪政的理论。

(3)比较研究:本研究从纵向研究市场—政府—公民互动的结构下

规划权力的变迁历程(如表1.1)。从横向比较英国的"以理治法"城市规划与美国的"法可压理"城市规划模式不同。

表1.1 城市规划法律制度的演变

时期	政府作用	主导利益	规划模式	权力模式	法律模式
20世纪40年代以前	守夜人	个体利益	结构与功能	限权	严格规则
40至80年代	政府管理	公共利益	理性与参与	控权	程序
80年代以后	治理	多元公众	合作与沟通	合作	软硬兼施

(4)实证分析:根据从中国的规划实践,西方国家特别是美国城市规划的判例中,寻找在城市空间中权力、权利、财产、制度之间的关系。

(5)文献学习:本研究采用跨学科的方式,通过法律、政治学、城市社会地理学、城市规划等相关学科的文献学习,借鉴研究方法和研究结论。

本研究的逻辑是:

(1)提出主题:城市规划是为实现宪法基本价值和社会经济的可持续发展,在资源约束的前提下,对公民基本权利与公共利益在城市空间上矛盾运动的制度安排。在城市的空间中公民基本权利的矛盾性与关联性、城市问题的复杂性的背景下,如何建立有序的空间发展秩序。如下四个相互关联的议题构成了本研究的主题:①空间上公民基本权利的实现;②空间中的权利平等;③空间上社会正义的表现方式;④空间上财产权的保护与制约。

(2)构建理论:本研究提出了空间中的基本权利与权力的关系理论,也即空间宪政的理论,以作为城市规划法律制度建立的基础。空间宪政理论由四个基础理论组成:①制度与权利:分析市场、政府、民主、道德等制度对权利实现的影响。②空间与平等:城市是公民的城市,不是哪个人群的城市。对于城市规划而言,空间中各个阶层人是平等的,少数与多数也是平等的。③空间与正义:空间中人的基本生存条件和有尊严的生活是空间正义的基本条件。为此城市规划不仅要关注公共安全、公共健康,而且要关注平衡空间的极化与隔离、共享发展成果,实现社会正义的城市。④财产权的限制:重点讨论空间中财产权的公共管理,以及宪法征收的公式,公共利益—正当程序—合理补偿在城市规划中的运用。

(3)建立模型:在空间宪政的指导下,本研究提出城市规划的概念模型为:①价值取向:公民权利的实现和社会的全面发展;②运行机制:市场、政府、公民社会互动的背景下,个体利益与公共利益的博弈过程;③运行过程:以实现程序理性与价值理性的沟通与合作;④实现结果:城市的公平正义与可持续发展。

（4）完善制度:从行政法的角度,研究城市规划的行政行为、法制化以及权利救济。本研究通过对行政行为的分析,提出城市规划是规制型的行政指导、行政给付、行政强制和行政征收。本研究运用行政法理论,提出中国城市规划在编审制度方面应引入法定图则,并建立刚柔相济的"行政立法"体系。在公民权利救济等方面,应研究城市规划的行政复议和司法审查制度,建立多样化的公民权利救济体系。

1.4　研究的意义

理论的目的是建构认识客观世界的方法架构。空间宪政理论试图建立一套解释在城市化背景下空间、权利和权力的宪政关系,并又回到实践中指导城市规划法律制度的构建。

1.4.1　现实意义

在西方发达国家,城市化水平已达70％,而在中国,城市化水平仅为50％左右,但人口多达13亿。这意味着最大的社会工程——城市化正在或将在中国展开。城市化进程不仅仅是人口和产业向城市的集中,更重要的是在城市化过程中,公民的基本权利是否得到更好的保护与实现。公民拥有自由迁徙和进入城市的权利,城市化为公民实现这些权利提供了可能。城市化的过程实际上也是公民基本权利实现和再配置的过程,也是一个巨大的社会改良过程。城市化改变了原有的权利格局,引发了新的社会冲突,甚至影响社会的稳定。如何化解冲突,建立公正、公平和正义的空间秩序,显得十分必要。城市化的实践需要规范空间秩序的理论,需要促进社会和谐的城市规划。

现代城市规划区别于传统的城市规划在于,城市规划不仅关注城市的空间布局,而且注重对城市空间的生产方式或者对房地产市场的干预。1947年英国城乡规划法的颁布可以认为是现代城市规划产生的标志,它将私人土地的发展权收归国有,土地的使用方式和开发强度均由政府通过城市规划来配给。从此土地作为私有财产而自由使用的时代不复存在,现代城市规划产生则意味着作为宪政基石的财产权制度的变更。大桥洋一（2008）也认为城市规划"是第二次世界大战后法律发展的结果"。

中国正在进行世界上最庞大的城市化工程，如何指导城市化进程有着重要的实践意义。在中国的城市化进程中，土地征收、房屋拆迁、阳光权、邻避现象引发大量信访。例如，这些社会运动与社会诉求的原因均与城市规划对财产的干预或侵权直接或间接地相关联。城市化的现实需要规范城市规划的运作。目前城市规划从物质形态的规划向公共政策转型，人们期望城市规划更具有效能和人文关怀。城市规划作为一种法律制度，除了具备工具理性，也要具备价值理性。因此，对政府的空间干预法律制度的研究，对于塑造公平与正义的城市、促进城市化向更加理性与更加健康的方向运行具有积极的意义。

1.4.2　理论意义

建立政府空间干预法律制度的理论有重要的理论意义。"依法行政"还是"依规行政"，既是一个现实问题也是一个理论问题。城市规划是关于资源配置的学问，而实质上是关于空间中公民基本权利实现方式与过程的理论。研究城市规划的法律问题，不能就法律研究法律。而应从社会经济发展的场景中研究城市规划存在的法律基础。市场、法律和政治制度对财产权作出的判断是各不相同的。"制度的选择决定着法律和权利的变化"（考默萨，2007）。因此，公民基本权利的实现依赖于制度的设置。从法律制度的层面研究，城市规划不仅是解决传统城市规划的空间布局，更重要的是实现城市发展中的空间的公平、公正与正义。而作为规范空间秩序的城市规划，正承受前所未有的重任。如何构建公平、公正的城市空间秩序，需要法学理论的支持，需要从法学的角度对城市规划进行检讨。

城市规划是政府调节城市空间秩序的重要手段，我们面临的发展条件是未来的难预测、信息的不对称性，如何面对市场经济条件下城市空间中的利益博弈，如何实现宪法中的公民权利和社会的可持续发展，这就需要提出城市规划法律制度的选择问题。而制度的选择，也是宪政研究的范畴。在城市化过程中，城市极化和空间的贫困吸引了更多学者的关注。城市的极化和空间的贫困并不是空间正义的现象。在城市化、市场化的背景下，权利的实现与财产权的保护，应当从城市规划的法律制度或空间宪政给出答案。空间宪政的提出为城市规划理论的完善提供了法学基础。

城市规划对财产权的干预,不仅仅是一个物权保护问题,其本质就是一个宪政的过程。因此,城市规划涉及的不仅是行政法问题,而且还有宪政的问题。章剑生(2008)认为,城市规划作为一种新型的行政行为,改变了权利的保障方式,难以用传统的行政法理论来解释城市规划,需要建构一套相关的行政法学的解释理论。城市规划涉及在城市空间上公民基本权利的实现、政府行政权的规范、财产权制度的变更,因而从宪政的角度研究就显得特别有意义。空间宪政的提出不仅提供一种城市规划的法学解释理论,同时也为法学和宪政理论的运用拓展了新的空间。

宪政是以宪法为前提,以民主政治为核心,以法治为基石,以保障宪法权利为目的的政治形态或政治过程。从另一个角度看,宪政是在无限的时间和空间中研究保障宪法权利的政治过程。在无限的空间中,宪法权利是一组和谐"权利"族,而在空间中,则是一组矛盾的"权利"族。空间宪政的提出拓展了宪政的研究范围和研究方式,将空间的因素引入宪政的研究。空间宪政的理论是在城市空间中,从制度的角度研究公民基本权利、从正义的角度研究城市的空间,并提出财产权保护与限制、政府行政行为规范的理论框架。空间宪政理论的建立,是解释空间中权利矛盾性与复杂性的一种尝试。空间宪政理论的提出,其目的是在建立"美好城市"的过程中,为政府干预城市化进程而提供理论依据。空间宪政的理论不仅仅是为城市规划提供法律理论的支持,同时形成丰富了宪政理论的范畴和研究方式。

1.5 本书的框架

本研究的第一章为绪论,一共五节。本章从问题的提出、现状的评述、研究的方法、研究的意义来简要地阐述空间宪政的主题。本章从现实生活中的农民工进城与征地拆迁,引出城市空间上公民权利的关联性与矛盾性,提出城市空间法律制度的建立实质上是空间与宪政的关系问题。本章简述了近期有关城市规划法律的成果以及相关争论,由此提出了本研究的方法和视角。本章最后阐述了本研究在理论和实践方面所具有的重要意义。

第二章从宪政中公民的基本权利出发,主要论述空间、发展与公民权利的关系,这是本研究的一个创新点。一般而言,从宪政的角度研究公民权往往是以静态的,或者是无限的空间为背景。作为规范的研究,这是十分必要的。城市既是空间的形态,也是权利的形态。进入城市的权利是公民基本权利实现的基础。本章从城市空间中的基本权利、城市化中的基本权利出发,探讨空间中公民基本权利的关联性和相互影响。通过城市贫困、社会隔离、财产权的外在影响和邻避现象分析公民基本权利在空间中的冲突和矛盾。

第三章分析城市规划的宪政基础。本章重点讨论空间宪政中的四个基础理论问题:权利与制度、空间与平等、空间与正义、财产与干预。考默萨(2007)认为:制度的选择决定着权利的变化。因而,保障公民的利益应从制度的层面来分析。在城市空间中,市场的制度、政府的制度、民主的制度和道德的制度影响着城市空间中的权力配置。没有一项制度可以完全解决空间中的权利冲突,空间宪政关注的是制度的协同。平等是人类社会的基本价值,空间中的平等则是宪政中平等权的体现。

第四章是从空间宪政的角度看待城市规划。城市规划是一种事前干预的制度。从宪政的角度,城市规划具有行政法、经济法和社会法的功能。城市规划的概念模型分为城市规划的价值取向、城市规划的运行框架和城市规划的运行机制。本研究依据诺斯和罗尔斯的正义理论,尝试提出空间资源配置的原则。城市规划作为干预私有产权的法律制度,其合宪性受到人们的关注。本研究借鉴美国城市规划司法审查的相关经验,从城市规划的目的和与目的关联的手段分析了城市规划的合宪性。

第五章是从行政权力与行政行为的角度讨论对空间进行约束的城市规划。本研究的一个创新点是对城市规划作为行政行为的研究与分析。为了规范城市规划,作为行政行为的城市规划就显得十分必要,且是法学研究的起点。本研究将城市规划(法定的规划)分为四个基本的行政行为。它们是行政指导、行政给付、行政强制和行政征收。但这些行政行为均为"不成熟"的行政行为,或者是规制性的行政行为。对行政行为的分析可以更好地从宪政的角度认识和规范城市规划。

第六章讨论的是城市规划的法律模式。如何理解法律保留,要么有很详细的城市规划法来明确或规范城市规划的行政行为,要么城市规划本身就应是"法"。笔者赞同城市规划本身就是法,特别是作为建设项目行政许可的依据层面的规划,或者称之为法定图则。笔者在比较英国、美国和中国香港地区的城市规划制度后提出,城市规划应采用软硬兼施的立法模式。中国现处在城市化中期,社会经济的转型将带来城市规划法律制度与城市发展的矛盾。为缓解这种矛盾,城市规划的"立法"应采用行政立法的模式,而不是人大立法模式,以适应行政响应社会经济发展的需要。

第七章主要讨论两个影响城市规划法律制度的概念与制度:公共利益与公众参与。公共利益是城市规划的目的,而公众参与则是城市规划的程序要求。本研究则将公共利益与公民基本权利相联系,提出公共利益可认为是在不同的社会经济发展场景中,数量较多的不定的利益群体的基本权利的集合的综合考量。本研究积极倡导公共协商(Public Deliberation),并认为是解决公众参与难题的最佳模式。但是协商后的公众意见的极化,则是公共协商面临的新难题。或许化解公众协商难题的关键是唤醒公众的美德。

第八章主要说明在城市规划中,公民的权利救济一直是法学的争论焦点。可诉与不可诉均有相应的依据。司法如何看待公共利益,司法如何看待社会权实现的途径是讨论城市规划可诉性的关键所在。本研究认为从宪政的角度,立法、行政与司法的目的是一致的。鉴于司法限度的存在,建立全过程的权利救济制度,将对公民的权利保障更有积极的意义。为此,本研究认为司法审查应仅限于具体的行政行为,而不应将城市规划的编制列为司法严格审查的对象,或者是只对程序进行审查。

第九章是本研究结论。空间宪政的目的是试图提出在制度、正义、平等背景下权利与权力关系的理论框架。本研究认为城市规划的运行机制是在市场、政府、公民、社会互动的前提条件下,个体利益与社会的公共利益博弈或者是妥协的结果。在城市空间中,公民权利随城市结构的转型"此消彼长",是否形成社会和谐或者是社会系统的平衡则是判断城市规划法律制度好坏的判断标准。发展、权利和社会和谐应是城市规划法律制度研究的中心或主题。

2 空间、基本权利与空间冲突

2.1 城市空间与基本权利

城市空间与基本权利是构筑空间宪政的基础。本节将空间与宪法学中的基本权利联系起来。"基本权利不仅是个人对抗国家的主观防御权，它们同时还是客观原则，为法律秩序提供尺度和方向"（格林，2010）。从公民基本权利的分类、空间中基本权利的复杂性与矛盾性、空间中基本权利的维度等三个方面，讨论空间与公民基本权利的关系。

2.1.1 空间中的基本权利

城市是人类的集聚地，人在空间中生存，也为空间注入了意义。物理学上的空间是物质存在的形式，表现为长度、宽度和高度。城市空间是空间的一种，但空间是什么呢？老子曰："埏埴以为器，当其无，有器之用；凿户牖以为室，当其无，有室之用；故有之以为利，无之以为用。"说的是人们不论是做器皿，还是建房子，有价值的部分是空间。人融入空间，赋予空间具有"人"的属性和权利的意义。吉登斯认为"人类互动的条件是共同在场，这不仅涉及时间维度，也关乎空间维度"（向德平等，2005）。这是一个权利的时代，权利概念已经融入了社会的各个层面，也包括城市空间。

诺克斯和平奇曾提出了法律意义的城市空间的概念（诺克斯和平奇，2005）。空间有了人，空间便具有人的属性，空间便成了基本权利的载体。空间具有了权利的属性，空间也成为一种权利。"只有当社会关系在空间中得以表达时，这种关系才能存在：它们把自身投射到空间中，在空间中固化，在此过程中也就产生了空间本身"（Dear，2004）。由此产生了空间的冲突、空间的抗争。因而，空间成为社会关系与社会行为的产物。莱布尼茨说："空间是共同存在的秩序（Order of Co-existences），就像时间是延续的秩序（Order of Succession）一样"（J. Urry，1985；叶涯剑，2006）。从这个角度看，城市不仅仅是一个地域概念，还是一种空间秩序。

"权利需要将资源、机会或自由分配给具体的个人"(托马斯,2006)。在空间中,基本权利则是需要空间资源的支撑。美国新政时期,罗斯福签署了为保护住房权、福利权、就业权、教育权等而设计的"第二权利法案"。为此,罗斯福向美国人民发出宣言:"人们有权在美国的工厂、商店、农场或矿厂获得有益的和有报酬的工作;人们有权获得足够收入,以便得到充足的衣食和娱乐;每一个农民都有权种植并出售农作物,并以由此获得的收益保证他和他的家庭有尊严地活着;每一个商人,无论大小,都有权在免受国内外不公平竞争和垄断者控制的环境中从事商业活动;每一个家庭都有权拥有体面的住宅;人民有权获得充分的医疗照料,并得到机会以维持和享有良好的健康;人民有权获得充分的保护,以免于因年老、疾病、意外事故和失业而导致的经济恐慌;人民有权接受良好的教育"(桑斯坦,2008)。

罗斯福的宣言既是人权的宣言,同时也是基本权利的空间性的阐述。因为空间有了人,空间不再是无意义的空间。它是公民个体和群体权利的载体。权利具有空间性。空间既是物质性的空间,也是权利的空间。居住权需要住宅,没有住宅的居住权是一种空谈。就业需要在工厂、商店和农场进行,教育权要在学校实现。从空间的角度看,每一种城市空间支持着不同的基本权利。居住用地支持着公民的居住权,工业和商业用地支持着公民的就业权,中小学则支持着公民的教育权,医院支持着公民的卫生条件等等。例如,在没有学校的边远农村,要实现教育权仅是空谈而已。可以认为,没有空间便没有权利。

尼克松曾指出:"洁净的空气、洁净的水、宽敞的空间——所有这些也都应该被认为是每一个美国人与生俱来的权利"(桑斯坦,2008)。尼克松所指出的不仅是公民的基本权利,而且把权利的概念扩展到了环境,如空气与水。权利存在于空间,这种权利既存在于空间中,也存在于更大的空间——环境中。在美国新政到20世纪80年代之间,美国国会创设了一系列权利,其中包括"免于贫穷的权利,免于肮脏的空气、肮脏的水和有毒物质的权利"(桑斯坦,2008)。这些权利正如汉考克(2007)指出:"必须保证最低限度的环境条件以实现有关生命权、健康权、自主权,以及免于饥饿的自由和个人自由等普遍人权"。权利成为环境中的权利,或者是环境权成了一种新的权利。

空间中的基本权利不是独立存在的,它受到空间的限制和调节。"人们的物理距离越接近,发生某种互动的可能性也越大"(诺克斯和平奇,

2005)。空间中两个最重要的因素是距离与位置。距离一般指物理距离，而位置则只有在空间结构中才能表现出差异性。不同的位置显示了不同的空间环境，例如，交通的设施、视觉质量、与学校的距离、与公园的距离、空气的状况等等，均显示出不同空间的位置特征。这样位置就与价值关联，进而位置影响财产权的价值。空间环境的正向变化，带来的是财产价值的增加，例如一个社区绿地的增加、空气质量的改善、公共设施的建设，均会引起财产价值的增加。反之，空间环境的逆向变化，带来的是财产价值的减少，例如一个社区视觉环境的混乱、大气与噪声的污染、地块的衰落等，均会引起财产价值的减少。

　　空间中的权利由于聚居地影响，与社会关系密切相关。迪尔和沃尔奇（诺克斯和平奇，2005）指出："①社会关系中的事件是通过空间而形成的；②社会关系中的事件受到空间的限制；③社会关系中的事件受到空间的调节。"例如，空间中距离会对到达工作地、学校、医院、公园、体育设施等地方的机会造成影响。因而，法国著名规划专家亚瑟教授认为"在当前的城市化过程中，机动性应当作为一种基本的公民权利给予保证。因为自主、自由地出行，与享受工作、教育和社会福利等其他基本权利一样，是保障城市居民生存的基本前提条件"（卓健，2007）。例如，若贫困家庭的居住与就业错位，贫困家庭由于负担不起小汽车交通的费用，就会失去了很多就业机会，甚至会逐步被排斥到社会边缘。

　　公民基本权利在空间的共存，引发的是公民基本权利的相互影响，例如，有污染的工业与居住用地相邻，就业权与居住权则产生矛盾。因而，在城市空间中，基本权利是相互联系和相互影响的。空间中的权利具有相互性，特别是以土地作为财产权更为明显。一地块的发展，从另一个角度看，则是限制了周边地块的制约，形成了发展权和相邻权的相互制约。例如，在杭州老城区，两栋老的居住建筑的建筑间距为1：0.8。南侧的老建筑年久失修，因而申请拆除重建。而按照国家的强制性规范，应满足大寒日两小时的日照，也就是要满足建筑的间距为1：1.2。这就引发了争论。北侧的建筑认为，南侧的建筑拆除后，应满足国家规范。这意味着，南侧的建筑不能再新建。而南侧的建筑的申请者则提出我的开发权或者是财产权则由于老建筑的拆除而"蒸发"了。

　　城市化改变人口的分布，人口由分散的农村聚集到城市。"城市是由不同的异质个体组成的一个相对大的、相对稠密的、相对长久的居住地"（Wirth，1938；向德平等，2005）。这里反映了城市的基本特征，城市是由

异质个体组成的共同体。集聚人口的分层,使空间的占有变得复杂化。"城市因此已形成为这样一种政治空间:聚居在其中的各种不同群体以及它们的身份认同,与其所表达的各种不同的公民权利要求彼此紧密地交织在一起"(Sassen,2000;Isin,2007)。社会关系与社会互动决定了人们在空间中的位置,而空间中的位置又影响人们对社会资源的获取。空间决定了权利的存在,而位置、距离规定了权利的质量。"同时在场"的权利产生了相互影响。由此产生了在空间中基本权利实现的平等与正义问题。

2.1.2 空间中基本权利分类

公民基本权利包含的内容广泛,分类也较多,这里并不对基本权利的分类进行深入研究。众多的学者对基本权利有许多分类,如按公民与国家的关系分类、权利与权力的关系分类、依据基本权利的功能分类等等。舒伊则"根据人类生存所必需的有益之物来界定人权"(汉考克,2007),并提出基本人权的概念。张千帆(2004)将宪法中的公民基本权利分为自由权、社会权和平等权。吴越(2007)则将公民基本权利分为公民权、政治权、经济权、社会权、文化权五大类。芦部信喜教授将权利分为自由权、社会权和参政权(林来梵,2001)。笔者认同吴越的分析,自由、社会与平等没有内在的联系的概念作支撑,而经济权利与社会权力也很难区别。因此,笔者认为,基本权利的分类无优劣之分,而关键是分类的目的是如何构建一个理论框架。在该理论的框架下,各种公民的基本权利可以得到清晰的梳理,并且形成逻辑统一的分类关系。

本研究的目的是在公民—社会—政府框架下,分析公民在城市空间中权利配置。在城市空间的背景下,在公民—社会—政府的分析框架下,权力与权利的关系分类有利于分析的进行。因而,本研究将公民基本权利分为自由权、社会权、环境权和政治权四大类。空间中的基本权利关系十分复杂,一种空间可对应于多个权利或权利关系。例如,就住宅而言,可以分为作为生存权的住宅权、作为自由权的住宅权、作为财产权的住宅权、作为福利权的住宅权等等。为此,本研究仅是简单分析宪法中的基本权利与空间的相应关系。

1)(个体)自由权或者是经济自由权

(个体)自由权,主要指个人生活方面的基本权利,主要包括人身自由权、居住权。这些权利还隐含着经济自由权、迁徙权等。它是公民的一项基本权利,也是宪政的核心权利。从洛克提出了自由权理论开始,权利就是一个演变的概念。近代人权理论以个人主义为基础,强调的是自由主义精神和个体的理性,因而,自由权是近代人权的重点和核心。自由权的本质是强调个体权利免于外界的干预,既包括其他个体的干预,也包括政府的干预。因而,个体自由权为消极的权利。"消极的人权承认个体有权反抗任何来自他人的可能损害其利益的专横的干预"(Goodin,1985;汉考克,2007)。一般认为,自由权的实现是建立在"最小国"的理念之上,依靠立法和司法来限制行政的权利,以保障个体的自由。个体自由权在多大程度上受到保障,是衡量社会文明的标志之一。

城市是人口的聚居地,首先是应保障公民迁徙和居住的自由。公民迁徙权是指人口可以在城市间,或者是农村与城市间自由地迁徙。然后是公民进入城市的权利,进入城市的权利的核心是可以居住于城市、生活于城市。进入城市的权利是公民在城市得以机会公平的体现。"进入都市的权利,也就是,进入都市生活、人文环境与新型民主环境的权力"(勒菲佛,2008)。拒绝公民进入城市,也就是将公民隔离于文明之外。"将群体、阶级、个体从城市中排除,就是把他们从文明中排除,甚至是从社会中排除"(勒菲佛,2008)。这与社会的正义是不相容的。列斐伏尔也指出:"将某些群体、阶级、个体排除在城市之外,也就是将他们排除在文明之外,即使不是排除在社会之外,而对于城市的权利则使人们能够正当合法地抗拒歧视性、隔离性的组织将他们排斥在城市现实之外"(Lefebvre,1996;Isin,2007)。

居住是人类生存的基础。个体进入城市后,最基本的权利应当是居住权。此外,还应享有免受环境污染的权利,享受自然资源的权利。对这些权利的主张,最好的方式是"力争划定和占用城市空间,对于要求这些权利非常重要"(Lefebvre,1994;Isin,2007),以确保在城市中个体的生存和有尊严的生活。个体在城市中,不仅有满足个体基本尊严的权利,还有主张个体发展的权利,诸如,受教育的权利、要求改善环境的权利、享受城市基础设施和公共设施的权利。这些权利保障个体在城市中可以得到进一步的发展。在城市空间中,土地和财产权是其他权利的基础,它支持和保护诸如居住权等多项权利。保护城市中个体的财产,有助于个体权利的保障和个体权利的进一步实现。

2)社会权或者是社会生活的基本权利

人是社会的人,这就决定了人的基本权利应包括自由权与社会权。

一般认为,社会权主要包括劳动权、教育权、社保权、福利权等权利。以社会权为重点的第二代人权,是福利社会思想的体现。社会权是一个受到广泛争议的概念。这其中包括社会权的定义、社会权的范围、社会权的实现方式等等。龚向和(2007)认为:"①从权利主体的地位分析:社会权是被动要求权;②从权利客体的角度分析:社会权主要是促成和提供的权利;③从国家义务性质分析:社会权主要是国家积极义务保障实现的权利。"相对于个体自由权,作为第二代人权重要组成部分的社会权强调的是社会价值与政府干预。这类权力要求国家为公民提供实现的条件,或者政府的积极作为来帮助公民实现社会权。作为社会组织中的个体,没有社会和政府的积极干预,公民个体的权利是不全面的。社会权的重要性凸现在自由权过度膨胀的背景中,1948年联合国的《世界人权宣言》中肯定了人的社会权。

进入城市,不仅仅是实现(个体)自由权或者是经济自由权,同时也要实现社会权。城市是人类文明的集中地,因而,进入城市还应当享受城市文明的权利,诸如享受公共设施和城市基础设施的权利,享受良好生活的权利,享受城市美的权利。在城市中如何实现社会权,是一个极有挑战性的课题。而最重要的社会权则应该是劳动权。从财产劳动理论的观点,"由于个人的劳动使其私有财产具有适格(Qualified)的正当性"(芒泽,2006)。因而,劳动是财富的主要来源,作为社会权之一的就业权或者是劳动权就成为一项十分重要的权利。劳动带来财产,劳动是实现各种权利的基础。从宪法学的角度,"国家负有提供更多就业机会的宪法义务"(朱福惠,2005)。而就业权的实现都需要有空间的支持。因此,政府的空间干预是实现就业权的重要手段之一。

社会权的实现,国家负有重要的责任,但社会经济的发展则更有利于公民社会权的实现。例如经济的发展,可创造更多的就业机会,经济的发展则提供更多的税收,从而政府为更好地实现社会权提供可能。公权力的介入,为公民提供各种服务和机会的同时,也相应增加了国家损害个人利益的机会。宪法中规定了公民的社会权,但是社会权的实现有赖于政府对资源的掌控和再分配,因而,一般认为社会权"不属于可以由公民个体直接提起司法审查的主观权利"(秦前红,2009)。

3) 空间中的环境权或者是城市环境的基本权利

"环境权是指在优美、理想环境下生活的权利"(胡静,2009)。公民进入城市,必然受到空间的制约。由于城市是相互依存的利益共同体,任何权利的实现,必然会造成相互影响,从而产生环境问题。宏观上的环境问题,如气候变化,微观上的环境问题,如大气与噪声污染,均对个体和群体的基本权利产生重大影响,严重的造成公民没有尊严的生活,甚至影响到生命。环境问题的产生主要是由于资源在空间上过度使用或错误使用,而对人的生存环境造成影响。城市空间中的环境权,根据对公民的生存和生命造成影响的程度,可分为三类:①狭义的环境权:指个体免除大气、噪声和固体等有害污染的权利。②城市环境权:指可以方便地享受城市的基础设施的权利,享受城市"舒适"的权利,享有阳光、接近自然的权利。③城市美学体验权:指可以在城市中享受城市的"美"或者是体验宜人的空间环境的权利。但目前,只能将狭义的环境权定义为基本权利,因为它直接影响人的生命与健康。

环境作为一种权利,是权利观念扩张的结果。人的生命、生存及健康均依赖于环境。舒伊"把生理上的需要看做是享有生存和安全的基本权利"(汉考克,2007)。为此,汉考克(2007)主张两种普遍的环境人权:"①免受有毒污染的环境自由权;②拥有自然资源的权利"。人的生存和发展离不开空间,空间环境的质量状况影响了人的生存与发展。空间环境影响了人的安全与健康。环境作为权利具有三个方面的意义:①环境是生存权的基础。环境是人类生存的基础,环境维系了人的生命与健康,而"有毒污染侵犯人的生命权"(汉考克,2007)。②环境是人格权的保障。生命权、健康权有赖于环境质量,没有基本的或者是一定标准的环境质量,就无法保障人格。③环境是财产权的载体。阳光权、通风权、安宁权构成了财产的外延,影响了财产的价值和质量。环境作为一项权利,既有消极的一面,也有积极的一面,需要政府的干预。

环境作为一项权利,是将环境赋予了"人"的意义。环境作为一种权利,正走入法律。1994年提交给联合国的《人权及环境原则宣言草案》第5条写道:"所有人有权免遭污染、环境恶化、有害环境的活动以及威胁生命健康、生活、安定、可持续发展的活动"(汉考克,2007)。1998年美洲人权大会圣萨瓦尔多条约草案提出:"①人人有权居住于健康环境中并得到基本的公共服务;②各缔约国应致力于倡导保护、维持、发展环境"(汉考克,2007)。目前,"大约有50个国家利用宪法性文件以及其他法律手段宣布了一些不同种类的环境权"(Anderson,1996;Douglas-Scott,1996;汉考克,2007)。

虽然目前中国有关环境保护的相关立法也比较完善,但是在宪法中尚未发现环境权的表述,只是在宪法26条中提出"国家保护和改善生态环境"。随着小康社会的建设,环境正成为公民的基本需求,环境权的重要性日益受到社会的关注。2004年宪法修正案中的33条增加的第三款中明确提出"国家尊重和保障人权",这为环境权"入宪"奠定了基础。随着"以人为本"、"可持续发展战略"的提出和实施,作为基本权利的环境权"入宪"将是中国建设法治国家的历史必然。

　　4)政治权或者是政治生活的基本权利

　　政治权是指公民参与政治生活和参与秩序创建的一组权利。政治权的内容广泛,并受到社会经济发展水平和民主进程的限制。选举权、参与权、表达自由的权利等均属于政治权。政治权在宪法学原理与理论中均有表述,这里不再阐述。须指出的是:"凡精神、文化活动的自由以及人身自由、社会经济权利等,大多需要公民通过能动地行使政治权、参与国家意志的形成或法律秩序的创造才能实现"(朱福惠,2005)。特别是对于中低阶层人群的权利,只有他们的参与才能更好地实现他们的权利。

　　与城市空间相关的政治权主要有平等权、表达权、参与权、监督权等。平等权是指任何公民均在法律面前受到平等保护,平等享有宪法和法律规定的权利。1968年列斐伏尔的《城市的权利》"提出通过实现'城市的权利'和'差异的权利',来实现'日常生活'对资本主义的'批判',赋予新型社会空间实践以合法性"(吴宁,2008)。表达权是指个体表达权利和诉求方面的自由。诉愿一般是指监督权、批评权和控告权等。表达权在空间中的表现是,业主是否有设置标识、标牌的自由。参与权是指公民参与政治的权利,包括建议权、决策参与权。在城市空间中,公民通过平等地表达、参与、监督对城市发展控制的过程,更好地实现居住权、就业权、城市设施的享用权以及环境权。

2.1.3　城市空间中基本权利的维度

　　城市是相对于农村的另一个集聚形态,是指一定规模及密度的非农业人口聚集地方和一定层级地域的经济、政治、社会和文化中心。城市是个体的聚居地,个体的权利是整个城市的基础。城市空间中的基本权利是相互联系的,而且呈现出不同的维度。一般而言,城市中个体对周边的影响受到距离的限制。距离对各个利益主体的影响是不相同的。为此,这里将城市空间中的基本权利分为三个维度:①家庭为中心权利空间;②以社区(邻里)维度的权利空间;③以城市维度的权利空间。

　　个体的基本权利首先是以家庭为中心权利空间,这就是所谓的居住权,这类空间具有排他性,以显示人身的自由和私有财产的"不可侵犯"。家庭为中心权利空间主要指的是公民的住宅。住宅是人安身立命之基础,是公民隐私权、财产权及其他权利的空间载体。公民的住宅是公民日常生活和休憩的场所。公民住宅的保护已经成为宪法中的基本权利。中国宪法 39 条规定"中华人民共和国的住宅不受侵犯。禁止非法搜查或者非法侵入公民的住宅"。这里所指的住宅是以家庭或者是以人为核心的一种概念。搜查或者非法侵入住宅是侵害了个人的人格尊严。从城市空间的角度讨论住宅,既是从实现居住权的角度,又是从财产权的角度来研究住宅,也就是支撑居住权的住宅和作为财产权的住宅。当然作为财产权的住宅也是宪法关注的重点。中国全国人大 2004 年的宪法修正案提出:"公民的合法的私有财产不受侵犯"。

　　以社区(邻里)维度的权利空间,是以家庭为中心的权力空间的拓展。人具有社会的特性,个人需要交往。个人交往的大部分内容在社区内进行,这种交往只需要步行即可完成,其形式以面对面接触为主。社区设施的完善有利于这种权利的实现。对此权利的描述是,在 0.75 千米至 1 千米的范围内可以方便地到达学校、小区绿地、社区诊所、便利店、邮局等。社区维度的权利,更多的是与社会权利相联系,例如,教育权、公共实施享用权、环境权等。从另一个角度看,社区是一个群体概念,社区维度的权利是一种群体的权利。在这个维度中,由于人与社会的互动,形成了空间权利的合作、竞争与冲突。

　　在城市维度的权利空间是一个相对宽泛的但又不十分严密的权利空间,更应该指个体自由能够到达想要到达的城市中任何一个地方的权利。这是一种社会权,以城市的可达性为基础。因为,可达性将有利于帮助实现就业权、城市公共设施享用的权利。例如,可以乘坐某种便利的交通工具到达工作地、大型商产、图书馆、大医院等等,对于大城市和特大城市这种可达性比小城市更有意义。从权利的角度,空间的可达性是与诸如就业权密切相关的。中产阶级以上的阶层可以拥有小汽车,但对低收入者公共交通的意义不言而喻。在这一维度,更多体现的是由于权利的竞争、冲突与合作而产生的城市结构。这个城市结构就是空间的秩序。城市的结构包含了不同的社会关系,给人们带来不同的机会与前景,对个人的生存与发展产生了重大的影响。

2.2　城市化中基本权利

本节将空间与公民基本权利有机地结合起来,并以发展为时间标尺。这样公民的权利是在有限的时空中进行研究。空间与公民权利则是研究空间中公民权的关联性和相互影响。而发展与基本权利的演进主要是论述基本权利在"时间"上的变化。

2.2.1　公民类型与基本权利

在英国,"1801 年 80％的人口在乡村,1991 年 80％的人口在城市"(葛利德,2007)。从该数字可知,英国近 200 年的时间内,约 60％的公民实现了进入城市的权利,同时通过社会改良或者是政府干预,实现了进入城市人群的空间权利。在总人口超过 13 亿的中国,目前的城市化水平约为 50％,对比西方发达国家的城市化过程,中国还有超过 20％以上的农村人口进入城市。若按照城市化水平为 70％,中国未来的城市人口可能达到 10 亿。如此巨大的人口进入城市,将引发目前的空间资源使用格局、权利结构的变化。而空间资源的配置将成为城市化进程中的核心问题。

城市是相互影响、相互关联的利益集合体。城市化进程则是对现有利益格局的改变。但是城市化对不同的人群产生的影响是不同的。要想研究空间中公民的基本权利,就应当有识别公民的方法。从统计学的角度,可以从年龄结构、收入结构、职业结构等方面进行研究。然而,在城市空间中,公民的分类是如此的复杂,以至于在一个研究中不可能对所有公民进行研究。这里共是将公民划分为城市居民、外来的城市居民、城市村民、外来村民等四种类型,来对公民的权利进行初步分析。

1）城市居民

城市居民是现状城市的主体。一般而言,这部分人群在城市中的基本权利均有空间的支持,如就业、居住、教育、公共设施、市政设施等方面的权利。这部分人群中为数不少的人拥有一定的财产,如住宅或者工厂、办公大楼等。在城市化的背景下,他们受到了双重影响。一方面是城市化带来的发展机遇,各种权利可以很好地实现。另一方面,由于空间的有限性,他们的权利受到外来移民的挤压。例如,环境变得更拥挤,空气由于污染变得更不清洁。甚至为了形成良好的城市结构,土地财产面临征收的可能。这群体中的一小部分人还会在新的城市转型中陷入贫困。

2）城市村民

这是另一类城市居民，他们以集体的方式拥有土地。这部分人群的个体则拥有自己的宅基地和集体用地的承包权。一般而言，这部分人群在城市中的基本权利在空间上不一定得到有效的支持，如城中村、城边村中公共设施、市政设施等方面相对不完善。对于这部分人群，许多学者进行了研究。洪朝辉认为是制度造成的权利贫困而引发了生活贫困（李志明，2009）。刘奇则提出是由于弱势地位形成了权利贫困（李志明，2009）。形成权利贫困的重要原因是"农民利益表达机制的缺陷"（李志明，2009）。城市贫困引发了空间反抗。城中村违法建设是失土农民的"一种占用空间的行动"（李志明，2009），是权利反抗的一种表现。

3）外来的城市居民

这是从其他城市迁移而来的未来的城市居民。一般而言，这部分人群有一定的经济基础或者是专业技能，能够通过市场获得支持基本权利的城市空间，逐步成为城市的居民，也拥有一定的财产。当然，这部分人群中也有像农民工一样的弱势群体。这类公民的最大特征是在城市中没有任何支持权利的空间。他们主要是通过市场机制获得财产，获得空间。对这部分人群而言，平等的发展机会是实现他们基本权利的重要条件。

4）外来村民

这是新来的城市居民，但也是最特殊的城市居民。一般而言，这部分人群既没有经济基础也没有专业技能。在市场机制条件下，这部分人群在城市中的基本权利如就业、居住、教育、公共设施、市政设施在空间上得到的支持是最少的。根据郑也夫（2009）的研究，该群体中95％的农民工没有住房，劳动合同签约率为12.5％，子女就学受到限制。周伟林等学者（2010）指出："教育、基础设施和社会保障等资源，在城乡之间分布极不平衡，农民工子女得不到受教育的均等机会，从而带来了贫困的代际传递"。由于外来村民，或称农民工在权利实现方面的差距，产生了社会的歧视与偏见。"农民工不可能看不到城市人优越的生活、福利、待遇，虽有种种制度障碍，他们不可能释然目睹的种种不平等，相反一定在积累着厌恨"（郑也夫，2009）。

通过将城市居民分为四个群体，我们可以很容易地发现，城市空间中，四类人群的基本权利的空间支持是不对等或者是不均等的，特别是作为新城市居民的外来的农村人群的基本权利得不到城市空间的有效支持。城市成为实现基本权利的空间载体,这对外来人口更有意义。对于城市的权利或者是进入城市的权利就是公民基本权利的一种表达。城市化的过程也是上述四类人群所占比例不断变化的过程。当然,作为一种研究,仅仅将城市的人口分为四类是不够的,还应该分类更细,分析更详尽。这种粗略的分析方法的目的是,通过对这种变化的分析,简略说明城市空间中各类人群实现基本权利的发展条件不同、方式不同,可以更好地了解空间中的平等与正义对于各类人群的意义。

2.2.2 城市化与基本权利网

城市化不是简单的人口集中的过程,而是一种社会的综合演变过程。作为社会的综合演变的城市化包括:①人口和产业的集中;②城市社会结构的多样化;③社会生活方式和文化的城市化。人口和产业向城市的集中,使得资本和生产要素可以在有限的空间中运行,促进了经济的快速发展。这就是所谓的集聚效益和规模效益。城市经济的发展又进一步促进产业的分化。第三产业所占比重逐步增大,在西方发达国家中的第三产业已经超过第二产业。城市化不仅促进经济的快速发展,同时也提高了人们的生活质量。因此,城市化水平也常常用来衡量一个国家的经济与社会的发展水平,是一个国家现代化的重要标志之一。

在西方发达资本主义国家,城市化一般分为四个阶段:①狭义城市化阶段:为工业化时期,工业为主导产业,表现为人口和产业向城市的快速集中。②郊区化阶段:为工业化后期,第三产业的比重超过了工业,在人口和产业向城市集中的同时,人口和产业为向郊区扩散,在区域中出现城市群。③逆城市化阶段:为后工业化时期,也称为"逆工业化"阶段,第三产业为主导产业,高速公路发展迅速,人口和产业向郊区,甚至远郊扩散,区域城市表现明显。④再城市化阶段:为信息时代,知识经济和因特网的发展促成了世界城市体系逐步形成,人口和高等级的服务岗位再次向城市的中心集中。

城市化导致人们之间的关系发生了重大变化。1887年德国社会学家腾尼斯将社会分为两种类型:"以农村为代表的礼俗社会和以城市为代表的法理社会"(向德平等,2005)。腾尼斯认为礼俗社会是由亲属关系、邻里关系、朋友关系支配着一切,大家形成共同的善恶观、强烈的认同感,并具有共同的利益和生活目标。随着城市化,人口的集聚导致人们之间的关系变得复杂。在城市中,随着人口的增加,人们识别性减弱。人们变得相对陌生,邻里不再具有亲情关系、宗族关系。向德平等(2005)说:"而在城市中,法律和理性支配着一切,习俗和情感的作用减弱,人们唯我独尊,自私自利,彼此冷漠,互不关心"。

城市化的进程引发了权利结构的变化。一些土地成为工业用地,一些用地成为商业用地,一些用地成为住宅等等。城市化初期城市地域相对的均质化逐步被非均质化所代替。用"马赛克"这样的词汇能够更好地表达城市化地区的土地使用情况。这种功能性的变化背后,则是社会关系的变化和产权关系的变化。例如,一个居住区周边增加一所小学,与增加一家工厂对居住区产生的影响是不同的。而对这一地区来说,增加了一所小学,往往是征收了其他业主的土地使用权。因而,也改变了这一地区的权利结构。

列斐伏尔认为,"对于城市的权利是一种上位权利:它包括了自由权利、个体化和社会化的权利、获得居处和居住的权利等"(Lefebvre,1996;Isin,2007)。事实上,如图2.1所示,现行的权利大网已经笼罩在整个城市。在有九个单位的城市,若要增加人口,吸纳外来人口,势必要改变目前的权利结构。支持外来人口的权利空间在哪里?有什么机制在配置权利空间?例如,为外来人口解决就业问题,若在E选址建设工厂,显然其他八个单位均不会同意;若在G选址,对整个城市影响最小,但G会同意吗?但按照少数服从多数的民主决策,G显然是少数,但所作的决策具有强制性吗?若建设工厂的决策不能实施,则该城市无法提供更多的就业岗位。这时外来人口的就业权不能实现,外来人口就不能通过劳动获得财产,就没法实现居住权,以及享受城市公共设施和基础设施的权利,也就谈不上外来人口进入城市的权利。因此,城市化的过程也是权利结构改变的过程。

A	B	C
D	E	F
G	H	I

图 2.1　现行城市的权利"大网"示意

对于上述四类人群,支持基本权利的空间拥有是不相同的。对于刚进入城市人群的权利来说,现行权利的"大网"已经笼罩了整个城市。进入城市的权利与现状城市中的权利大网发生矛盾。城市化试图改变现行的城市权利结构。对于新进入城市的公民,在市场机制条件下,他们面临两种抉择:①他们通过自己的技能、知识和劳动获得更多的财产与空间;②由于收入的原因,只能租用廉价的低标准住房,甚至沦为无家可归者。支持权利的空间资源配置的不平等造成了利益博弈的格局。

城市化将改变区域中的人口分布,也改变了城市中权利的格局。列斐伏尔说,"空间是社会的产物"(向德平等,2005)。居住权、就业权、教育权等权利的实现,均需空间的支持。公民进入城市或是否有空间支持,也成为学者关注的问题。近年来,城市化与公民基本权利这一议题引起了中国学者的广泛关注。曾哲2007年出版了《中国城市化研究的宪政之维》,提出城市化须从宪政的角度分析。城市化仅是现象,从宪政角度的研究重点应放在城市化的机制和机理,也就是引导和控制城市化进程的政府行为。清华大学教授秦晖在深圳发表题为《城市化与贫民权利》的演讲,重点关注农民工等城市贫民的自由,呼吁给予城市贫民福利。这说明,空间成为了利益博弈和价值表现的场所。

赋予空间权利的特性,使得城市不是一个中立的物质场所,而是一种权利实现的空间、利益竞争的场所。"支配群体以各种新的隔离、私有化和防御策略来阻止这些新公民的上升"(Holston,1998;Isin,2007)。公民在面临权利的"大网"的背景下,如何改变现状。这就需要改良或者是改革,这就需要作出决策。在作决策的过程中,多数人的偏见和少数人的偏见均会出现。城市化改变了公民在城市空间中的分布,改变了社会关系,也改变了公民权利的实现方式。城市化不仅是城市物质空间的一种演变过程,城市化的过程实质上也是公民基本权利的调整过程。

2.2.3 城市结构与基本权利

城市要素的集中和多样化,导致城市集聚效益和规模效益。而城市集聚效益和规模效益引发了更多的人口和产业的集中。因而,城市是公民基本权利实现最有效的空间形态。在城市空间中,公民的就业、居住、教育、公共设施、市政设施等方面的权利,以最小的成本获得最大的支持。城市化的进程及城市结构的演进,带来的是城市空间中各种权利矛盾地共存,正如卡斯特尔(Castells)所说:"在共同的空间结构中,各种社会、文化和经济逻辑矛盾地共存着"(诺克斯和平奇,2005)。人口和产业的聚集带来权利的相互影响、相互依存。这种相互的影响和依存反映为空间的结构。

城市结构的演变造成了城市基本权利关系的演变。公司总部的再集中引发的是城市中心空间的竞争,或者是土地产权的变更。空间的分化产生了复杂的后果。城市结构反映了各个土地使用和功能的关系。居住区具有排他性,其目的是为了避免工业和部分商业用途的影响。但居住区对工业和商业的排斥,就会造成了居住地与就业地距离的增大。这会对弱势群体的就业产生影响。一个地域的工业分散或者转移到其他区域,也会造成该地域就业机会的流失。受空间的分化和城市分散的影响,公共设施和基础设施无法快速地适应这种变化的需要。例如,"1942—1972 年间,美国无学校专门区域的数量从 6 299 个增加到 23 885 个"(诺克斯和平奇,2005)。在城市化的背景下,这种关系是动态的和演化的。这反映出城市结构的变更,某些区域社会权的缺失,或者是资源配置的地域公正。因而,城市应形成一个合理的结构。

1) 狭义城市化阶段

狭义城市化阶段为工业化时期,在前工业化的城市,主要为单中心城市。"城市中心区居住着贵族精英,……而最贫困的人群居住在城市边缘"(诺克斯和平奇,2005)。工业的发展首先是工作地与居住的分离,而工业、商业等在空间上竞争改变了土地的使用模式。居住则按不同的区位形成等级,有产一族迁向环境较好的城市边缘,低收入者只能住在高密度和低质量的住宅中。关于工人阶级的居住状况和空间隔离的表述,在恩格斯针对曼彻斯特写的著名的《英国工人阶级的状况》一书中有详细的描述,而曼彻斯特也因此被称为"令人震惊的城市"(诺克斯和平奇,2005)。

2) 郊区化阶段

郊区化阶段为工业化中、后期,城市已经突破老城,向郊区扩展。城市化的进程一直是两种力量交织在一起。公司总部、银行、大型商业向城市中心区集中,而住宅、工厂则随着城市的扩大而向外分散。"大工业、大烟囱"为这一时期特征。城市的社会化分工,在地域上也表现明显,商业区、住宅区、工业区则不断形成。现代城市给富裕阶层以更多的便利,而对穷人来说,由于城市的扩大,他们依然住在破旧和简易的住房里,当然没有新的"机遇空间"(诺克斯和平奇,2005)。

3) 逆城市化阶段

逆城市化阶段为后工业化时期,第三产业成为主导产业,逐步形成了多种新的城市。城市经济主要是由于信息化、高速公路、高科技产业发展,促成了生产要素交易成本的变化,导致各种要素重新对区位进行选择。大公司的行政活动持续向城市中心集中,而居住则向更大的范围分散,高科技产业则远离"大烟囱"的工业区。逆城市化改变了城市与区域的结构,在更大的范围形成了大都市延绵区。逆城市化的后果是更多的农地、森林和村庄转化为城市地区。

4)再城市化阶段

再城市化阶段为信息化时期。快速交通、知识经济和因特网的发展促成了世界城市体系逐步形成,人口和高等级的服务岗位再次向城市的中心集中。全球经济一体化促进了产业进一步分化,原有工厂的职能已经分化为总部、研发、销售、车间等。工厂已经不是原来意义上的工厂,只是原有的车间而已。车间进一步分散,甚至分散到境外。总部进一步聚集,或寻求优越的环境;研发与科研的融合形成科技园;销售、仓储与交通、通信的结合形成了物流。全球经济一体化或者是世界城市体系形成,城市内的功能极化已经延伸到城市间的功能极化,例如信息处理业仅集中在大城市中(诺克斯和平奇,2005)。

城市结构演变的内在实质是城市社会经济分异的结果,主要为:①社会结构的变化,如核心家庭增多,城市人口出现了阶层。②经济结构的变化,如三次产业比例的变更,产业的分化,新兴产业的兴起。③城市空间结构的变化,如城市的集中、分散、再集中的过程,单中心结构向多中心结构的转化。这三种结构的变化是相互影响的。社会结构与经济结构的变化,必然反映到空间上。这种变化不是一个静态的过程,而是一个动态的过程。

本研究并不想深入研究这些演变的过程,而是通过这些演变的过程说明,在城市空间中公民的基本权利受到城市结构变迁的深刻影响。这些影响主要表现在:①城市空间结构的变化从另一个角度看是财产权的表现的变化。不同的阶层占有不同的财产,分布在不同的区位。②新事物的产生使得权利间的影响难以识别。例如,工业化时期的工业对居住区的影响,到信息化时代已经发生变化。③世界城市体系的形成带来了城市间的极化,形成了城市间的不平等。约翰斯通认为:"因为城市结构的演变会带来正面和负面外部性的新来源,所以,它们是地方冲突的潜在根源"(Johnstone,1984;诺克斯和平奇,2005)。

2.3 空间与财产权利

2.3.1 财产权的概念

公民的基本权利是概念性的,如果基本权利与空间结合,其物化的表现形式就是财产权。财产是公民个体拥有的具有价值的物品总称。财产具有三个特性:①稀缺性,财产一般为稀缺资源或资产,例如土地、房产。②有用性,财产为人类生存和发展的有用之物。③排他性,财产为拥有者所有并受到社会承认。④可交易性,财产具有可以计量的交换价值。虽然新中国的《中国人民政治协商会议共同纲领》和1954年第一部宪法都对公民财产权的保护作了明确的规定。但是,长期以来在计划经济模式的指引下,私有财产的概念在我们的生活中十分淡薄。2004年的宪法修正案提出"公民的私有合法财产不受侵犯"。但是,如何理解这一宪法概念,还得从西方财产权利的概念及其演进的梳理开始。

生命、自由和财产是公民最基本的权利。财产是维系生命和生存的必需品。它又为个人的其他权利提供保障,并使人的发展成为可能。若人没有财产或者没有使用财产的机会,也就无法生存,更不可能过上自由和有尊严的生活。"可以说,生存权是财产权的必要条件,但不是充分条件"(蒋永甫,2008)。财产权一般指私有财产权利。一般认为,财产最基本的权利为:"占有权、使用权、管理权、让渡权、转让权,从以上任何过程中获得收益之权"(托马斯,2006)。财产一般分为动产与不动产。本研究所指的财产是指以土地和房屋为主体的不动产。虽然大陆法系并不使用财产的概念,与英美法系的财产结构有所不同,但大陆法系中物权近似于英美法中的不动产。

西方的财产源于古代的希腊和罗马,财产权利成为公民权的象征,而城邦则是公民组成的一个政治共同体。根据蒋永甫(2008),此时的财产权具有如下三个特征:①权利是客观的,但非现代意义的私有财产;②私有财产尚处于家庭私有财产的发展阶段;③财产权并不是一种完全的私权,它本身具有公共性,须承当一定的公共职能。但是在中世纪,财产权的概念又发生了较大的变化,以土地为主的财产归君王所有,并采用分封制,财产权与统治权合一。土地和管辖区内的居民均属于君王、领主等等。无论是古希腊和罗马还是中世纪,财产权都不具备对抗统治权的性质。因此,并不存在现代意义的财产权。

随着中世纪商业的复兴和城市的兴起,近代的财产权概念逐步形成。"在近代私人财产权的发展过程中,中世纪的城市起了关键性的作用,近代私人财产权最先是在城市发展起来的"(蒋永甫,2008)。中世纪的城市创造了与传统农业不同的经济生活方式,并创造了数量庞大的市民阶层。工商业活动与贸易的集中加快了城市的扩张,商埠发展成为城堡。工商业的发展产生了新的财产形式——货币财产。市民通过交换获得了城市中的不动产。为此,通过交易,封建领主的财产逐步向城市居民转移,近代财产权逐步形成。埃德温·贝克尔(蒋永甫,2008)认为近代财产权具有分配、主权、保护、隐私、使用、人格、福利等七个功能。"财产权作为一种私人权利,开始具有抵抗政治权力的权能"(蒋永甫,2008)。随着近代自由主义的盛行,逐步出现了针对封建势力的财产绝对化保护的概念。

财产权的合理性建立在自由之上。财产权制度的建立意味着所有权人资格的获取。这是一种自我发展的权利,是一种参与公共生活的权利。失去财产,只能屈从于君王和领主。为此,财产权为一项最基本的权利,在宪政体制中一直处于核心的地位。私有财产权神圣不可侵犯,成为资产阶级革命的口号。"宪法的产生就是以保护私人财产权利作为最初和最直接的动因和目的的"(钱乘旦,1988;朱福惠,2005)。英国的《自由大宪章》、美国的《弗吉尼亚权利宣言》、法国的《人权与公民权宣言》均将财产权利的保护作为一个十分重要的原则。"可以这样说,离开了对私有财产的保障,宪法也就失去了存在甚至产生的价值"(殷啸虎,2000;朱福惠,2005)。

财产是如此重要,以至于众多的仁人志士对此均有论述。而最重要的则是自然权利说和法律权利说。财产权的自然权利观,首先是近代思想家洛克提出的。生命、自由和财产是洛克认为三种最基本的自然权利。洛克财产理论的两个基本观点是:①财产权产生于政治社会建立以前;②劳动创造的财产权,不需经过他人的同意。洛克强调财产权利的自然属性,"其目的是为了限制政府的权力,反抗专制权力"(蒋永甫,2008)。这种权利观是17、18世纪资产阶级反抗封建势力的一种表现。由于当时的大多数财富主要是自由民的房产、农民与小农场主的土地,保护了财产权,也就是保护了幸福的权利。同时对物质财产的控制是平等、自由的象征。

近代政治哲学家霍布斯则认为财产是一种法律权利,并不认为可以在自然状态下获得财产权。霍布斯在《利维坦》中阐述:"在没有国家的地方,一个人用武力取得并保持的每一种东西便是他的。这既不是私有制,也不是公有制,而是动荡不定的状态"(蒋永甫,2008)。也就是说,在一个没有法律保护的动乱时代,只存在通过武力强制占有财产的行为。卢梭也是一个法律权利论者。他把生命、自由与财产分开,并认为"所有权不过是一种协议和认为的制度"(蒋永甫,2008)。亚当·斯密、休谟均对财产权的自然权利说提出批评和质疑。到了19世纪,财产的自然权说逐渐式微,并被法律权利观所取代。

2.3.2　财产权的外在影响

工业革命以后,财产权从封建约束中解放出来,自由主义者呼吁保护财产权,认为它是自由的基础,主张私有财产权不受国家和社会的约束。但在这个资源有限的社会里,财产权的过度使用越来越影响到相邻关系,甚至出现滥用并可能严重损害其他人的权利。个人主义的权利理论重视自然的权利。然而在市场机制和城市化的推动下,这种思想的弊端逐步显现。工业的快速发展,排放了大量的有害物质,毒化了江河中的水流,污染了空气,危害了野生动物,破坏人类赖以生存的环境。

公地的悲剧,反映的是无产权制度的情况下土地的使用状况。建立产权制度的目的是更有效地使用土地。这也是自由主义和功利主义的反映。但是,市场机制则促使土地使用利益最大化。权利的过度使用将会带来外在影响,形成妨害。在城市发展过程中,财产权的过度使用是普遍存在的,如下为四种将土地作为财产权而过度使用的情况:①风景区周边的用地过度使用而造成风景区的破坏;②历史街区及协调区土地的过度使用而造成文化遗产的破坏;③城市住宅区中土地的过度使用而造成周边的日照影响;④工业发展超越了环境容量而形成的环境污染。

外部影响是指某项权利的效用函数包含了其他权利的效用。在城市空间中,外在性的效应随着距离的增加而衰减,也就是距离越远,其影响越小。这种状况产生了两个方面的问题。对于公共设施和市政设施的配置,距离越远则收益的效果越差,如中小学往往是0.5～1千米的服务半径。但对于环境污染,则是距离越远,越不会受到影响。外部影响不能通过市场机制自动消除,往往需要借助市场机制之外的力量予以校正和弥补。因而,政府对空间结构中的位置的干预往往涉及空间资源配置的公平性问题。

邻避现象是公众对外部影响的一种抗争形式。邻避也就是"not in my back yard",英译为"不要在我的后院出现"。它指公共设施和基础设施的建设会对生活环境、居民健康与财产造成威胁,以至于周边民众不希望这些设施设置在其住家附近的一种抗争活动。例如,变电站、垃圾中转站、公共厕所、高压线等的设施均会导致抗争活动。这一现象被称为邻避现象,并广泛出现在世界各国的城市发展过程中。"邻避现象体现了在进行社会资源再分配过程中存在着利益结构的不均衡性,即利益享有主体与成本承担主体不一致。这也是公共性缺失的一种表现"(乔艳洁等,2007)。邻避现象实质上反映的是公民权利与义务在空间中的不对等,或者是公共利益与个体利益博弈的现象。

2.3.3　城市化与财产权的演变

城市化是乡村型社会向城市型社会变迁的过程。在这个过程中,人口的聚集组成了一个相互联系、相互影响的社会。人口的集聚导致人与人之间的距离缩小,人与人之间的联系增加。城市空间的社会性主要表现在空间的开放性、分异性、依存性和多元性的特征。城市空间的这种特性促进了城市中的竞争、冲突与合作,从而导致了城市结构的变迁。这些变化导致人们的世界观发生变化,以道德为主要调节机制的乡村文明让位于以法律为主要调节机制的城市文明。在城市中,形成了人与人、人与社会、人与自然的紧张关系。张鸿雁比较城市与乡村在生产空间、生存空间、生活空间、发展空间、创造空间、享受空间和价值实现空间等七个方面的差异,得出如下结论:"城市里的'空间'具有明显的社会意义,乡村里的'空间'具有明显的个体意义"(张鸿雁,2000)。结构的变迁是以财产的变迁为条件,财产受到了"侵入"与"接替",财产所表现的性质发生变化。宏观上形成了结构的变迁。

从乡村到城市的转变,人类的集居方式发生了从"个体"到"社会"的转变。这种转变不仅影响到人与人的关系,而且影响到人与物的关系。人口从乡村到城市的模式改变了财产的理念。"若干年前,城市生活还比较简单,但是随着人口的大幅度增长和集中,问题不断出现,这就要求对城市社区中私人土地的使用和占有不断增加限制"(薛源,2006)。表现在法律关系上,就是城市中的财产受到了社会性的影响,财产从绝对的权利说向财产社会责任说转向。

城市的发展从某种角度上看,是利益博弈的结果。利益其实质是资源分配与再分配的产物,而利益的制度化配置则是财产权。财产权是物和权利的结合。斯普兰克林(2009)认为:"财产由一组法律认可的、与某物或者其他物品有关的、与他人有关系的、被人拥有的权利所组成"。财产属中性的,物是客观的,但权利则是法律认为的。"财产权是因人类的利益纷争而生,此乃财产权之源流"(唐清利等,2010)。为此,关于财产权利的观念论述较多。自然法理论认为:权利是由"造物主"赋予人类的,也不依赖政府而产生。政府应当执行自然法,而不是创设新的法律来限制权利。法律实证主义则认为,权利只有通过政府来赋予。边沁(Bentham)说:"没有法律,就没有财产;取消法律,财产就不存在"(斯普兰克林,2009)。自由尊严论强调财产权服务于人的价值。法律的义务是限制任何威胁人类尊严的财产权利。

无论财产观念多么的纷呈,都包涵了财产权如何保护的观念问题,财产权在社会生活中的地位问题。因而,财产的界定受到人的价值体系的控制。符合人类的价值的部门得到认可,而不符合人类的价值的部分则受到限制。城市化的进程从客观上促进了价值观念从"个体人"向"社会人"的转变。根据唐清利(2010),在宪政体制下财产权理论的演变分为三个阶段,而这三个阶段的演变过程也正好配合城市化的发展过程,如表2.1。这三个阶段为:①20世纪以前的城市化初期,强调用法律制度创设和保护私有财产;②20世纪前半期的城市化加速期,财产权利的至尊地位让位于生命权和国家利益;③20世纪后半期的再城市化后期,强调社会责任,对财产权既保护又适当限制。

表 2.1　西方发达国家城市化水平(向德平等,2005)

年份	1800	1900	1920	1930	1940	1950	1960	1970	1980	1990	2000
城市化水平/%	7.3	26.1	38.7	41.6	46.9	51.8	58.7	64.8	70.7	75.9	80.3

在20世纪以前,西方发达国家的城市化水平低于26%,大量人口生活在农村而不是城市。社会的主流仍处于乡村文明阶段。乡村文明空间的个体意义体现在人的观念上是个体与自由。这一时期资本主义开始形成与巩固,反映在法律思想上的是"天赋人权"、"放任自由"等古典自然法学的思想。以洛克的个人主义财产权理论为基础是这一时期财产权思想的重要体现。洛克继承了格劳秀斯的思想,认为在自然状态下产生的私

有财产权是每个人应当享有的自然权利。这种思想倡导私有财产神圣不可侵犯,国家存在的意义是保护人民的生命和财产。人的所有权利归依于财产权,形成了绝对的财产权的概念。"'绝对的财产权'概念也是整个18世纪及其后西方民法的最核心内容,它构成了西方社会个人主义权利观的价值基础"(唐清利等,2010)。

20世纪的前半期,西方发达国家的城市化处于加速阶段。城市化水平从1900年的26%到1970年的65%,城市化基本上进入了稳定期。人口和产业向城市集中,产生了大量的城市问题,环境污染、住宅紧张、交通拥挤等困扰着城市。资源配置与财产绝对保护的巨大张力,引发社会对财产关系的重新认识。城市化的快速发展,迫切需要政府在短时间内为新进入城市的公民提供住房、就业机会、教育机会以及其他社会保障。城市化让财产"同时在场",使得财产不仅仅具有排他性,而且财产的社会性逐步被人们所关注。1913年霍菲尔德提出"财产权是社会的产物"(Horwitz,1992;王铁雄,2007)。迪吉(Duguit)指出"财产权并非一种权利,而是一种社会责任"(王铁雄,2007)。在此背景下,财产权不再是一个至高无上的权利。至此,"财产权的至尊地位让位给生命权和国家利益"(唐清利,2010)。

财产权的观念变化给国家经济干预的权力扩展带来了新的空间。魏玛宪法提出财产权的使用应有助于公共福利。1949年联邦德国的基本法规定财产权的使用应有利于社会公共利益。罗斯福的"新政"及以后的政府干预都反映财产权的结构变化。根据施瓦茨(王铁雄,2007),20世纪前半期美国财产法的理念为:个人主义让位于福利国家;主张财产合理使用和禁止权利滥用;强调社会利益,将个人利益置于较低的位置。财产的社会性转向要求公权力依据公共利益对财产进行限制。但是,对"财产权人的权限行使也不可逾越侵犯财产社会义务的界限"(陈新民,2001;金伟峰等,2007)。

在20世纪后半期以后,随着城市化的发展,财产的社会性越来越受到重视。财产的社会性带来了两方面的变化:①新财产理论的出现,新财产论将福利、公共资源的利用、公共住宅、公共就业等视为财产权利。②为了社会的正义与和谐,需要对财产进行限制。辛格(Singer)则提出财产社会关系说。社会关系说不是孤立地看待个体,而是将个体置于社会之中,从社会的角度看待个体。辛格认为:"财产权是通过社会和政治建构而确定的一种人与人之间的社会关系"(辛格,1993;王铁雄,2007)。

社会关系说强调社会中的人，"认为人与人之间有基本的联系，而不是认为自主才是最重要最基本的人格维度"（辛格，1988；王铁雄，2007）。既然财产是一种社会责任，就应对财产进行社会干预，使其符合财产的社会性特征。

在城市空间中，财产主要以土地和房产的形式出现，或称为不动产。在有限的空间中，财产的使用越来越受到社会的关注。市场机制的功利性，往往是促使土地最大化使用的机制。但如何在平等的基础上实现土地使用的最大化，则要从资源与环境的承受能力进行思考。如果是考虑环境的承载力和公平性原则，应对单一地块的使用进行限制。因而，土地的使用不可能达到最大化，只能是合理地使用土地。财产在城市化进程中被赋予了更多的社会义务。"财产上社会性义务是指任何一项私人财产都有为向社会提供纯粹公共物品而应承担的义务"（金伟峰等，2007）。因而，现代财产理念是"财产所有人的社会责任的增加和个人权利相应地减少"（王铁雄，2007）。

财产权作为人类发展中创造的一项促进资源有效利用的权利，一直处于保护与限制的过程中。唐清利等（2010）认为："在终极意义上，财产权是对人自身的福利关注，是一种私权和公权的划分界限，并使私权与公权之间存在一个模糊的维度，并可能在一定条件下相互转化。"从公地的悲剧，可以看到财产权在资源有效利用方面的积极意义。财产权利承载着公民基本权利的实现可能。但是，从财产权利引入开始，人类的纷争也就开始了。财产权利演变的历史也是社会关系和社会观念发展的历史。人类社会的和谐发展需要一种个体利益和公共利益兼顾的财产权利。从这里可以推论，财产权利的终极价值是实现个体人和社会人的基本权利的法律关系。

2.4　城市化与空间分异

社会分层是人类社会发展中的普遍现象。社会分层不仅影响到个人的发展机会，而且也影响到空间的建构，从而影响到城市的空间关系、权利关系。城市贫困与空间隔离的提出反映出人们对空间极化的关注。

2.4.1　社会分层

二次世界大战之后，随着福利社会的理念推广和公民权利的扩张，城市分化与城市极化远离了人们的视野。"然而，1970年代以来，城市分化重新成为学界关注的热点话题：分异（Division）、极化（Polarization）、二元城市（Dual City）、不均（Inequality）、破碎化（Fragmentation）成为城市研究的主题，并与隔离（Segregation）、集聚（Concentration）、贫困区（Ghetto）等空间概念交叠使用，成为当今城市景观的真实写照"（Musterd et al，1999；刘晔等，2009）。这些现象既是社会问题，也是法律问题。产生这些问题的根源是社会分层。社会分层在城市化的背景下，形成了空间的分层、空间的贫困。

在市场经济条件下，由于社会财富分配的差距，导致了社会中的贫穷与富裕之分。财富、资源、收入，甚至是权力在社会成员的非随机或者是不平等的分布，是一个社会分层的过程。由于个体之间的差异，在市场机制的作用下，社会成员对资源和财产的占有不同而产生的社会划分形成高低排列的状况。这种将社会结构按高低层次的排列，成为社会分层。社会分层是一种根据人们所持有的财富来决定其在社会位置的等级模式。黄怡（2006）将城市人群划为五个阶层："富裕阶层、高收入阶层、中等收入阶层、低收入阶层和贫困阶层"。社会分层是由于资源有限性和资源稀缺性的存在，导致任何社会都无法平均分配社会资源。

社会分层是市场机制的产物。由于个人的才智不同、所受教育的不同、所从事的职业不同，所获得的利益、地位的差别和不均等是一种客观事实。而追求财产、权力、声望、教育等方面的差别，是社会进步的动力。只有在竞争的条件下，对财富、权力和声望的追逐，才能激励着社会成员努力工作，并推动社会不断地发展。但是，按照冲突理论，"社会分层是强大的群体利用自身占有的权力对弱小群体剥削的结果，强大的群体决定着哪些人将占据哪个位置以及谁将得到什么报酬"（刘玉亭，2005）。

根据潘弘祥（2009），社会分层理论有三个流派：①马克思主义和后马克思主义：该学派强调阶级分析。经济状况是阶级划分的重要因素。由于存在根本利益的对立，利益冲突不可避免。②韦伯和后韦伯主义：该学派强调多种因素形成了社会分层，例如，获得的资源、社会地位、社会权力等。③涂尔干和涂尔干主义：该学派强调大部分集体行为都源于结构确定的群体。职业和劳动分工更能产生部门化的组织形式。

社会分层形成了一种社会结构。社会学有两种对社会分层解释的理论：功能论和冲突论。功能论认为社会是一个有机的系统，要维持它的存在和发展，必须满足功能要求，而社会分层是社会需求的产物，以确保社会分工"人尽其才"。功能论提出"社会不平等不仅是必要的，而且是合理的"(潘弘祥,2009)。而冲突论认为,冲突虽然普遍存在,但并非不可避免。社会冲突和竞争产生于社会分层,但权力结构不合理,社会分层的改变需经由革命来完成。

"社会结构的合理性和问题性,根本在于社会分层结构的合理性和问题性"(潘弘祥,2009)。社会的发展必然会产生社会分层。由于社会分层是对资源和财产占有的差异,这种差异必然会造成个体与个体、群体与群体之间基本权利实现的方式差异。甚至是为对有限资源的配置而出现相互竞争和相互排斥的状况。如果这种不平等继续扩大,必然会引发社会矛盾,威胁社会秩序。关键是社会可以容忍多大程度的不平等,使得既满足社会发展的要求,又能维护社会的正常秩序。平等和正义是法律的基本理念。从法律的角度,则可认为实现人的有尊严的生存权应该是社会容忍的底线。

"社会分层的实质,是基于社会权力、社会资源的占有和分配所形成的社会地位之间的不平等关系"(潘弘祥,2009)。这种不平等还会进一步影响到个体和群体发展的机会均等,从而加剧了新一轮的社会权利和社会资源占有的不平等。美国学者阿瑟·奥肯曾说:"①在机会均等下出现的不平等要比机会不均等时产生的不平等更容易让人接受。②在其他条件不变时,机会均等条件下所导致的结果不平等要比机会不均等条件下所出现的结果不平等在程度上更小。"(秦晖,1998;潘弘祥,2009)这说明社会分层是一个不争的事实,关键是制度的设计。

从另一个角度看,在一个民主的宪政体制背景下,出现的社会分层要比民主的制度更容易让社会接受。这种体制让社会各层面的人们均有利益表达的机会、决策参与的机会、执行监督的机会。在宪政的平台下,通过利益妥协和平衡,减少或者是避免相互排斥的状态,形成相互融合的格局。正如亨廷顿所说:"经济发展产生更多的公共资源和私人资源可供在各个团体中分配。政治变得越来越不是你死我活的零和游戏。因此,妥协和宽容都得到提倡"(亨廷顿,1998;潘弘祥,2009)。

2.4.2 空间贫困与空间隔离

社会分层在城市空间中的表现形成了城市社会空间结构。这种空间结构主要通过居住空间的分异而表现出来。在市场经济条件下,城市社会空间结构的重要特征是空间极化。这一过程通过城市化"整理",在空间的不同组合形成了空间的极化。空间极化最明显的现象为绅士化和贫困化。美国在这一方面表现十分明显。绅士化地区主要是指中上层居住区,由管理层、技术精英所占据,而穷人、失业者、无家可归者往往聚居在被遗弃的城区。

随着城市社会的变迁,不同阶层的人口开始有规律地居住在城市的不同区位。城市空间按经济、家庭、种族的分化越强烈,社会区位差异就越大。其中包括城市贫困人口逐渐聚集在城市的某些特定区域,形成城市贫困空间。随着城市化的发展,在西方发达国家,城市贫困问题已经成为整个社会贫困问题的主要方面。所谓城市贫困是城市空间中某一群体占有的资源相对缺乏或被剥夺而不能维持基本生存要求的状态。"贫困更多是一种因为市场经济导致的社会疾病"(蒋永甫,2008)。

城市贫困是多种因素促成的结果。从不同的角度有不同的认识。马克思理论认为,经济制度和生产资料的不平等占有是产生城市贫困的根本原因。冲突学派认为,利益冲突和空间的争夺是贫困的根源。功能主义者将贫困看成是社会变迁过程中功能失调的结果。古典经济学则认为失业是造成贫困的重要原因。根据向德平等(2005),城市贫困主要由如下三个因素促成:①社会结构变迁;②经济体制不合理;③社会保障薄弱。然而,无业或不充分就业则是产生城市贫困的直接原因。美国学者洪朝辉提出了权利贫困的概念,指的是"想工作、能工作但没有权利和机会工作"所导致的贫困(洪朝辉,2002;李志明,2009)。因此,就业权的实现在解决城市贫困中具有积极的意义。

城市贫困常常与不卫生的环境、基础设施缺乏的环境、公共服务设施不足的环境联系在一起。西方学者提出的极化理论,说明空间极化过程中产生的城市贫困导致了空间隔离的加剧。"贫困与社会排斥是相互关联的"(钱志鸿等,2004)。社会隔离是社会分层在空间中的表现形式。空间隔离是指社会成员根据各自的财富、职业、生活习惯、文化背景等因素而产生的在空间分开的过程或行动。"极化过程通过住房影响到城市社会空间的变化,在空间上引起穷人的居住区的隔离"(钱志鸿等,2004)。

空间极化是城市社会分层的外在表现形式,空间极化产生了新的排斥。这种排斥体现在空间的分化与离异,不同阶层的人群聚居在一起,如环境优越的富人区和环境低劣的穷人区的出现。而对于富裕阶层,拥有财富就可以拥有一切。他们可以住豪华别墅、高档住宅区、高级宾馆和高档会馆,享用城市环境优越的空间。这些富裕阶层享用的城市空间和环境资源多起来,而平民百姓的公共空间,甚至居住空间得不到保证,城市空间环境资源不公平、不公正带来了空间正义的问题。各个阶层权利的实现，外来人口与本地人口居住权的实现，势必引发城市空间的争夺。城市空间中基本权利的不平等必然会导致空间的博弈。

在美国，空间极化是多种因素促成的结果。例如，居住的分化。公民的居住偏好是居住分化的重要因素，高收入阶层往往喜好居住在环境良好的郊区。但是，制度也是一个重要原因，"严格的区划控制实际上加剧了社会分化"（田莉，2004）。美国的区划制定中，规定郊外往往只能建设独立单栋住宅，而多层和联排是不允许建设的。已经提到的芒特劳雷尔案就是一个典型的案例。这样的区划制度实质上排斥了低收入人群。当然还有其他原因，如低密度的城市发展，使得公共交通的营运成本大大提高。将低收入的住宅布置在公共交通不发达的郊区，显然也是不合理的。这会给低收入人群在工作、上学、购物等方面的出行带来不便。

在中国，城市极化与城市贫困也受到了广泛关注。陈果等人（2004）认为，中国城市的贫困空间也具有较明显的大分散、小集中的分散性特征。"中国城市的贫困空间也将呈现相对集中分布的趋势，即贫困家庭首先向地价低廉的城郊结合带集中，然后在城市中心区的外围形成贫民区"（陈果等，2004）。贫民区的形成改变了城市的社会空间，引起了社会的隔离。这种隔离就是社会排斥。"社会排斥的概念重视的是某些社会群体享受不到的人权和政治权利，包括个人的安全保障、法制、表达的自由、政治参与和机会的平等"（钱志鸿等，2004）。"不同的社会群体在城市特定区域聚集并形成相对空间分异，将带来某些特定需求的集中和放大，而过度的空间极化甚至可能造成社会排斥和空间冲突等不利局面"（刘佳燕，2009）。

2.4.3　基本权利的空间冲突

实现进入城市的权利是让更多农村人口实现城市化。人口在空间的集中便产生冲突。法社会学认为："冲突属于人类社会的本质。冲突就是个体及/或社会群体之间互动的特殊表现形式"（莱塞尔，2008）。空间是存在的同时在场。基本权利的同时在场，引发了权利在空间中的冲突。基本权利的空间冲突是指数个主体的基本权利在空间中的相互对立。也就是说，一个基本权利的实现会侵害到另外一个或一些主体的基本权利。这种冲突既表现在微观的层面，也表现在宏观的层面。宏观层面的表现是住宅紧张、就业困难、交通拥挤等，而微观的层面则是财产权的外部影响。

财产权的外部影响就是基本权利的相互冲突，例如在住宅周边建设一个有污染的工厂,对财产主体来说获得了经济利益,对于新的就业职工来说则获得了就业岗位,实现了劳动权。但是对周边的居民来说,其居住权或健康权则受到侵害。再如,在一个高密度而且日照十分重要的城市中,一栋高楼的建设必然会影响到周边居住建筑的日照。而邻避现象则是对基本权利的影响而引发其主体的一种抗争形式。

由于城市空间的有限性,城市人口持续增加带来了城市密度的增加,形成城市问题。城市问题是空间权利紧张的宏观表现形态。城市问题是在人口快速集聚的过程中,城市发展跟不上迅速增长的需求,导致住宅供应及各类城市基础设施的供给滞后于城市人口增长的状况。城市问题主要表现在卫生条件差、住宅紧张、交通拥挤和环境污染。例如,英国 19 世纪产业革命后,城市人口急剧膨胀,造成住房短缺,公共卫生设施奇缺,空气及水源污染严重,就业竞争激烈,工人处境艰难,犯罪率居高不下等诸多社会问题。其中下列四个问题与基本权利密切相关。

1)住宅紧张

城市化集中了大量的城市人口,造成了住宅紧张。最明显的案例为贫民窟和棚户区。以英国为例,产业革命以后,特别是两次世界大战对城市的破坏导致战后住宅奇缺。19 世纪,住宅问题主要表现为住宅缺乏,质量低劣。城市化吸引了向往城市生活、指望在城市找到就业职位的人们。但是他们进城市后,不但没有就业机会,连起码的住房都没有,只能住在贫民窟和棚户区。随着大量移民涌入城市,种族问题开始出现,住宅紧张的问题演化成更为严重的城市社会问题。大量贫困人口聚集在城市,城市社区缺乏安全感,有钱的中产阶级纷纷离开城市迁移至郊区居住。英国、美国等西方国家提出的城市更新运动,其目的是要恢复内城的活力,清除城市中心区的贫民窟,为城市居民提供更多体面或尊重人格的住宅,企图解决城市化引起的城市社会问题。在中国,"城中村"和"边缘村"是住宅紧张的写照。"城中村"是因快速城市化引起城市包围乡村的现象。"边缘村"是指大城市城乡结合部大量低质量住宅区。由于基础设施和公共设施较差,多为打工者的集中住所。这些地区社会治安极其混乱,教育的权利难以保障,并且存在社会对居住者歧视的现象。

2)就业问题

在现代社会,就业是人们谋生的手段。多种多样的就业机会也是一个城市得以维持和发展的基本条件。现代大城市的就业问题,以及由此产生的阶级分化、贫富差异、地位悬殊等社会矛盾,是城市社会问题的重要方面。就业问题的主要表现形式是失业。就业问题在发展中国家还有一种表现形式,即不充分就业。失业作为社会问题,主要反映在失业者的构成和失业者的分布方面。发展中国家的大城市通常较发达国家更严重。由于年青劳动力比例大,使劳动力市场进一步集聚在大城市,失业率居高不下。在发达国家,失业者多为技术过时的工人、少数民族、妇女和老人。而就业问题是形成城市贫困的重要原因。

3)交通拥挤

交通拥挤主要是由于小汽车的发展速度超过了城市所提供的交通设施的速度而形成的现象。交通拥挤给城市生活带来如下三方面的问题:①交通拥堵带来了城市运行速度的下降,引发城市中心区经济的衰退。逆城市化发展的一大原因就是城市中心区交通拥挤,促成了更多的企业迁至郊外。②交通拥挤增加了居民的出行时间和成本,抑制了城市居民出行的次数,影响了居民的生活质量。③交通拥挤影响城市的环境。据相关研究显示,小汽车的尾气排放成为城市大气污染的主要来源之一。交通拥挤还影响城市的机动性,特别是对中低阶层收入人群的生存与发展造成影响。

4)环境污染

城市环境包括人工与自然环境。环境污染则是人的活动和建设产生的有害因子引起环境结构与功能的改变,从而危害人类健康的现象。工业革命导致的城市集中改变了人与自然的关系。人类赖以生存的环境正遭到人类自身行为的破坏。由于任何活动均具有外部影响,不受控制的负外部影响的溢出产生了环境问题。一般所指的城市环境污染,主要包括大气、水质、噪声、固体废物的污染。如果从权利的角度看待环境污染,则是权利的自由使用引发权利冲突。由于环境污染,人的生命和健康受到影响。环境污染是"公地悲剧"的另一种表现形式。

从上面的分析,可以提出疑问,自由主义与市场机制能配置好支持基本权利的城市空间吗?由于空间是"共同在场",公民的基本权利不可能在无限的时间和空间中相安无事。它们是联系的,而且时时刻刻处于冲突之中。也就是一些权利的自由过分,影响到另一部分公民的基本权利。这些冲突既在微观的层面反映出来,也在宏观的层面不断显现。公民基本权利在空间中冲突的事实,表明自由主义和市场机制在空间资源配置中"失效"。自由主义和市场机制的失效必然需要权力的介入。从基本权利出发,以权利平衡权利,以权利制约权力正是空间宪政的基本出发点。

3 空间宪政的理论基础

3.1 空间宪政

宪政研究的是权利的保障与权利的规范。在宪法学中,空间是无限的。而在城市空间中,公民的基本权利不是一组和谐的权利,而是一组矛盾的权利。空间宪政是将空间作为变量引入宪政的研究之中,并探讨空间中权利与权力的相互关系,以探讨如何形成有序的空间秩序。

3.1.1 空间与宪政

诚然,空间本为虚无,是一个价值中立的客观存在。但空间是人类社会的载体,人存在于空间,也就赋予了空间人的特征。近年来,理论界对城市空间的研究日益深入。空间贫困、空间反抗成为空间冲突研究的两个重要名词。在宪法中,基本权利的研究是建立在无时空的概念之上的,因而,基本权利是一组"和谐的"与"无冲突"的概念。然而,在空间中,基本权利则是一组"矛盾"与"冲突"的概念。除了空间贫困、空间反抗,还有在同一区域中污染工厂与居住区的空间冲突,实质上是就业权与居住权的冲突。基本权利的空间冲突客观要求权力的介入。

权力介入空间自古有之。福柯曾认为:"一部空间的历史,同时也必然是一部权力的历史"(Foucault,1980;李志明,2009)。在封建时代,权力是为帝王服务的,北京紫禁城是一个典型的代表。资产阶级革命后,财产、平等、自由得到高度重视,市场机制成为塑造城市的工具。资本与空间的再生产成为这一阶段的真实写照。哈维指出:"任何试图重构权力关系的斗争,都是一种重新组织它们的空间基础的斗争"(Harvey,1989;李志明,2009)。在传统的宪政体制下,权力被限制在"夜警"的范畴,同时也是司法重点控制的对象。随着福利社会的提出,权力再次走上空间塑造的核心位置。

"宪法是人民意志的直接表达,或者至少可以归咎于人民意志"(格林,2010)。而宪政是宪法的实施过程,因此,宪政的核心价值是"保障人权"(谢维雁,2004)。宪政也是一种权利政治。宪政的目的是试图在最低限度或最低标准之上,平等地保障每一个公民的基本权利。而实现宪政目的的手段是制度设计,通过制度保障每个公民的权利与自由。制度的设计是建立在公民达成共识的基础上,这就涉及价值判断。由于权力在社会发展和社会生活中起主导地位,制度设计的核心是对权力的规范。"宪政的要义就在于以事先安排好的规则对国家权力进行约束"(Kay, 2003;秦前红,2009)。因此,可以认为宪政是建立在共同体的共识价值之上,以满足公民在民主、法治、人权等方面需要的制度安排。

宪法的两个基本主体是国家和公民,因而宪政的核心议题也是针对这两个基本主体。权利与权力通过价值判断和制度设计联系在一起,共同宪政的基本内容:①基本权利的保障:公民的基本权利得到充分的实现与保障。这既包括"个体人"的权利,也包括作为"社会人"的权利。公民权利的保障以不损害其他公民的基本权利和自由为前提。因此,对基本权利的保障不是无限的,必须以宪法为依据。②权力的规范:国家权力依据宪法对国家事务进行有效的治理。宪法对国家权力的限制也是相对的,社会权的实现需要政府的积极行政。权力是权利保障的充分条件,但不是权利保障的必要条件。对权力的制约和对权力的激励共同构成了权力规范的内容。

权利从"天赋人权""社会契约"到公民的基本权利是一个历史的演变过程,也是社会的认识过程。人类历史就是基本权利逐步得到保障的历史。"公民基本权利就是宪法所规定的公民享有的必不可少的那些权利,是公民实施某一行为的可能性"(朱福惠,2005)。从宪政的历史可以辨认出,基本权利是宪政的起点和宪政的基本价值,也是宪政的终点和终极价值。K.罗文斯坦(朱福惠,2005)认为,"对基本权利和自由的确认和保障,乃是宪政的本质核心"。宪法权利是用以限制国家权力的重要制度。李龙则提出"权利制约权力"构成宪法的核心。

基本权利要得到社会普遍道德评价和法律的确认,才能成为公众认可的权利。基本权利正如朱福惠总结的,具有"根本性、法定性、排他性、受制约性"(朱福惠,2005)。分析和研究权利是宪政的基本点。张翔(2008)把基本权利的功能分为三类:①防御权功能;②收益权功能;③客观价值秩序功能。防御功能是针对国家权力而言,要求国家权力不予侵犯的功能。宪政的传统价值是自由、平等。在自由主义的影响下,政府的权力受到限制。这是建立在一种假设之上,也即权力必然是对权利的侵害。只有限制权力,才能实现个体的自由与平等。收益权功能是指公民可以请求国家做出某种行为而享受一定利益的功能。二次世界大战以后,随着权利概念的扩大,诸如社会权、福利社会的引入,需要政府积极行政,做出给付的行为。公共福祉成为宪政的重要价值。这也推动了政府权力的扩张。从这个意义上说,政府权力的扩展符合宪政的价值,具有合宪性。客观价值的功能是指针对国家权力,要求国家权力履行不侵犯义务,并在资源许可的条件下的给付义务、促成基本权利实现的保护义务。

然而,由于资源的有限性,在空间上必然发生权利的冲突,或者是一部分权利的自由行使必然影响到另一部分人群的基本权利。为此,要对基本权利做出限制。宪法对基本权利的限制分为三种:①具体限制,是指宪法明确规定在某些具体的情况下将限制该基本权利的行使。②依法限制,是指宪法授权相关法律对公民基本权利进行限制。例如,《中华人民共和国宪法》第十三条(2004年修正案):"国家依照法律规定保护公民的私有财产权和继承权。国家为了公共利益的需要,可以依照法律规定对公民的私有财产实行征收或者征用并给予补偿。"③原则性限制,是指宪法仅提出限制公民基本权利的条件,如公共利益、公序良俗、道德规范等不确定的概念。

城市化引发了空间关系的变化,人与人的位置更近。松散的个体变成了紧密的个体,相对独立的个体变成了社会中的个体。这既产生了相互协作也产生了相互影响。个体组成了城市,个体在空间中的位置也决定了个体群在空间中的关系。空间关系的变化引发了权利关系的变化。空间中的核心问题是空间差异是否导致空间中的权利平等问题。空间中公民基本权利是平等的吗?造成不平等的原因是什么?如何纠正空间中的权利不平等?城市规划的权力应放在宪法的框架下,在权利与权力、权力与权力的关系中进行分析。考默萨认为,"关于财产权的纷争,其实是关于基本人权的争议"(考默萨,2007)。

城市化促使人与人之间的关系更加紧密,作为实现个体权利的财产也发生了重大的变化。城市化促使城市成为人们集聚的共同体,社会性成为现代社会的基本特点。从这个角度看,空间中的基本权利是存在于共同体中。只有在共同体中,财产在面临干预和共享的条件下,权利所具有的特征,诸如排他性才有意义。然而,在这个共同体中,随着公民权利概念的扩展,如公共福利等新财产权的产生,要求政府充当更加积极的角色。为此,政府面临抉择。"政府的作用是在利益和要求发生冲突的情况下,决定哪一种利益是被承认的,并保护它使之成为一种财产权利"(Mercuro,1999;蒋永甫,2008)。

"社会空间理论认为城市发展是协商和竞争的结果,绝非没有任何冲突的和谐发展"(向德平等,2005)。在城市化背景下,城市空间结构与功能的变化,引发公民权实现方式的变化和空间的冲突。城市极化则是空间冲突和竞争的结果。城市空间的极化在经济学意义与社会学意义的矛盾,实质上是作为宪政核心的财产权的个体占有与社会性的矛盾。"在列斐伏尔看来,所谓对于城市的权利就是要求在城市中在场的权利,就是要向拥有特权的'新主人'争取城市的使用权,并将城市空间民主化"(Isin,2007)。

梁鹤年(2008)发出感慨:"一个市民共有、共享、共赏的城市应该是怎样的城市,该怎样规划呢?"弗里德曼(2005)在其论文《美好城市:为乌托邦式的思考辩护》中对"美好城市"提出四条准则:①对理论前提的思辨。理论思辨的首要任务是明确"美好城市"的主体是谁。②人的发展是最基本的人权。人的发展也是"美好城市"的逻辑起点。③城市的丰富多样性。充满生机、多姿多彩的城市生活是人的发展所必需的社会环境。④良好的管治。这是采取行动和作出决策的过程,包括有领导力、公共责任、透明度、包容性、回应、冲突处理等六个方面的内容。弗里德曼不仅回答了城市的发展应有良好的管治,即需要良好的城市规划,同时也回答了管治的依据,即"美好城市"和基本人权。

一般而言,从宪政的角度研究公民权往往是以静态的,或者是无限的空间为背景。公民的基本权利是同一的、平等的。作为规范的研究,这是十分必要明确的。从城市规划的角度研究城市空间也只是针对物质形态空间,并未对公民的基本权利进行研究。但城市是人的聚居地,是人类社会存在的重要形式。从另一个角度可以认为城市是公民基本权利的"聚居地",因而,在城市空间中,公民的基本权利则呈现一种复杂的状况。宪法中公民的基本权利是抽象的,而在城市空间中则是具体的,同时也是复杂的与矛盾的。

在宪法的研究中可以超越时空,公民基本权利是一组受宪法保护的权利。而在城市中,基本权利则在空间和时间中相互依存、相互影响、相互矛盾。宪法学中所谓的权利此消彼长,在城市空间中则发挥得淋漓尽致。城市空间也是基本权利的秩序,各种权利的关系形成了城市的空间结构。城市的空间结构随着城市化的进程而不断改变。例如,在城市初期和中期,中等和富裕阶层的人群向城市中心迁移,目的是寻求更多的城市公共设施和基础设施的享受。而在逆城市化阶段,中等和富裕阶层的人群移向郊外,目的是寻找更优越的环境和清新的空气。在城市空间中,"公民权不是被理解某个政治体中的成员资格——更不用说民族国家中的成员资格——而是被理解为在对城市空间的占用和创建中,并通过这种占用和创建而表达、要求和更新群体权利的一种实践"(Isin,2007)。对城市中基本权利的思考有助于我们采取城市得以"善治"的空间行动。

3.1.2 空间宪政

权利关系的变化,必然反映到作为财产的土地的使用。城市化改变了由利益个体支配财产的格局,代之为社会与个体的共同分享。在城市中,个体的利益受到社会利益的制约。土地不能随心所欲地利用,受到了社会规则的控制。财产规则的变迁隐藏着公民权利实现方式的博弈,空间权利的不平等引发空间中权利的冲突。早期的城市规划解决的是城市发展的空间、城市的布局、城市的功能、城市的美学等问题。但是城市化导致了城市人口的增加,公共卫生、公共安全、城市交通等城市问题成为了人们自由使用土地而难以解决的问题。"法律被看做是人类意志的产物,可以通过立法来改变社会"(派普斯,2003;蒋永甫,2008)。因此,城市规划成为政府为了公共利益而干预土地利用的法律。

城市规划是现代社会对城市发展的控制与引导,是实现城市可持续发展的社会工程。20世纪以前,土地利用被视为私人事务,土地所有者可以自由地利用土地。城市规划并不对土地的利用进行干预。但是随着城市化的进程,人口和产业向城市集中,人与人之间的关系发生了变化,由可以自我满足的生产方式中的人,转化为社会化生产方式中的人。人的关系由相对独立的个体变为群体中的个体。人的关系的变化带来了权利关系的变化,特别是财产权的关系变化。财产不仅是一套规范稀缺资源的规制,而且是人与人之间权利关系的准则。斯普兰克林(2009)指出,"或许把财产定义为与物有关的、人与人之间的关系更为准确"。

城市化的进程应有合理的城市规划来治理。20世纪初期,人们对城市规划提出质疑:"①未经正当法律程序而剥夺了所有人的财产;②侵犯了所有人受到法律平等保护的权利;③征收财产而没有给予合理补偿"(斯普兰克林,2009)。对城市规划干预的争论也一直伴随着城市规划的发展。黎伟聪(1997)则认为城市规划是对"私有财权的侵犯"。约翰·弗里德曼提出的城市规划中两个重要的传统是社会改良（Social Reform）和社会转型（Social Transformation）。因此，城市规划成为干预私有财产、进行社会改良的重要空间制度。

在城市化进程中，城市规划的权力与财产权形成了互补关系。在美国，20世纪初受新自由主义的影响，财产权中的个人主义让位于福利国家的理念的阶段，也正好是城市规划走向制度的阶段。福利国家的理念强调国家干预，禁止个人权力的滥用，并主张财产的合理使用。而国家干预的依据是公共利益。什么是公共利益、如何干预城市的土地利用已是城市规划的中心议题。要干预城市发展、干预城市的土地利用，依据的是公共利益。但是公共利益概念和范围的模糊性，成了城市规划干预的难题。"有效的宪政制度能够平衡少数与多数的权力配置，兼顾不同的利益群体"（考默萨，2007）。

随着社会主义市场经济的建立，中国的城市规划面对多重问题的挑战。①城市化问题：我国正处于快速的城市化时期，我们首先面对的是快速城市化的挑战，这不是一个简单的功能布局问题，还有如何让数亿的农村人口有序地转化成城市人口，包括职业的转化、社会的保障、可承受的住房制度。②市场经济的缺陷：我们没有经历过西方自由市场经济所产生的众多问题，但市场机制的失效已经在城市中显现。我国的改革是向市场经济转换，但我们的改革不是在城市发展中让市场作为资源配置的唯一手段，而是应把城乡规划作为应对市场缺陷的重要手段。③资源的有限性：我国是人口大国，但资源有限，如何在有限的资源条件下平衡各方的利益，这使得我们调控的难度加大。④经济全球化：经济全球化的结果是城市的直接竞争，而政府的效能则是竞争的关键。如何在公平与效率之间求得平衡，如何在空间中平衡权利与权力的关系，已经不是一个规划问题，而是一个实在的法律问题和宪政问题。

传统的城市规划通过对物质空间形态的改变，促进社会经济目标的实现。叶祖达（2006）总结了传统城市规划的三个基本特征：①以推动经济增长为前提，制定土地需求规划，再进行有形的空间分配；②强调土地开发及基础设施配套；③政府官员及其规划编制者成为城市规划过程的主导者。但随着权利意识的增强，从方法理论的角度可以发现这样的问题，城市规划是"以人为本"还是"以物为本"，空间与权利谁是城市规划的主体？面对诸如空间贫困这样的社会问题，面对财产权的干预问题，面对空间中权利冲突与社会和谐的问题,应当从新的角度认识城市规划,改变思路、改变方法、改变过程、改变价值体系。"事实表明,人类为自己的生活创造美好的城市环境是可能的"(泰勒,2006)。

"美好城市的实现需要有效的政治实践"(弗里德曼,2005)。城市规划与政治密切相关。城市规划作为资源配置的工具,是一种价值引导的社会行动。葛利德(2007)认为规划具有两个重要的特征:①"规划是一种高度政治性的行为";②"规划受到意识形态的影响"。现代城市规划已经不是一个独立的活动,它涉及市民社会生活的方方面面。城市规划是"一个社会过程"(Kirk,1980;Healey,1997;……;葛利德,2007)。当今的城市规划是一个综合的过程,为了实现社会公正而将社会各个方面政策整合起来,以实现共同的目标的过程。

而宪政是理论与实践结合的一组价值体系和制度安排。宪政则通过一系列的制度构建,将宪法规定的基本权利转变成行动中的法则,而宪政本身就是一种社会冲突的制度化处理机制。"诸如目标、价值、思想意识以及法律和权利等概念之间的联系,在很大程度上取决于制度选择"(考默萨,2007)。空间宪政的目的和意义是为了"美好城市"价值体系的构建和法律制度的设计,并应用宪政的理论与方法处理城市空间的权利冲突。由于空间与社会资源的有限性,空间宪政提供了资源配置和利益协调的平台。空间利益的冲突,不仅是个体利益的冲突,还包括个体与群体、个体与社会的利益冲突。宪政的机制是将冲突限制在一定的范围内。

因此,城市规划法律制度的设计应放在空间宪政中来思考。只有站在空间宪政的高度,才能更好地理解空间、权利、城市规划等问题,才能更好地研究和设计公平、公正的资源配置制度。宪政的两个基本核心是:①对行政权力的规范;②对公民基本权利的保障。空间宪政是用宪政的理论和方法研究空间问题,或者是在研究宪政理论时加入空间的因素。因此,空间宪政是在城市化的背景下,研究公民基本权利在时空中的演变与保障,研究权力如何介入、如何干预、如何制约的问题。

在城市中基本权利"在时间上是变化的,在空间上是矛盾的",作为调节空间关系的城市规划,面对城市问题的复杂性与利益的协调,空间中的公民基本权利、财产权保护与限制,在城市的空间的矛盾性、城市的关联性、城市问题的复杂性的背景下,如何建立有序的空间发展秩序?从法学的角度,这些问题涉及公民权利的保护、政府权力的运用以及财产权的限制。这些问题分别从宏观和微观的层次展开。在宏观层面,政府对公民权,特别是社会权所承担的义务,而引发了政府对城市发展的干预与控制,以实现社会正义。在微观层面,表现的是政府在土地征收和房屋拆迁中如何求得财产权保护与社会权实现矛盾中的平衡。基本权利的实现、空间正义、财产权限制等问题不仅仅是行政法问题,而且也是宪政的基本问题。从空间的角度的研究便构成了空间的宪政。

宪政是宪法实施的过程。因此,宪政具有规范民主政治、保障公民权利、实现法治的功能。但是宪政与法治是不同的,"宪政本质上是一种平衡机制"(谢维雁,2004)。宪政的平衡性表现在:①价值的相对性;②行为的规范性;③利益的兼容性;④文化的通融性(谢维雁,2004)。宪政的平衡性则通过如下三个机制平衡:①权力与权力的关系。权力的制度设计的目的是为了更好地保障公民权利和社会秩序,而权力分设的目的是防止权利的恣意运行。②权力与权利的关系。宪政协调在不同的社会经济发展场景中的公共利益与个体利益的关系。③权利与权利的关系。宪政包容不同的利益并承认有差异的平等。为此,笔者认为空间宪政是一个依据宪政原理,通过利益表达、利益衡量和利益协调而实现城市发展和谐的制度设计。

空间宪政理论,是以保障宪法基本权利为基本价值,研究城市空间中基本权利矛盾性和复杂性,以及空间中权利的实现方式和相应的"美好城市"的制度设计的理论。空间宪政理论关注制度与权利、空间与正义、财产与干预、权力与善治等内容。城市规划作为政府干预空间发展,形成空间秩序的工具,自然成为空间宪政研究的重点。讨论城市规划如同讨论行政法中的权力关系一样,需要在宪法的框架下,对权力与权力的关系、权力与权利的关系进行分析。空间宪政的提出则是试图规范空间中的权力运作方式,合理配置空间资源来平衡社会的需要,以改善人的生活环境和人的全面发展。

3.1.3 空间宪政的研究范畴

城市化是指一个农业社会向城市型社会转变的过程,它包括人口的城市化和生活方式的城市化。在城市化进程中,由于迫切地希望改变经济落后的状况,整个社会形成了对经济效益和工业化、城市化的诉求,从而使城市化自上而下和自下而上地运动。但在这场造城运动中,利益分配的不均,加快了社会分层的出现。生态恶化、社会不公与发展失衡等问题,折射出这么一个基本的问题,即谁的城市,为谁的城市化?弗里德曼

(2005)在其论文《美好城市：为乌托邦式的思考辩护》中提出了一个严肃的问题："谁的城市？"离开了场所，离开了空间，很难理解公民基本权利。

在城市化进程中，许多居民失去了他们原有的住宅、社区，他们离开了熟悉的老城区，搬迁到了城市周边的陌生地区。许多城郊农民虽然过上了城市生活，但失去了土地、家园和原有的生活方式。还有数以千万计的从农村流往城市的流动人口，作为最廉价的劳动力。但他们在教育、居住和就业方面仍未实现公民待遇。这些现象是平等的吗？为此，从法学角度我们得到了关于城市化的悖论：尚未城市化的公民的空间贫困与城市公平财产权保护的矛盾。

"这里涉及的政治体制问题很清楚地表明，人的发展潜力只有在更广泛的社会环境中才能得到实现"（弗里德曼，2005）。在市场机制条件下，随着城市化的进程、城市结构的演变，基本权利和实现方式发生改变。但城市应为公民的进入提供基本条件。弗里德曼（2005）认为住房、可负担的医疗保健、报酬充足的工作和充分的社会保障是"美好城市"的基本条件。有限资源约束下，与居住、就业、教育等公民基本权利相关的城市住房、城市就业、环境污染、城市学校，特别是外来人口的公民权的实现问题，均涉及在城市空间中宪法性权利如何实现，是否公平与公正。弗里德曼（2005）在《美好城市》中写道：美好城市的逻辑起点就是人的发展权。

空间宪政的基本议题是城市空间中权利与权力的关系。人们从农村迁移到城市，这个转变不仅是人口的集聚，同时也是一个权利实现的过程，即进入城市的权利。葛利德等人认为"就业、投资、社会安定等形态，在不同的区域继续显示出明显的空间差异，所以空间问题仍很重要"（Massey，1984；葛利德，2007）。城市化过程不仅促成城市空间结构的变迁，也改变了公民权利的存在方式。城市化过程是城市空间持续地分化、整合和演进的过程，也是城市空间持续地生产与再生产的过程。在城市空间上，公民的权利实现必须以城市的发展为前提。因此，空间、权利与宪政成为理解城市发展的重要方面。由此可以得出空间宪政的重要研究范畴：

1）权利与制度

宪政的基本目的是通过规范权利与权力的关系、权力与权力的关系来实现并保障公民的基本权利。在城市空间中，由于权利的多样性与矛盾性，权利与权利的关系成为了研究的重点。在空间中弱势群体的权利的缺失以及城市贫困的存在，表明制度在权利配置中的不完善。考默萨

（2007）认为：制度的选择决定着权利的变化。不同的制度对权利实现的支持程度是不同的。制度的选择基本上决定了基本权利实现的方式与程度。然而，实际上没有一种制度，诸如市场、政府、民主、道德等制度，可以单一地完成基本权利实现的公平和正义。为此，要研究制度对基本权利的支持程度与方式，从而选择与决定制度的协同以在空间中实现公平与正义。

2）空间与平等

广大的农村人口是否具有进入城市的权利？若没有则是将他们排斥在城市之外。若是平等的，在进入城市后，他们的居住权、就业权、教育权、福利权如何实现？从宪政的角度，城市居民与乡村居民是否具有同等的宪法权利？这就涉及宪政中的平等保护问题。"谁的城市"是城市化进程中对公民平等权利的追问。城市不是哪一个阶层的城市，是所有公民的城市。平等权利不仅意味着公民可以进入城市，同时还包括公民可以参与空间的生产与决策。平等权利还包括城市规划对财产权利的限制是否平等。

3）空间与正义

空间的生产不仅是一个程序性问题，空间实体本身也会对公民造成不同的影响。空间问题不是一个物质性问题，而是一个社会性问题，或者是一个权利性问题。在市场机制条件下，公民所持有的财产、所占有的空间资源是不一样的。平等权利并不意味着平均占有财产和空间资源。那么什么样的差距才是合理的，或者是正义的？空间分区制、公共设施布局以及其他公共资源的分布均会影响公民的机会与发展。空间极化事实上形成一种公共资源的不均衡分布。过度的极化则是排他性的表现，实质上就是涉及空间正义的问题。

4）空间中的权力

空间中的权利冲突需要权力的介入。宪法中的基本权利的设置的目的是抵抗公权力。基本权利的四种类型对权力的运行要求是不同的。自由权的设置，要求公权力积极的不作为，而社会权利的设置则呼唤公权力广泛介入社会经济发展的各个层面。作为空间权力的城市规划就是代表公权力介入空间的生产，并对财产权进行限制。从空间宪政的角度，城市规划的制定对基本权利的实现有积极的意义，同时对私有产权进行公共管理，甚至是积极干预。权力的介入既要以基本权利为导向，又要对权力进行制衡。对权力的制衡包括两个方面：①立法的制衡：作为干预空间财产权制度的城市规划应满足如下四个条件：公共目的、正当程序、合理补偿和法律保留。②权利的救济：这包括公众参与、行政救济与司法审查。

3.2　空间权利与制度

"'谁来做决定'的问题决定了法律和权利的特征"（考默萨,2007）。"制度的选择决定着法律和权利的变化"（考默萨,2007）。制度成为空间宪政的重要内容。在城市空间中,市场的制度、政府的制度、民主的制度和道德的制度影响着城市空间中的权力配置。

3.2.1　市场的制度

从斯密的《国富论》以来,市场机制成为了一种配置资源的基础制度。市场机制是由价格、供求、竞争和风险等要素构成。市场通过竞争与激励的机制,促进各利益主体采取分散化决策的方式使资源得以充分利用,并带来了巨大效率。新古典经济学认为,完全竞争的市场机制在一定条件下,如信息完全、对称、自由等条件下,能保证资源配置的最优化,也就是在边际成本和边际效益相等时,达到资源的最优配置。市场主要是由各经济利益体组成,其组织目标非常清晰,就是追求利润和效率的最大化。市场机制发挥作用的重要假设是"交易成本为零"。科斯定理认为,在交易费用为零的情况下,不管权利如何进行初始配置,当事人之间的谈判都会导致这些财富最大化的安排。波斯纳也曾假定"当交易成本很低或者是市场发挥了作用的时候,市场较法院而言会是一个更好的决策者"（考默萨,2007）。

在经济发展中自由主义十分赞赏市场机制的作用。"市场……是自由的基础,因为市场允许个人有最大的选择自由,个人自由本身还不是一个自由社会所能体现的唯一优势。自由鼓励更大的创新。当面临变化着的环境时,创新能实现更有趣更丰富的生活方式、更多的发明和革新、更大的灵活性"（索伦森和戴,1981;泰勒,2006）。市场也是城市发展的基础性制度。在城市空间中,作为财产的土地受到了市场机制的控制。城市的土地使用则按照市场的规律形成了一定的结构,例如,"土地上的建筑面积的市场价格随着与市中心距离的增加而递减"（丁成日,2005）,这就促使高强度使用的商业建筑常位于市中心,而工业则位于城市的边沿。市场机制的存在使城市土地的使用常处于最优状态,例如,人口的密度也随着与城市中心距离的增加而递减,这种布局有利于交通成本的节约。

自由主义大师哈约克对城市发展中市场的作用十分关注。"总体上,市场已经主导了城市的演化,虽然不是完美的,但总比人所认识到的要成功得多"(哈约克,1960;泰勒,2006)。然而,在市场经济条件下,"集体合成谬误",各利益体的利益最大化,导致垄断、外部效应并不能提供公共产品,是导致市场失效的重要原因。市场机制无法解决经济的外部性问题和公共产品的有效供给问题,这是市场机制的内在缺陷。从法的角度研究市场机制在权利配置中的作用,可从三个方面进行:①市场机制导致权利使用的外部性,形成外部影响,如环境污染等;②市场机制导致社会权利的缺失,最明显的表现是城市贫困与社会隔离;③市场机制引发新的权利竞争,并影响到公共设施配置的公平性。

经济学理论认为市场存在外部性。市场作为配置资源的制度,其最显著的特点是利益实现的最大化。利益的最大化导致利益的溢出,产生了外在性。这时社会所得到的收益或成本与行为主体的收益或成本不相一致。外部性包括正外部性和负外部性。正外部性是社会收益大于私人收益,负外部性则是社会收益小于私人收益。外部性的存在意味着资源配置不能达到帕累托最优,也即一个人利益的实现不影响到其他人的利益。因此,市场机制导致权利使用存在外部性。

外部性的出现,表明了在城市空间中,公民权利的行使已经影响到其他公民的合法权利和自由。在城市空间中,外部性的表现较为普遍。正外部性的表现为:①公共设施和基础设施的建设,带来周边地价的上涨;②在新开发地区最早的投资,带来该地区的可开发性。负外部性主要表现为:①工厂产生的大气和水污染影响了周边的环境;②土地的滥用,为获得利益而大量占用耕地;③高密度建筑群对北侧居住建筑的日照遮挡或日照影响;④城市人口的过度集中形成拥挤,而拥挤的产生既可导致交通的拥堵,也可导致环境卫生质量下降。负外部性则常常会降低周边房产的价值,例如,"垃圾处理场的存在使附近房地产价格降低 7%~12%"(丁成日,2005)。

经济学已经证明,市场机制不能提供公共产品和公共服务。公共产品具有"非排他性"的特征,这两种特征使得私人提供的公共产品必然是有限的,社会必须借助于政府来提供充足的公共产品的服务。公共产品具有共同的消费性质,其产权无法清晰地界定。对其消费既不会减少已有的公共产品的数量和效用,也不增加消费成本,这就难以形成市场价格。没有价格,市场是不起作用的。例如,城市道路的使用不会影响到道路的存在,也很难计算通过一次城市道路的成本。这就难以通过市场机制引导必要数量和质量的社会资源配置于公共产品的生产。公共产品如国防、治安安全、市政设施、道路等不能通过市场机制得以实现。而公共产品的提供是实现社会权的基础条件。一个城市若没有学校则没法谈论实现教育权。宪法学理论认为,社会权的保障是政府的义务。二战之后,社会权作为一项重要人权在各国以不同方式得到了确认和保障。自由权利具有消极防止国家权力侵害的防御权性质,而社会基本权利的实现要求国家权力的积极介入。社会权要求国家权力应建立福利制度,提供相应的服务,保障人民能够享有符合人性尊严的基本的生活条件。因此,从上述两个方面证明,市场机制导致社会权的相对缺失。

市场机制作为有效的资源配置机制,关键在于其产生竞争性。城市空间资源的有限性,以及人的需求的无止境性,是竞争的产生根源。竞争是社会发展的基本动因,但竞争也会带来负面的影响。①利益的最大化,驱使利益主体产生竞争,而竞争产生了意见的不一致。例如,在城市中一个土地业主想建10层的建筑,他不知道10层的建筑是否已达到利益最大化,而周边的业主则希望建得越少越好。②竞争诱发了更多的负外部性,利益的最大化往往诱发更多的负外部性,因而产生了更多的社会矛盾。③竞争产生了空间的极化,贫民区与富人区的产生,形成了城市空间新的不平等和不正义。因此,市场机制引发新的权利竞争,竞争产生了空间中的冲突,而空间的冲突需要新的解决的机制。市场机制只会加速产生新的权利冲突而不能化解权利的冲突,只能维持权利的不平等。

桑斯坦(2008)认为通过市场形成的社会秩序可能"以强调短期考量而牺牲未来"。这里用假想城的状况来说明市场机制对空间权利的影响。"假想城"中,如果采用市场机制,那么,资源的配置将是倾向于土地收益的最大化。假想城的公民都会将土地转向住宅、工厂或者是商业,而不会将土地用于没有收益的道路、学校、公园和医院。当然这样的土地配置最有效率,经济利益也是最大化。这样的土地配置,不仅没有支持社会权的广泛实现,而且在进一步的发展中,无法避免工业对环境的影响,还会在空间极化的过程中产生贫民窟,形成空间贫困。这一结果是,假想城中将没有道路,没有学校,没有公园,没有医院。这些均不是假想城中所有智者想看到的。

3.2.2 政府的制度

自由主义呼唤权利的自由使用。从自由主义的角度看,市场是权利配置的最佳的基础性制度。但市场失效是政府干预的依据,因而福利主义和干预主义是市场机制的修正。20世纪30年代初的世界性大危机,打破了市场机制无所不能的美妙幻觉,使人们普遍认识到市场制度的缺陷。"市场的失灵,从根本上说,从属于公民权的滥用和自我保护的无力"(罗豪才,2004)。公民权的滥用需要政府的规制,公民权的保护乏力需要政府的介入。1936年凯恩斯《通论》的发表,标志了西方经济由崇尚自由放任转向崇尚政府干预。在市场经济条件下,政府的基本职能是调控宏观经济,维护法权,并提供公共物品。

经济学界认为发展中国家在走向现代化的过程中,政府的积极行政是一个十分重要的因素。政府的强有力的干预和产业政策曾被认为是东亚模式的显著特点,对东亚经济的崛起发挥了重要作用。最近的世界经济危机也使自由主义名誉扫地,并"引导人们走向一个新的时代——后新自由主义时代"(张庭伟等,2009)。而社会权的实现也依赖政府对经济发展的积极干预。美国共和主义的信念是"政府过程是追求公共福利的审慎过程"(桑斯坦,2008)。因此,政府在资源配置、支持公民基本权利的实现中发挥重要作用。

市场在权利配置中的失效,在空间中表现为三个方面:权利的外在影响、社会权的缺失和空间的正义缺位。因而,政府在权利配置中需要研究的三个问题为:①站在公平的角度避免权利的外在影响。市场机制导致的权利的最大化利用,必然引发权利的相互影响。政府可以站在公正的立场规制市场行为,避免外在影响。②市场机制不能提供公共产品以及社会权的相对缺失,需要政府的积极作为,政府如何代表公共利益治理市场机制在社会权方面的相对的缺失。③市场机制引发权利的博弈,并在空间上形成空间极化等现象。政府代表社会正义以弥补市场机制在空间中社会正义的缺位。在现实中,政府通过公共政策和行政措施,对社会进行改良,避免空间中的权利冲突,以实现社会的和谐与稳定。

政府的干预隐含了如下三个假定:第一,政府代表多数人利益,政府行为更体现公共利益;第二,政府社会公平方面更有理性;第三,政府的运作是高效率、低成本的。但随着政府对市场干预的增强,政府干预的局限性和缺陷也日益显露出来。与市场机制一样,由于政府行为自身的局限性和其他客观因素的制约,政府作为一种制度,在权利的配置中也会失效。政府失效的概念也来源于经济学。政府失效是指政府为弥补市场失灵而对经济、社会生活进行干预的过程中,无法使社会资源配置效率达到最佳的状况。从经济学的角度,政府失效有如下几个方面:①决策的滞后与低效率。②政府的决策偏好的影响。③政府的寻租,经济学描述的政府失效影响了权利的配置。

政府如何干预市场,弥补市场的不足,快速应对社会的变化与社会的需求?政府如何代表公共利益治理社会权的缺失?这些问题均与政府决策相关。由于信息的不对称,政府往往不足以实现理性的决策。计划经济体制的实践已经证明了这一点。政府对社会经济活动的干预,实际上是一个涉及面很广、错综复杂的决策过程。政府干预经济活动往往达不到预期目标或者政府干预虽达到了预期目标,但成本高昂,成为政府决策的失误。正确的决策必须以充分可靠的信息为依据。但由于这种信息是在无数分散的个体行为者之间发生和传递,政府很难完全占有,加之现代社会化市场经济活动的复杂性和多变性,增加了政府对信息全面掌握和分析处理的难度。因此,政府如何应对快速变化的社会而保障政府行为的一致性,成为政府干预或者是权利配置的首要问题。政府直接干预投资大、收益慢,而且公共产品无价格导向。这就造成缺乏降低成本与提高效益的利益推动。最终形成的公共产品在成本和收益方面难以进行评价,也就是政府在为弥补市场机制实现社会权方面的相对失灵。公共选择理论认为,政府机构运转无效率的原因主要表现在缺乏竞争、缺乏激励两个方面。这就往往会出现公共产品的过度提供,造成社会资源的浪费。

政府的决策代表公共利益,对权利的配置进行公正的规制。公共利益具有模糊性,而且政府的决策存在偏好,这就造成政府在干预中的偏差。公共选择理论认为,组成政府的政治家和官员的基本行为动机是追求个人利益最大化,未必符合公共利益。在决策的制定过程中,政府经常受到一个或者是多个利益集团或组织的压力,使得其决策仅体现某些利益集团的利益,没有体现真正的公共利益。由于政府的偏见和压力集团的存在,政府在市场机制的外部影响和城市空间极化的干预,往往会发生目标与路径的偏离。

市场机制的失效需要政府的积极干预,但寻租现象的出现影响了政府弥补市场在空间中的正义缺位。寻租是个人或团体为了争取自身利益而对政府决策施加影响,以争取有利于资源再分配的一种活动。寻租活动扭曲了政府行为,政府行为出现不公正。城市的土地是一种稀缺的资源,稀缺就会产生潜在的租金,必然会导致寻租行为。寻租行为越多,社会资源浪费越大,政府决策越不公正,从而会损害个体利益与公共利益。从宪政的角度,政府的干预将损害公民的基本权利。限制政府的作用的目的是避免政府在权利配置中的失效问题。如何发挥政府的积极作用而避免权力的滥用和寻租,有效地治理市场产生的外在效应,并实现空间争议成为宪政的一个重要议题。

假想城的另一个选项是政府的制度。在"假想城"的案例中,假设假想城废除市场机制,并通过公民选举,形成权威——政府。那么,资源的配置将是另一种状况。分散的决策转化为集中的决策,而且在决策中市场的信号没有了,因此,决策将转化为理性的决策。虽然,假想城中,新的资源土地配置会有住宅、工厂、商业、道路、学校、公园和医院,但是土地配置效率不可能达到经济的最大化。同时政府干预的特征显现了:①决策的滞后与低效率;②政府的决策偏好的影响;③政府的寻租。政府制度的这些缺陷必然引发假想城公民的不满,于是转向了第三种选项:民主的制度。

3.2.3 民主的制度

民主的制度就是按照平等的原则和少数服从多数原则来共同管理或做出决策的制度。政府作为一种制度在权利配置中的失效需要引入民主的制度。"民主的核心涉及作为整体的民众,他们有权决定他们将生活在民主当中的规则"(斯威夫特,2006)。民主是主权在民的体现,民主也促使公民的政治参与权成为可能。同时,民主也是一种规范公民参与政治生活的制度。"民主是个好东西",没有民主,公民的基本权利将无法表达,公民的权利诉求将不能进入决策的议程。"民主制让政府对人民负责,从而使得政府的利益与被统治者的利益相吻合"(托马斯,2006)。为此,托马斯从效用、概率和慎议三个角度为民主辩护:①从效用的角度,民主可将利益委托给决策人,或将公民偏好转化为社会福利的决策;②从概率的角度,大多数人的一致意见,正确率一般都较高;③从协商的角度,协商可以集合更多决策的知识。

通过民主的制度,使得决策的机制更多地满足公民实现基本权利的需要。理想的民主具备五个条件：投票中的平等、有效地参与、明智的理解、对议程的最终控制、获得结论(达尔,2006)。理论上,要获得正确的结论,理想的民主决策机制是形成一致的同意。然而,公共选择理论证明,几乎不可能获得一致的同意。由于达成一致的可能性几乎为零,或者是达成一致的成本是巨大的,民主的决策的机制只能是少数服从多数。源自孔多塞的"投票悖论"的阿罗不可能定理认为:在不同的公正的程序下,备选方案 a、b、c 的投票排序结果为 a＞b 、b＞c 、c＞a 。因而,不可能存在一致性的方案。阿罗不可能定理,揭示了不可能寻找到这样一种决策机制,所产生的结果既不受投票程序的影响,又不受到投票人的偏好以及独立决策的限制。当然,越接近一致,越接近理想的民主。既然民主是少数服从多数,寻求大多数的一致,甚至是全体一致是民主的关键。

民主的内在局限性,还进一步带来了其他的问题:①民主不可避免沃尔海姆悖论。沃尔海姆举例说明,在一场选举中,我相信政策 X 是一个正确的政策,但是,大多数人选择了政策 Y。根据民主的理论,我守信了这样的立场:遵循一个错误的政策是正确的(托马斯,2006)。这就是沃尔海姆悖论。②民主可能带来利益集团的控制。阿罗不可能定理从另一个角度说明了,不同的决策程序导致不同的结果。因而,操纵了投票程序,也就是操纵了投票结果。民主选出的方案不一定是反映公众偏好的方案。③民主的程序很可能是低效率的程序。最容易做的决策是建立在一致性同意基础上的决策,而最难的决策则是 50%：50% 的决策。④程序民主很可能远离实质民主。随着人数的增加,决策的复杂性增大。由于不同的程序可导致不同的结果,程序不一定得到"实质的民主"。为达成更多人的同意,这就需要反复协商,因而需耗费更多的时间和资源。最后的结果是民主程序的低效率。达尔在《多元主义民主的困境》中写道:"固化政治不平等、扭曲的公民意识、歪曲公共议程、让渡最终控制"(达尔,2006),是多元民主的缺陷。

民主的困境同样困扰着空间中权利的配置。既然难以达到一致性的同意,民主的机制只能是少数服从多数。对多数人的"问题",法学界也有众多的研究。多数人的"暴政"、"多数人是合理的吗"也是法学界的热点问题。对于多数人的问题,达尔提出解决的两种思路:①修正多数原则;②赋予少数更大程度的自治(达尔,2006)。也就是民主核心是以多数为决定原则,同时尊重个人与少数人的权利。但是,如何尊重少数人的权利,仍需在制度上给予保证。例如在城市中为建设变电站如何听取少数人的意见。

在如何寻找一致同意方面,空间权利的配置中则面临更多的问题。这里用一实例加以说明。2009 年杭州市政府接待了一例信访。信访人为萧山区新街镇的一位村民,他代表村里许多人要求政府解决该村的村内道路。据了解,该村共有 100 多户,近几年经济发展迅速,有 27 辆小车,但进村道路仅为 2 米宽,无法满足村民的出行需求。村委会曾经协调过,但因该道路的拓宽需占用一些村民的承包地,承包者要么不同意占用或者提出过高的补偿要求。这里提出了三个问题:①是否按照少数服从多数进行决策;②多数人同意后是否可强制;③什么是合理补偿,谁来定价,市场还是村委会。因此,村委会多年协调,未能达成一致意见。在村民自治的体制下,诚然,村委会有经济实力可以建设该村道。但意见不统一,该村的基础设施仅是一部分人的理想。民主难以达成一致,民主不一定协调好利益冲突。

假设"假想城"的公民废除了市场的制度、政府的制度,引入民主的制度。土地配置是按照少数服从多数的原则进行。谁的土地用于工厂、商场、住宅等私益性项目,谁的土地用于学校、公园、医院等公益性的项目,要经过投票来选择。甲的土地经过投票选择作为学校,因为将会遭到强制征用,而且不会得到高额的补偿,因此,甲坚决不同意用作学校。为了防止"多数人的暴政",一智者提出了要采用一致性同意才可做出决策的建议。由于不可能定理的存在,"假想城"的公民经过一年又一年的协商,始终无法达成一致。

3.2.4　道德的制度

"随着人数的增长,关于公共幸福的知识必定变得理论性更强而现实性更弱"(达尔,2006)。民主制度在权利配置中的困境,呼唤着社会的美德。达成一致的难题以及高昂的成本,使得为了避免无序、混乱的状态,迫切需要道德的介入。因为,以道德作为制度的成本是廉价的。道德是人们共同生活及其行为的准则和规范,是人关于善与恶、正义与非正义、公正与偏见等观念及规范的总和。道德规范通过传统习惯、社会舆论对道德主体的主观起自律的作用。"利己"和"利他"是道德的两个极端。"利己"方面的描述常常是:损人利己,唯利是图;"利他"方面的描述常常是:舍生取义、大公无私。法律很少在"利他"方面进行规定。阿罗不可能定理证明了"投票悖论"的存在,即不同的民主程序,产生不同的投票结果,不同的结果导致不同的权利配置。"随着人数的增加,关于公共幸福的理论推理变得更加困难"(达尔,2006)。在以"利己"的思维指导下的决策程序,必然由于参与者的不同而难以达成一致。

在民主程序中引入道德的参与,可以避免更多的"利己"偏好。若能通过沟通与协调,呼唤更多的"利他"的行为,可以更容易地达成一致。因而,这在制度设计上是一个很好的选择。若能出现这样的结果,将证明道德可以避免投票悖论。道德作为制度,则可以制止无序状态,保证绝大多数人的权利得以实现。清代安徽桐城六尺巷的形成,则给我们树立了一个道德配置权利的典范。若以"利己"作为权利配置的导向,恐怕六尺巷的建设只能靠强制性的制度。"一旦公民认为自己的利益和公共幸福之间存在冲突,他自然会选择促进自己的利益"(达尔,2006)。由此可见,道德在权利配置中的作用。

"六尺巷位于安徽桐城。六尺巷,东起西后街巷,西抵百子堂。巷南为宰相府,巷北为吴氏宅,全长 100 米、宽 2 米,均由鹅卵石铺就。据《桐城县志》记载,清代(康熙年间)文华殿大学士兼礼部尚书张英的老家人与邻居吴家在宅基地问题上发生了争执,家人飞书京城,让张英打招呼'摆平'吴家。而张英回馈给老家人的是一首打油诗:'千里修书只为墙,让他三尺又何妨。万里长城今犹在,不见当年秦始皇。'家人见书信,主动在争执线上退让了三尺,下垒建墙,而邻居吴氏也深受感动,退地三尺,建宅置院,于是两家的院墙之间有一条宽六尺的巷子。六尺巷由此而来"(详百度,http://baike.baidu.com/view/329827.htm)。

安徽的六尺巷保存至今,并成为文物保护单位和省级非物质文化遗产。在安徽六尺巷的形成过程中,相邻关系的解决既没有看到所谓的公共利益,也没有看到所谓私有财产保护。所看到的是中国的一种传统美德:包容相让、平等待人。在权利的争执中,公共利益与强制没有发挥作用,而道德作为一种制度在起作用。利他主义和相容相让成了六尺巷的"制度机制"。

"公地悲剧"则是道德配置资源的另一种现象。一块公共所有的草地,人们在这里自由放牧。每位牧羊者都试图放养更多的羊,以获取最大收益,这是"利己"动机驱动下合理而且合法的选择。当过度放牧超越草地的承受极限时,灾难出现了——牧草资源枯竭,最终连一只羊都养不活。这就是"公地悲剧"。六尺巷和公地的悲剧,表明了不同的道德,"利己"与"利他"产生了不同的结果。

道德在不同的人数不同的社区中可以起到不同的作用。一般而言，人数较少，且社会结构稳定的社区中，道德起到了重要的作用。中国古代的许多城镇，例如丽江等古镇，四方街、三眼井以及小桥流水的格局中，法律并没有起到重要的作用。相反，乡规民约以及道德等一些非正式的制度发挥了重要的作用。这里看不到诉讼和正式契约。"小社区里邻里关系稳定，以非正式的社会道德规范机制来解决财产上的争端，这里没有法律的影子"（Ellickson，1991；考默萨，2007）。但是，随着城市规模的扩大，人数的增加，邻里的社会结构逐渐复杂化，道德的作用在下降，法律的作用在加大。

作为自觉行为规范的道德与法律相互作用，彼此支持，共同维持着社会的发展。道德是法律的评价标准，法律也可以看作为一种制度。作为制度的道德无具体的表现形式，其对行为的要求的标准不明确。因而，道德是一种不使用强制手段的"软"制度。当然，道德也有相当大的弹性和空间。由于道德的这种特性，决定了道德的限度。首先是道德的非强制性。道德只能引导和呼唤人们内心深处的"善"，从而影响权利的配置。至多，人们的不道德行为只是受到舆论的压力和社会的谴责。由于道德不具有法律的属性，道德不具有可诉性。道德对人没有很强的约束力。

仍然可以用假想城来说明将道德作为一种制度的状况。当然，"假想城"中的公民并不都是利己主义者。建设学校、公园、医院等公益性项目的意义，已为利他主义者所认识。因此，他们提出用道德作为制度来配置土地资源。为了实现该理想，利他主义者将自己的土地贡献出来兴建医院，以实现假想城的公民的健康权。于是一些智者提出还是应采用道德的制度来配置土地资源，这样只要有利他主义者存在，道路、学校、公园等项目均会有人贡献出土地来建设。然而，假想城中并不是所有的公民都是利他主义者，很多公民都不愿意贡献出土地来建设公益性设施。利己主义者仍用土地在牟利。由于道德不是强制性的，假想城的问题依然存在。

3.3 空间中的平等权

平等是人类社会的基本价值，空间中的平等则是宪政中平等权的体现。然而在非均质的空间中，平等则是一个复杂和矛盾的概念。

3.3.1 宪法中的平等概念

公民在法律面前一律平等是宪法的基本原则,也是社会和谐的必要条件。平等权是指公民平等地享有权利,不受任何差别对待,要求国家同等保护的权利和原则。1789 年法国《人权与公民权宣言》宣布:"在权利方面,人人生来而且始终是自由平等的。"自此之后,几乎所有的宪法中都规定了平等权。1948 年,联合国通过的《世界人权宣言》第一条规定:"人皆生而自由;在尊严及权利上均各平等。"秦前红(2009)将平等的发展分为四个阶段:①18 世纪的执法阶段,也就是行政和司法平等地使用法律。②19 世纪的立法阶段,以 1868 年《美国宪法》为标志,在立法时必须给予公民平等的法律保护。③20 世纪以后,则将禁止歧视作为宪法条款,以保护在经济、文化、信仰差异等方面的个体平等权。④目前要求国家采取积极措施来保证平等权的实现。

法律平等是法律的根本属性,法律面前的平等是一切其他权利实现的基本要求。平等与自由是近代宪法所倡导的两个基本原则。平等权是一项最为复杂的宪法权利。自由与平等是人权中的两个基本原则。自由是指个体权利不受侵犯,是对人天性的尊重。但是自由带来对其他个体的影响,自由可能产生不平等的结果。过分强调自由会带来共同体成员间的不平等,甚至引发冲突。因此,"人权的根本问题,就是在自由和平等之间寻求一种和谐的关系"(秦前红,2009)。

人不仅在能力、智力、体力上存在差异,而且在种族、肤色、文化等方面存在差异。平等权的设置则意味着社会存在着差异。由于种族、性别、能力与资源的不同,宪法规定每个人在"法律面前一律平等"。这既包括宪法在人权保障与实现过程中的机会平等,也包括宪法中的"条件平等"。当然,平等不是一个绝对的概念。"形式上的平等乃旨在反对不合理的差别,而实质上的平等则必然承认合理的差别"(林来梵,2001)。也就是平等不是绝对的平等,而是一种在"合理差别"内的平等。

平等权作为一种基本权利,基于作为人所应当享有的尊严和地位是不可剥夺不可侵犯的。中国宪法第 5 条规定:"任何组织或者个人都不得有超越宪法和法律的特权",在第 33 条进一步明确:"中华人民共和国公民在法律面前一律平等"。平等是一项宪法原则,也是一项宪法权利。平等不仅体现着人与人之间在社会中的人格尊严,也体现着人与人之间的社会地位不被排挤和歧视。宪法中的平等意味着立法、执法、司法方面的平等。在法律层面的平等则意味着公民法律适用和法律的内容等方面的一律平等。

中国的宪法在不同的条款中对不同的主体表达了平等的概念。在第4条中规定："中华人民共和国各民族一律平等"。第34条则表述了中华人民共和国公民均具有选举权和被选举权,第48条则规定男女平等。总之,在中国宪法中,"既有有关平等权的一般规定,又有有关民族平等、男女平等、政治权利平等具体性规定;既有授权性规范,又有禁止性规范;既有有关平等的正面规定,又有有关反特权、反歧视的侧面规定,故而具有相对详尽的、完备的规范内容"(林来梵,2001)。

3.3.2 平等理论

平等与自由是人权概念中的两个基本原则。自由要求个体的基本权利可以得以充分发挥,并不受任何约束与侵犯。而平等则是在人与人的关系中同等对等个体,并对个体进行约束而形成平等的关系。"自由和平等这两个对立概念是互补的,自由只有在所有人都平等时才能存在"(秦前红,2009)。虽然平等作为宪法原则得到了一致的公认,国家应按宪法要求平等对待每一个公民。但是何为平等,平等的含义是什么,确实是有争议的。

不论是作为原则的平等,还是作为权利的平等,均存在一对平等的关系或概念,也就是形式平等和实质平等。所谓的形式平等,亦可称为理性平等,就是法律面前人人平等。其理论基础在于工具理性,并将平等权界定为一种个人权利。形式平等关注的是公民自由权和政治权的平等。市场机制是一种以自由为基础的生产方式,它是一种形式平等。在市场中,个体的主体地位和"机会"是平等的。然而由此所产生的结果,如社会分层、城市贫困是否是平等的,则是值得研究的问题。

市场机制的存在造成了不平等的现实。但是没有不平等,社会的发展就会没有动力,资源的配置也不会达到最优。工作的差别、收入的差别为社会的发展提供了动力。没有这些差别的存在,社会将没有效率和动力,社会的发展就会停滞。因此,应承认社会存在的差异。平等既包括形式平等,也包括实质平等。形式平等主要是过程和机会平等,其目的是反对不合理的差别。而实质平等一般是指结果的"平等",但实际上是承认合理的差别。"合理的差别除了需要合理的依据之外,还必须限定于合理的程度之内"(林来梵,2001)。因此,仅仅关注形式平等是不够的,还要关注实质平等。

实质平等所关切的则是深层的价值观,将平等视为群体权利,力求社会意义上的平等。实质平等更关注社会权方面的平等。人应具有如下平等,"他们的前途既不受他们的社会地位的影响,也不受到他们在天赋才能分配中地位的影响"(斯威夫特,2006)。但是资源的差异影响了机会的平等,最终影响了实质平等。对实质平等的纠正依赖于政府对资源与财富的再分配。然而,过度的实质平等则产生不劳而获的不公正现象。

在现实中我们会发现存在着三种差别的现象:①资源拥有的差别:由于社会与经济差别的存在,各阶层的资源拥有状况不同。②发展机会的差别:由于资源的拥有的差别,造成了社会各阶层机会的差别。③发展结果的差别:由于社会各阶层机会的差别,产生的结果也是不同的。这是一个相互循环的过程。例如,富裕阶层的子女比贫穷家庭的小孩拥有更多的受优质教育的机会,这样其更有可能成为高素质人才,而高素质人才则比一般人拥有更好的工作岗位和工作成就。

斯威夫特(2006)从哲学的角度提出有三种机会平等:①最低限度的机会平等:指的是种族、信仰不应成为就业、教育、升迁的障碍,重要的是个体的发展能力,诸如素质、技能、潜能等。②惯常机会的平等:指的是机会平等不只是要求相关的发展能力,而且是指获得这种发展能力的机会平等。③极端的机会平等:指的是为确保获得发展能力的机会平等而要求对资源进行再分配,诸如对社会贫困的纠正。

这种差别的存在是否是不平等,或者说从平等的角度,可容忍的差别是怎样的? 如果这种差异是可接受的,那么现实生活中不存在绝对的平等,只有相对的平等,也就是平等的相对性。形式平等与实质平等不是可以决然分开的,而是对立与统一的关系。诺齐克(斯威夫特,2006)的平等,意味着要尊重个体的财产权和自身的价值,以作为实现个体权利的基础。罗尔斯是用差异原则来看待平等。沃尔泽则倡导一种复杂的平等观。

罗尔斯与诺齐克对平等的看法是不同的。诺齐克关注的是权利的保护,支持"最小国"理念。他所倡导的只是形式平等。而罗尔斯既关注形式平等,也重视实质平等,并强调社会资源的再分配。平等权也是一个发展的概念。沃尔泽所持有的不是一种简单的平等观,而是一种多元的现象。这种平等"要求资源应该有区别地进行分配"(何包钢,2008)。沃尔泽构想了一种社会,"这个社会允许一些小的不平等存在,但是这种不平等不会由于某种支配物的出现而迅速增加"(Walzer,1983;何包钢, 2008)。当然,沃尔泽的复杂的平等观受到了诸如阿内森(R. Arneson) 等人的强烈批评,认为"复杂的平等实际上允许了各种现象的存在"(何包 钢,2008)。

3.3.3 空间中的平等权

城市化的过程既是人口与产业集聚的过程,也是社会空间结构的演化过程。城市化过程在微观上是城市空间持续地隔离、入侵和演替的过程,也就是空间的变更过程。通过市场机制,空间成了社会阶层财富分布的反映,也成了社会资源分享状况的反映。这种不均等的现象,是社会分层的空间反映。它是否产生了不平等的问题?平等是公民的基本权利,平等不等于资源和财产的均等。但是,在城市中,空间极化与空间贫困确实引起了社会的广泛关注。

在城市化过程中,大量新移民流向城市,如何让他们在城市住下来,最终融入城市?最基本的是解决他们与生存权相关的居住权。没有居住权就不可能过上有尊严的生活。城市中有没有他们的城市空间,是落实居住权的核心问题。在市场机制条件下,中产阶级或富裕阶层可以通过市场获得相应的城市空间。但对于穷人或无产者一族,则难以获得必需的居住空间。其次是空间的社会阶层化现象。这种空间分化的过程,反映出了当代城市发展中居住权利的状况。而空间的过度分异则形成空间极化。空间极化主要是居住过分分异的表现。空间极化的低端则是城市贫困,例如,在拉美国家贫穷的公民自由地占据了城市的外围空间而形成的贫民窟。可以认为,城市贫困是市场机制在空间上的制度缺陷。

空间的贫困意味着空间权利的不平等:①经济的贫困意味着就业权的丧失。②与主流社会的隔离意味着信息和发展机会的丧失。③贫困的集中常常伴随着良好基础设施和公共设施享用权的丧失。城市贫困带给我们思考的问题是,生活在贫民区的人们享受不到作为公民所应享有的经济社会发展成果,极差的居住、卫生、教育条件,不仅影响当代人,也影响下一代人的发展。权利在空间中的排斥和冲突与平等的理念极不协调。虽然平等不是同一,但是平等要求"权利不再是一种向世界提出的对于某种相互排斥的所有物的要求。权利成了一种向社会提出的、满足成员基本的需要和利益所必需的资源要求,而不是一种有些人拥有、有些人没有的所有物"(Holston and Appadurai,1996;Isin,2007)。

自由主义者认为,社会分化是市场机制的结果,过多干预会影响市场的效率。但是空间极化形成的城市贫困确实反映了空间不平等的事实。如何解决这些问题,关键是从何种角度如何看待这些问题。从空间角度看,"贫困地区的个人发展机会受挫和社会参与的缺乏归咎于边缘群体在空间上的过度集中;社会视野则侧重于特定人群的社会剥夺,认为经济投资、就业机会、社会资本和人力资源的缺乏才是问题的根源,贫困的空间集聚只是一种表现"(刘晔等,2009)。为此,特南认为要"关注弱势群体在社会参与、再分配及社会权力等方面更公正的诉求"(Kearns,2002;Murie,et al.,2004;刘晔等,2009)。

但是,社会的干预并不是要形成空间上的均等。不均等是社会的一个正常表现,关键是这种不均等必须维持在一定的程度,也就是合理的理由与合理的差别。合理的理由显然是规则的平等与机会的平等。市场机制已经提供了这种平等。而城市贫困并不是形式上的不平等,是由于实质上的不平等引发的新的空间博弈中的机会的不平等。为此,首先应该关注空间极化中的合理差别。芒泽(2006)从道德和正义的角度,提出不平等财产持有的正当性,应符合如下两个原则:"①每个人都有最低数量的财产以及②这种不平等不会损害社会中的全面人类生活"。为此,他将第一个原则称为最低值理论,而第二个原则称为差距理论。这两个理论对我们理解合理差别十分重要。

最低值理论是从道义的角度,人在社会中应过上有尊严或者是体面的生活。而要满足这一点,则要保证能够支付基本的食物、住房、医疗保健的费用,以及有工作可做。这也是维持生存和生命的基础。当然,还得满足下一代的基本需求。文明社会允许出现差距,但应保障每个人的生命得以延续。最低值理论给我们的启示是,城市的每一个类型的空间,均应维持一定的健康标准,一定程度的城市设施的享用标准,以保证每类人群不受距离和交通费用的限制,并且在城市中,每个人均应有机会获得满足生存的居住空间。

然而,由于城市资源的有限性,这种表述均是相对的。罗德斯对此有很好的描述:"一个美国贫民窟居民比一个富有的爱斯基摩人、一个19世纪的农场主或一个中世纪的乡绅吃得好、穿得好或者拥有更多的家用小机械之事实,并不能抚慰他,如果他缺少被其自身社会视为完整的人而需要存在的资财的话"(芒泽,2006)。这是一个相对的差距。虽然,平等理论认可差距的存在,但是差距过大以至超过了合理差距的范畴,则是平等理论不能接受的。这也是一种从道德伦理上判断,以及对不平等拥有的修正。

空间中的平等还反映在政府对空间的干预方面。在城市规划中土地被划分为居住、工业、商业、道路、学校等用地,如何看待平等保护问题?这里假设一个地区的最初的状态是土地为全部私人平均所有。随着城市化的进程和人口的增加,这就产生一个问题:谁的土地作学校、公园和医院?谁的土地作工厂、商业和住宅?若甲的土地作学校,意味着政府可以根据公共利益的需要强制征收甲的土地,而且只可得到政府的合理补偿。若乙的土地作商业,政府不会以公共利益的需要征收乙的土地,乙可以提出私有产权的保护,至少是市场价补偿,甚至漫天要价。这种制度安排平等吗?如果谁都不愿意把土地拿出来做学校、公园和医院,空间中是否还有公共利益和正义?

对空间中的平等分析,我们会发现"区划和其他土地使用规制由于对土地使用进行分类,产生了平等保护的问题"(曼德尔克,1997)。例如,两块工业用地周边均已发展为住宅用地,这两个工厂在规划中均要改为与住宅相一致的用地。其中一个工厂业主提出为什么要将学校布置在我的工业用地上,而旁边的另一个工厂则可规划为住宅用地?而且一旦规划确定为学校,今后所涉及的土地征收是为人类公共利益的征收,而且补偿均不一致。如何获得空间干预的平等?美国司法的观点是,"用于影响经济利益的立法性土地分类的司法审查标准要求在土地分类和政府合法目标之间存在合理的联系"(曼德尔克,1997)。也就是土地分类合理性的基础是土地布局与规划目标之间存在着合理的联系。

3.4 空间与正义

正义是一个古老的话题,自柏拉图、亚里士多德以来,人们一直在探求什么是正义、如何实现正义的问题。空间是否存在正义,空间中的正义如何实现?权利与正义的实现需要政府积极的、合理的"善治"。

3.4.1 正义的概念

柏拉图有一句名言:"纵使天塌下来,也要实现正义。"(托马斯,2006)正义是人类社会普遍认为的崇高的价值,属于价值观范畴的概念,主要指人们的行为符合一定的社会道德规范。正义所表达的是人与人之间权利与利益关系的合理化。正义又是一个相对的概念,不同时期和不同的社会有不同的正义观。尽管社会所追寻的价值是多元的,如自由、平等、公平、民主等,但罗尔斯认为正义是社会制度的首要价值或者是第一美德。

人们常常用正义从制度、秩序、权利等角度来衡量行为选择的合理性和正当性,例如,制度正义、经济正义、环境正义、社会正义、城市正义、程序正义、实质正义等等。然而,正义的概念是如此的不确定,以至于有多种正义的概念。目前,至少存在四种正义的概念。斯威夫特(2006)总结了三种类型:①罗尔斯的作为公平的正义;②诺齐克的作为权利的正义;③作为应得的正义。哈佛大学的沃尔泽(Michael Walzer)则提出了多元正义。

作为公平的正义是左翼自由主义思想家罗尔斯的正义观。罗尔斯的《正义论》中提出了两个基本原则:"①每个人对最广泛的整个基本平等自由体系拥有平等的权利,该体系与对所有人相类似的自由体系是相容的。②调整社会经济中的不平等,使得它们(a)有助于最劣势地位的人获得最大的利益;(b)让公职和职位在机会公正和平等的条件下向所有人开放"(托马斯,2006)。罗尔斯所表述的是状态1转化为状态2的正义的规则。第一条所论述的平等原则,以确保自由;第二条所表述的是差异原则和机会均等原则,以确保平等。劳动为财富的基本来源,由于不同的人勤奋导致不平等的结果,这种合理性已经得到了社会的广泛认可。问题是不平等的程度如何,才需要社会的调整。

罗尔斯既关注规则的公平,人人都有自由,人人都有公平的机会,也关注结果的公平。但是在什么时候需要对社会资源进行调整。这里需要借助于宪法学中的人格理论,康德认为"人的价值高于一切"。也就是人可以体面地或者是具有人的尊严而生活的最低标准是什么。如果一部分人群生活在这一标准以下,罗尔斯的社会调整就发生了。这就需要对社会资源进行调整,使每个公民均可在一定的标准下体面地并具有人的尊严地生活。

作为权利的正义是右翼自由主义思想家诺齐克的正义观。诺齐克1974年出版了《无政府、国家与乌托邦》。与罗尔斯不同,诺齐克关注的是公民的权利,并反对国家为了所谓的"公平"而对社会资源进行干预。"正义是尊重人们的私有权和拥有财产的权利,同时让人们用他们所拥有的东西自由地决定自己的所做作为"(斯威夫特,2006)。诺齐克认为罗尔斯没有看到个体的、独立的人。诺齐克强调的是"自愿"而不是"强迫"地将自己的劳动成果赠予他人。自愿是人的独立性的体现,而强迫则否认了人的独立性。

诺齐克认为现状的财富拥有的不同造成了获取资源的机会差距,例如教育上的差距、个体才能的不同是不公正的,但不是不正义的。"广泛的不平等甚至来自于平等的分配"(斯威夫特,2006)。诺齐克对国家的再分配持反对的态度。诺齐克坚信"道德要求我们不要将他人作为我们自己或者其他人目的的工具,而是作为他们自身目的的工具"(斯威夫特,2006)。因此,维护正义将限制自由,"按照他的观点就是对自由不合理地限制"(斯威夫特,2006)。

作为应得的正义是大众的观点。应得的就是尊重个体自由的市场根据人们在生产上的贡献给予人们应得的东西。由于个人的天赋、资源和付出的不同,导致市场给予人们的不同。这是为市场辩护所赞成的观点。但是罗尔斯和诺齐克对天赋极佳的个体是否应得高收入的看法是不同的。罗尔斯认为是不公正,而诺齐克则认为是公正的。"但是他们都同意:获得社会正义不是去确保人们以应得为理由得到他们生产能力的价值"(斯威夫特,2006)。因而,这两位思想家均不同意应得的观点。罗尔斯是出于道德的合理性,而诺齐克则认为应得来自规范化的原则。

沃尔泽反对统一,倡导多元,认为不同的领域有不同的正义原则。他认为罗尔斯和诺齐克的正义理论仅适用于政治、经济、法律与伦理等领域(何包钢,2008)。他运用社群主义的方法来探讨是否存在一种贯穿各个领域的正义原则。他提出共同体中成员的资格是分配的基础。成员的资格影响了社会利益的分配和正义原则的使用范围。沃尔泽认为,"分配正义理论所关注的所有事物都具有社会性,分配标准及其安排都与社会属性有着内在的关联。由此认为,分配原则来源于事物的社会意义,而社会意义是有其历史属性的,因而正义与不正义的分配会随着时间的变化而变化"(何包钢,2008)。从这个角度,沃尔泽提出了正义的相对性。

沃尔泽的多元正义理论形式是多元的。每一种社会资源均有自己的正义标准,在不同人群中按照不同的程序进行分配。市场对资源分配的意义与福利对穷人的意义是不同的。沃尔泽采用了正义的相对性以及社群主义的观点,使得其理论存在内在的缺陷。"社群主义者忽视了权利、正义和公共理性等基本标准的普适性,同样有可能导致相对主义和诡辩,否认人间的确存在总体的进步标准"(顾肃,2003;何包钢,2008)。

四种正义的观点所反映的立场不同。应得的正义是市场经济的产物,不足以一种思想来指导制度、秩序的建立。罗尔斯赞同福利社会的正义观。他认可市场经济,但支持社会资源的再次分配。从另一个角度看,罗尔斯的正义观是群体的或者是社群的正义观。他不仅关注个体的平等和机会的公平,也强调社会整体相对的平等。诺齐克则是关注个体的权利,反对限制自由。在诺齐克的眼里,只有最小国家才是合法的。沃尔泽的多元正义理论采用了相对的观点,承认不同场景的正义观。为此,沃尔泽的多元正义理论缺乏正义的客观标准,反映了目前的现实或者是找寻正义客观标准的困难。

罗尔斯与诺齐克的思想是正义的两个支柱,群体和个体均是需要关注的对象。在不同的社会背景下,作为社会普遍认可的崇高价值——正义需要有不同的内涵。例如,在人人都是"利他"主义的社会里,社会不一定需要资源的再次分配;而在人人都是"利己"主义的社会里,只有对资源再次分配才能实现社会的正义。在矛盾冲突较多的社会,可能关注社会整体的公平;而在和谐的社会中,则更多的是要关注个体的权利。两种思想均强调正义的整体性,也即事前保证基本权利和机会的平等,事中包括获取、转移分配的正义,事后的调剂与矫正(陈鹏,2005)。可以这样认为,罗尔斯与诺齐克的正义观是调节社会平衡的两种有用的思想体系。

3.4.2 空间正义

城市空间中公民权利的实现方式与城市资源的公平配置涉及正义的概念。正义是一个发展的理念,一般指人类社会普遍认可的具有公正性、合理性的价值观。从空间的角度,则成为空间正义。空间正义指形成城市空间的过程与结果的正义,具体是指城市空间资源、责任、义务配置是否公平和正当,在有限的城市空间中,与居住、就业、教育等公民基本权利相关的城市住房、城市就业、环境污染、城市学校,特别是外来人口的公民权的实现问题,是否公平、公正与机会均等。

在市场经济条件下,机会的平等并非带来财富和资源配置的平等。财富和资源的不平等又加剧了新一轮的财富和资源配置的不平等。"场所和种族曾经也将继续决定大都市区里的机会结构"(斯夸尔斯,2007)。不仅仅是种族,不同的社会阶层的空间分布,也将决定城市中的机会结构。这种结构的形成直接或者是间接地影响了公民的基本权利。按照斯夸尔斯(Squires)等人(2007)的观点,场所、种族和权利是从城市蔓延、集中性贫困和居住隔离中反映出来的。

在美国城市逆城市化时期,中心城区贫困率的增速远大于郊区的增速。1970 年到 1995 年间,城市贫困率从小于 13％增加到了 20％,而郊区却只从 7％略微增加到了 9％(USDHUD,1997;斯夸尔斯等,2007)。1970 年至 1990 年美国的贫困地块"从少于 1 500 块增加到了 3 400 块。居住在这些地块的人口,也从 410 万增加到 800 万"(斯夸尔斯等,2007)。整个 70 年代,"集中性贫困是美国城市发展中的鲜明特征"(斯夸尔斯等,2007)。"因此,场所和种族能够对一个人的未来产生深远的影响。这一事实违背了我们普遍接受的公平机会和平等竞争的原则"(斯夸尔斯等,2007)。贫困产生了居住隔离和歧视,由此带来空间的不义。

"空间和种族不平等直接关系到和所有美好生活有关的商品和服务的可达性"(斯夸尔斯等,2007)。这种可达性影响了一代甚至几代人发展的机会和生活的方式。例如,在美国,贫困区域与其他地方的差距,首先体现在健康、教育、就业上。健康影响体力和智力,教育影响发展的机会,而就业则影响到家庭的财产。这就是空间中公共设施和基础设施合理布局对空间贫困所产生的意义。城市贫困的提出则需要从正义的角度,对城市空间形成的制度、过程与结果进行反思。

对城市正义的研究,古已有之。柏拉图曾提出"城邦中的正义"的概念。随着城市化的推进,城市问题日益复杂,极化现象,如贫困空间产生。19 世纪马克思的《资本论》、恩格斯的《英国工人阶级状况》等都在探讨空间的正义,以对资本主义的城市空间进行批判。20 世纪 60 年代以后,西方国家的学者开始重视空间剥夺、空间贫困等城市问题。列斐伏尔、哈维、卡斯特尔等学者从不同的角度寻求空间的正义。"空间的正义,就是指社会应保障公民作为居民不分贫富、不分种族、不分性别、不分年龄等对必要的生产和生活空间资源、空间产品和空间消费及其选择的基本权利"(孙江,2008)。

根据曹现强等(2011)的研究,西方的空间正义研究主要有如下三个方向:①戴维斯和哈维的领地正义,强调社会资源地理分配过程和结果的公正;②列斐伏尔的城市权利,关注进入城市的权利和公民塑造空间的过程;③皮里和洛杉矶学派的空间正义,探讨空间的社会生产。从上可看出,空间正义关注的是涉及空间生产和分配的过程和结果的公正性。结合罗尔斯、诺齐克等正义理论,空间正义往往关注空间资源的配置的公正性,以及权利实现的公平性,并从过程和结果对此加以考察。

"制度的选择决定着法律和权利的变化"(考默萨,2007),不同的制度对权利的配置是不同的。从诺齐克权利的正义的角度看,"制度是实现正义的关键"(巴利,2008)。这样,权利与正义通过制度而联系起来了。巴利认为制度是实现正义的手段,而不是目的。但是,评价制度的正义性,很难从制度本身进行判断,而是要从制度产生的结果来评价。"我们不得不从制度对于公正结果的助益来考察制度的正义性,而且,结果的评估根据的是它们是否有助于权利、机会和资源的公正分配"(巴利,2008)。

用巴利的方法,对于城市规划正义性的考察可以从权利、机会和资源的分配来评判,也就是城市规划是否具有正义,可以从城市规划对公民权利的实现方式、空间资源的配置方式,以及公民进入城市和市政设施的享用机会来评判。例如儿童的教育权,取决于家庭的付费能力与意愿、学校的可达性。由于家庭的收入限制,或者学校的距离太远,儿童就学的机会往往就会受到限制,甚至完全被剥夺了就学的机会。对于医疗保健、社区服务也可以用同样的方法来说明。从城市空间的角度,城市的隔离、城市基础设施配置的不平等,往往构成了城市的不义。

1973年新马克思主义学者戴维·哈维的《社会正义与城市》分析了城市中的权利冲突,试图研究城市中利益集团的冲突,寻求在城市中实现社会正义的原则与方法。哈维分析了美国巴尔的摩地区为建一条高速公路产生的争论,产生了诸如交通效率、经济增长、历史保护、道德秩序、环境保护、分配正义等方面的价值冲突。这些价值建立在理性的基础之上,从另一个角度则认为是社会理性的竞争或者社会正义观念的竞争。哈维提出"正义和合理性在不同的空间、时间和个人那里呈现出不同的意义"(哈维,2008)。因此,他得出了没有普遍不变的正义,正义随时间、空间以及个人的变化而变化的结论。哈维(D. Harvey)的观点是,"不存在绝对的正义(原文为公正),其概念因时间、场所和个人而异"(张京祥,2005)。这与沃尔泽的多元正义观极为类似。

城市是人口的聚集地,城市不仅是个体的聚集,同时也是一个社会整体。对空间正义的分析不仅要从个体分析,而且要从社会的角度来分析。罗尔斯《正义论》的主体是"社会的基本结构",而"这一'基本结构'可以理解为由配置权利、机会以及资源的主要制度构成的结构"(巴利,2008)。2000年在纽约召开的联合国大会提出的《千年宣言》正式确定"无贫民窟城市"的目标,2002年的约翰内斯堡的世界首脑会议同意将"适当的住房"列为可持续发展的目标之一。作为空间政策的城市规划正式与贫穷问题挂钩。

伊丽莎白时代的《济贫法》就提出了要满足人的"基本需求"的思想。近几年,英国正运用剥夺理论来评价地域空间政策。这里的剥夺是"指缺乏日常所需的食物、衣物、住房及市内设施,缺乏必要的教育、就业机会、工作和社会服务、社会活动等"(袁媛,2010)。在城市空间上,则表现为由于空间贫困而形成的空间剥夺,最后导致社会排斥。20 世纪 90 年代以来,城市更新和城市融合成为英国反贫困政策的主要内容。这实质上是在社会转型的背景下,对公民基本权利的关注和对公共资源配置的评价,其目的是为了消除社会排斥、实现空间正义。

一个地区发展功能的确定,排斥了其他功能的进入。例如,居住区不允许工业进入。即使是居住区,是否由于居民的意见而排斥中低收入人群的住宅进入。美国纽约州的扬克斯住房案(利维,2003)则清晰地反映出这一状况。政府在城市合适地方建造低收入住房遭到了市民的强烈反对。即使是法院的介入也难以解决市民与地方政府的矛盾。这就产生排他性与社会排斥的状况。过度的排他性则造成了社会隔离与社会排斥。"把低收入者的居住地点和它能够胜任的工作的地点分隔开来,就可能造成失业"(利维,2003)。居住区的分布还涉及儿童到什么地方上学,这就涉及公共资源的配置的正义问题。

空间正义的提出目的是判断空间干预的过程与结果,以更好地实现公民在空间中的基本权利。空间极化的调整是应首先满足人的基本需求,例如对教育和卫生设施的普遍供给,目的是满足低收入者的基本教育和卫生需求。从正义的角度是否需要政府的干预,或者是对资源进行再分配,人们对城市规划在实现城市空间中的正义抱有希望。罗尔斯和诺齐克的正义理论为城市空间的正义分析提供了理论依据。

3.5 空间权利的限制

空间的权利冲突需要对权利进行限制,而对权利的限制必须符合宪法的原则和精神。空间中对权利的限制是为了公平合理地配置空间资源,更好地实现空间的正义与平等。

3.5.1 空间权利的限制

城市化导致人口的集中。由于空间资源的有限性,空间中权利存在相互影响。空间权利的竞争与冲突会产生空间的无序。公民的基本权利是宪法所赋予的,但是公民的基本权利的使用必须有一个限度。公民权利的滥用必然要危害社会秩序,例如,住宅区中建设有污染的工厂必然侵害居住区中公民的健康权利。"共同福祉不再是个人自由的自动产物,而必须借助于积极的影响,甚至包括对自由的限制"(格林,2010)。因此,应对空间权利进行限制。

在城市空间中,空间是共同在场,也就是空间中权利是相互的。对一组权利的限制,可能是对另一组权利的保护。在居住区中禁止设置有污染的工厂,是对财产权人的权利使用的限制,但是,是对居住区中公民权利的保护。反之,对一组权利的保护,也要求对另一组权利的限制。例如,为了保证北侧的住宅的日照,必须对南侧建筑的高度和体量进行限制,以防止南侧建筑对北侧建筑的遮挡。权利在空间中的双重特性,既要求对权利实现实施保障,也要求对权利实现的自由实施限制。

"平等的自由依赖于对个人自治的限制以及对福利的再分配"(格林,2010)。对基本权利的限制目的不是为了限制公民在空间中的权利,而是为了形成空间的秩序,以最大限度地行使公民的基本权利。城市中的红绿灯的目的是为了保证道路的最大通行能力。从宪政的角度,这是一种制度安排。这种对公民限制的制度安排所要达到的是个体最优与整体最优之间的平衡。在空间中,对权利的限制主要是针对财产权的使用,也就是土地使用。财产权是宪政的核心。对财产权的限制应符合宪法的相关要求。比例原则与正当程序是两个必须符合的原则。

比例原则是限制公民基本权利的基本原则。在宪法领域和行政法领域均可运用。"宪法领域的比例原则是指,只有在公共利益的所必要的范围内,才能够限制人民的基本权利"(姜昕,2008)。在立法时要强调立法目的与限制手段的妥当性、限制措施的必要性,与限制措施与实现的公共利益要形成一定的比例关系,以实现法益的最大化和产生的负面作用最小化。行政法领域的比例原则一般是指,行政机关依法达成某一行政目的。若存在多种可以比较选择的手段时,应选择对公民侵害最小的手段,使行政手段与对公民的干预形成比例。

对权利的限制应达到以最小的代价获得最大公共利益,这是比例原则的核心。比例原则由三个具体的原则组成:①适当性,要求所采用的手段必须是有助于行政目的的达成;②必要性,要求在同等有效地达成目的的手段中,应选择对公民权益干涉最小的;③狭义的比例原则,要求对所涉及的相关价值进行比较与权衡。比例原则所要求的是对公民基本权利的限制不应过度,应在目的、手段等方面进行权衡。从法学角度,城市规划是对财产权的侵害或者是限制。对财产权的限制应符合比例原则:①限制的妥当性,规划的方案是为了达到规划所设定的目的,也就是"改善人居环境,促进城乡经济社会全面可持续发展"。②限制的必要性,城市规划中所采用的限制方式,是达成规划目标的必需手段。③限制的比例性,为达到城市规划的目的给行政相对人造成的影响或侵害是最小的。

比例原则也影响到对征收的判定。美国最高法院早期采用因子规则来判断征收是否发生。它包括政府的行动、政府行动的经济影响、规制所产生明显的经济预期。一些州法院则采用了最高法院相似的方法:利益平衡检验规则,也就是在土地使用规划所产生的不利影响与所服务的公共利益之间的平衡检验。按照曼德尔克(1996),该平衡规则要求:①公共利益的正义性;②所采用的方式合理地服务于目的;③所选用的方式对土地业主不是过分地不公平。

财产是空间权利的基础和载体。政府对空间权利的限制主要是通过城市规划来对财产权进行限制。"国家之所以还拥有治理权,就是为了借此保障和平的公民的共同生活,并能够对抗个别的利益,以实现共同福祉"(格林,2010)。由于财产权是宪政的核心,因此,对财产权的限制还要符合正当程序的原则。美国宪法第五修正案提出:"非经正当法律程序,不得剥夺生命、自由和财产;非经公平补偿,私有财产不得充当公用"。城市规划是一种干预土地财产使用的制度。在美国,"土地使用控制必须满足正当程序条款施加在土地使用规制上的实质性限制"(曼德尔克,1997)。城市规划中正当程序的核心是公众参与,本研究第7章将详细讨论城市规划中的公众参与。

3.5.2 征收理论

自由主义鼓励财产的自由交易,财产权可以通过市场而实现自由转移。市场机制在财产的自由交易方面符合财产的保护原则。而征收则是财产转移的另一种重要方式。行政征收是指行政主体为了公共利益的需要,依照法定程序强制征用相对方财产或劳务的一种具体行政行为。从征收的角度,不论财产所有者是否同意,依据公共利益的需要,可以对财产权进行征收。"征收过程是在宪法规定的个人权力制约下政府行使权力的一个范例"(利维,2003)。

财产权的保护与行政征收是两个重要的宪法性问题。1919年德国的魏玛宪法提出私有财产的使用应有助于公益。魏玛宪法扬弃了古典征收的理念,改为扩张征收的概念,认为对所有权的限制导致发生特别牺牲时,也属于公用征收的一种。二次世界大战以后,各国宪法均对财产权的限制做出明确规定。美国宪法第五修正案提出,没有正当的法律程序,不能剥夺任何人的生命、自由和财产;没有合理的赔偿,不能将任何私人财产用于公共用途。林来梵总结的财产权保护的宪法意义如下:①"财产权是人的人格形成的主要契机";②"私有财产权是市场经济秩序的一个重要支柱"(林来梵,2001)。

中国2004年的宪法修正案,提出"国家为了公共利益的需要,可以依照法律规定对公民的私有财产实行征收或者征用,并给予补偿"。朱福惠等人提出(2001)五个环环相扣的宪法命题:"①国家承担保护私有财产的职责;②私有财产权不受侵犯;③正是为了保障私有财产权不受国家侵犯,国家对私有财产的征收或征用必须满足两个要件,一个是以法律规定,另一个是必须给予补偿;④从前一个命题可推论:任何不以法律形式出现的对私有财产的征收或者是征用多是违宪的;⑤采取非法手段获得的私有财产不得转化为不受侵犯的权利。"

行政征收具有两个重要特征:①公权力依据公共利益的要求,将他人的财产转变为自己所有的财产,或是自己可使用的财产。②行政征收是国家的强制行为,不以被征用财物所有权人和使用权人同意为前提。因而,行政征收成为宪法和法律研究的重点。它直接影响到公权力私有产权的侵犯。考默萨认为"关于财产权的纷争,其实是关于基本人权的争议"(考默萨,2007)。为此,在现代对财产权的限制或对财产权进行征收,一般均规定了四个条件,或者是宪法财产权征收的公式:①公共利益;②正当程序;③合理补偿;④法律保留。财产的保护是宪政和法治的核心。

物质型的征收,也就是对土地和房产的征收,是明显的征收方式。然而,对空间权利进行限制的城市规划并没有发生物质性征收,仅是对土地等财产进行限制。自由主义者埃普斯坦希望政府的行为受到司法审查,并建议扩大征用的概念,"只要政府对受普通法保护的私人财产之利用的任何方面进行了干预,都构成了征用"(Epstein,1985;考默萨,2007)。这是广义征收的概念,或者是广义征收的理论。根据该理论,只要造成私有财产的损失,即使是行政强制也应给予补偿。广义征收的理论实质上是将征收的范围扩展到了警察权的范畴。

城市规划作为政府干预私有财产权的重要工具,是以警察权来干预土地使用,是否形成了征收,关键是如何判断什么是征收,是否有标准。芒则(2006)总结征收的三个传统判断标准:①有形侵害,是指可见的直接占用或者是直接占用土地,例如,政府建水库导致私有土地的淹没。②有害使用,是指化工厂、变电站等项目的建设导致周边房地产的贬值。③价值降低,政府的行为导致私有财产的价值的过度降低。然而,这后两个标准在使用时常常面临很大的困难。例如,财产价值降低到多少才构成征收。为保护历史建筑而限制周边高大建筑的建设,为保护居住区的安宁而限制周边污染工厂的建设,这些均不看作为征收,而是警察权的运用。

萨克斯(Joseph Sax)从经济价值竞争的角度提出了新的判断理论,如果政府充当企业家造成了经济损失,便构成了征收;如果政府充当仲裁人引发了经济损失,则不是征收(曼德尔克,1997)。"企业家和仲裁人之间的区分往往很难运用"(芒泽,2006)。因而,这个理论也很难操作。例如,在城市规划中,城市总体规划所确定的飞机场,机场周边由于噪声而蒙受损失,很难判定政府是企业家还是仲裁人。

按照曼德尔克(1997),美国最高法院采用决定规则来判断征收是否发生。如果土地业主的所有经济利益由于政府的规制而否决,则可判定征收发生了。一些征收的判例显示,如果规制不增进州的合法利益,或者否决了所有经济可行性,则征收产生了。在凯泽诉火奴鲁鲁市案(Kaiser vs. City of Honolulu)中,州法院认为"只要没有'被限制的土地无法在经济上利用'的情况出现,就不存在征用"(王铁雄,2007)。芒则认为,"对征收的任何宪法视角都必须谨慎地注意到对私有财产的正当性和限制,且不能过分强调财产的概念"(芒泽,2006)。

由于征收是在不同的场景中作出的,场景的变化带来了征收判断的复杂性。"没有任何一个宪法性理论能提出一个像石蕊试纸一样简单且有决定性的判断标准来决定何时政府必须补偿"(芒泽,2006)。这说明对征收的判断是在一定的社会经济发展场景中作出的。征收的场景发生了变化,征收的判断也会发生变化。在司法审查中,美国最高法院还没有形成前后一致的征收发生的判例决定。"在某种程度,每个案例反映了规制发生的背景"(曼德尔克,1997)。

4 空间宪政中的城市规划

4.1 作为制度的城市规划

　　"诸如目标、价值、思想意识以及法律和权利等概念之间的联系,在很大程度上取决于制度选择"(考默萨,2007)。空间宪政理论的提出,其目的是为建立"美好城市"而设计城市规划法律制度提供理论的依据。

4.1.1 制度与城市规划

　　由于乡村是一种分散性的集聚方式,相互间的联系和影响均较小。再者,由于乡村的规模都很小,乡村是一种"熟人"的社会。因此,在乡村规范人们的建设行为的制度主要为乡规民约、民风民俗。在 20 世纪以前,美国的人口主要分布在乡村。"美国几乎不存在政府土地利用管理行为,也没有实施这种管理的需要"(斯普兰克林,2009)。由于农业作为主导产业,农村土地没有开发的巨大压力。土地的使用方式也比较简单,私人协议被采用来作为管理建设行为的制度。"那时的政府土地利用行为一般限于司法行为——由法院强制执行私人协议并审理侵扰纠纷"(斯普兰克林,2009)。

　　工业化与城市化改变了人口的集聚方式和集聚的结构。在美国,1870 年只有 26％的人口居住在城市,而 50 年后超过一半的人口居住在城市,达到了 51％。在英国,"1801 年 80％的人口在乡村,1991 年 80％的人口在城市"(葛利德,2007)。人口、产业和交通的集聚,带来了城市的集聚效益和规模效益,促进了城市更快地发展。但是这种集聚是一种无序的集聚,带来了城市环境质量的下降。拥挤和结构的无序不可避免地产生了烟尘、噪声、垃圾、臭气,甚至是疾病等问题。

　　城市问题的产生促进了人们对城市问题的思考,并提出了对城市土地使用的管理。1909 年英国出台了《住宅与城市规划诸法》,要求地方政府编制城市规划以应对土地无序使用而产生的问题。同年,美国的芝加哥完成了《芝加哥规划》。1922 年美国商务部出台的《分区规划授权法案标准》(Standard State Zoning Enabling Act),授权地方政府用区划控制土地的开发。这些法案犹如一种催化剂,促进了城市规划在世界各国的迅速发展。城市规划作为一种事前干预的制度,承当着利益协调、冲突化解的职能。

一种制度"是为了解决特定的社会问题而确立的一种方式"(希利,2008)。城市规划作为一种制度,其目的是解决城市化过程中,个体利益与公共利益在空间中的矛盾。"规划是基于特定社会、特定需求下,政府、私营部门和民间团体之间的一种制度安排"(张庭伟,2006;张庭伟等,2009)。城市规划作为一种利益协调、冲突化解的制度,有三个基本的目的:①为实现社会的公共健康和公共安全,需对城市的土地使用进行限制;②促进城市形成合理的城市结构,避免有影响的土地,诸如工业用地对居住用地的侵害和侵扰;③为实现人与自然的接近,控制城市的密度,并设置必要的公共绿地。

作为制度的城市规划是一种通过事前对城市土地进行分类而干预土地产权的制度。在美国区划对土地使用的分类常常受到宪法中平等权利的攻击。一类反对意见是针对区划文本中的土地类别,另一类反对意见虽然接受土地的分类,但不接受区划图中所确定的土地类别(曼德尔克,1997)。前一类意见是明显的反对区划制度。后一类意见则是反对具体的土地分类,例如,在居住区中的一块商业用地的业主不愿意将商业用地改为住宅用地,因为商业用地可以获得更多的经济利益。

这里对曼德尔克提出的意见作进一步分析。假设在城市规划编制前,所有的土地均是自由的,也就是土地的业主可以将土地用作任何用途。在城市规划编制后,土地的用途则分为了居住、商业、工业、交通、绿地、公共设施、市政设施等等。由于这些土地用途所产生经济预期均不一致,这种分类是平等的吗?从绝对的平等的角度,就不应该提出这样的分类,以保证土地业主可以根据市场的情况获得最大的经济利益。然而,城市的生存和发展不能只有一种用地,也不可能让土地自由使用。城市规划产生的目的是为了公共利益而限制土地的自由使用,否则将是集体合成谬误,又会回到相互干扰的自由使用土地时代。

如果承认土地划分的合理性,那哪些土地可以用作公共利益,如作为城市的交通、绿地、学校、医院等?被确定为交通、绿地、学校、医院用地的业主将承受更多的社会义务。在土地征收时,没有和政府谈判的筹码。土地将为了公共利益而被征收。而且,在征收时如何确定补偿标准,市场定价还是政府定价？假设这是一个利己的社会，则任何业主均可利用平等权利来反对自己的用地规划为交通、绿地、学校、医院等。也就是产生了将来土地作为公益与作为私益之间的不平等。这就涉及作为制度的城市规划如何对待平等权利。在美国，最高法院在欧几里得村案判决后，区划中的土地分类即使遭到平等保护的攻击，也是安全的（曼德尔克，1997）。当然，区划的制定必须符合正当程序。

制度的一般含义是人们共同遵守的办事规程或行动准则。由于制度涉及权利的配置，不同的制度会有不同的结果，因而制度选择成为宪政研究的重要内容。空间宪政则是为"美好城市"选择合适的制度。如何设计城市规划制度，这涉及制度选择。诚然，财产权制度是市场经济的基石。"选择一种私有财产权制度（分割制，Parceling Out）将是对社会资源最有效的利用方式"（考默萨，2007）。该制度可以防止诸如"公地悲剧"的发生。因此，城市规划的制度是建立在财产权制度之上的。

庇古（A. Pigou）和凯恩斯（J. Keynes）新古典经济学的思想强调福利国家和干预主义。庇古在《福利经济学》（1920）中肯定了政府干预资源分配的效率。他认为市场是不完善的，并提出市场失效理论。市场失效是政府干预社会经济的重要依据。通过国家的介入提供教育、就业、住房等社会福利，最大限度地保障个体的利益，形成更好的社会秩序。城市规划是一种"谋而后动"的制度，是一种为实现一定的社会目标，而对将来一定期限之内拟采取的方法、步骤、措施。城市规划所采用的是一种理性的干预的方式来弥补市场机制的失效。

考默萨（2007）认为："制度的选择决定着权利的变化"。权利与权力在空间中相互关系构成了空间宪政的主体。市场、法律和政治制度对财产权作出的判断是各不相同的。1991年《香港城市规划条例检讨咨询》文件则表述为："一个优良的规划制度就正是一个既可以提供适当权益予个别团体，又拥有一定权力以维护公众利益的制度，能够平衡个别及公共发展的利益。"（黎伟聪，1997）要设计出这样的制度，应该在城市规划中协同市场、政府、民主、道德、法律的制度。

4.1.2 事前干预的城市规划

城市规划是一种事前干预的制度。科斯定理认为当交易成本为零时，产权制度会自动界定资源的最优配置。从科斯定理可以证明，在有交易成本存在的世界中，一种制度的事前干预对减少交易成本具有十分重要的意义。如果交易成本为零，一块土地的使用在事前确定土地的归属与在事后确定土地的归属是没有区别的。当交易成本增大时，事后确定产权的归属的成本将大大超过事前确定的成本。城市规划的价值在于事前干预制度可以减少交易成本。如果没有城市规划，社会的大量资源将投入到事后的产权的归属和产权的补偿。

考默萨在《法律的限度》中，描述了纽约州法院受理的新区流动人口诉大西洋水泥厂案。七位居民因水泥厂排出的浓烟、噪声侵犯了他们的私有财产而向法院提出诉讼，要求水泥厂停止侵权行为。但法院依据法律经济学的资源的最有效利用的原则，驳回原告提出的下禁令的诉求，而是要求水泥厂给原告支付经济补偿。利益妨碍与利益衡量成为此案的焦点。随后，社会和舆论的压力随之而来，"要求法院颁布禁令的呼声一浪高过一浪"（考默萨，2007）。面对如此复杂的问题，考默萨的意见是用其他制度而不是司法制度来解决此问题。"把诸如污染这样具有全球性的复杂问题交给政治过程去解决，这在各个法律领域的司法主张中是一个普遍的做法"（考默萨，2007）。

面对这种即使是将政府的公共资源全部投入也无法解决的社会问题，考默萨分析了市场、法院、政治作为一种制度，对权利救济的方式与结构是不同的。"制度选择的变化决定着法律和权利的变化"（考默萨，2007）。在制度选择时，若"当市场能够担当重任时，法院就把决策权（成本收益分析）交给市场；当市场失灵时，法院就自己来判断资源配置的效率是否实现"（Posner，1992；考默萨，2007）。社会成本是制度选择须考虑的重要问题。

美国早期的类似案件的处理并不是采用利益比较的方式，而是采用妨碍法（Nuisance Law）。妨碍法要求一个自然权利的使用不得妨碍他人的利益。针对土地而言就是土地的使用不得不合理地损害相邻土地的使用。例如，一块土地的使用不得对周边土地的使用造成不符合国家标准的噪声、大气以及阳光等方面的影响。在纽约州惠伦诉联合袋和纸业公司案（Whalen vs. Union Bag and Paper Company）的案件中，法院则是根据妨碍法颁布禁令，关闭了一家对溪流下游产生污染的纸浆厂，即使纸浆厂的投资超过4.5亿美元，并雇用了300多名工人（王铁雄，2007）。

无论采用下禁令关闭，还是采用补偿的方式，其社会成本都是巨大的。这两个案例的共同特征为事后解决。事后解决的制度，无论采用何种方案,均会涉及较大的社会成本。面对土地使用中引发的社会影响对法院造成的压力,考默萨(2007)认为:"涉及如此之广的、复杂的土地纠纷应该由政治过程来解决,而不是法院该管的事情"。从考默萨的结论可以推导出,为了节约社会成本,应设立一种制度在事前规范土地使用的制度,而不是在事后由法院裁决土地使用的是非。城市规划的事前干预改变了传统行政法事后权利保护的方式。

城市规划作为一种干预空间资源配置的制度,其作用正是要解决市场机制的失效问题。城市规划是否有效减少外部性的影响和纠正市场机制在空间上的不公正或不义,其"有效性主要的是要看这种制度设计和安排是否有效减少成本"(周国艳等,2010)。如果还有其他的制度和安排的交易成本小于城市规划所带来的交易成本,那么,城市规划这种制度就没有存在的必要了。

从产权学派的观点来看,市场机制也可以自行解决市场机制的失效问题。但必须有一个前置条件:清晰的产权配置和安排制度。产权法则认为,"清晰的产权和配置安排是经济和政治市场交易的先决条件,它决定了是否能够解决外部成本问题的前提"(Webster,1998;周国艳,2010)。若该条件成立,也就是只要清晰界定产权的制度存在,"城市的发展应当是一种'自发自主型'的发展"(Webster,1998,2005;周国艳,2010)。

然而,是否存在一种清晰界定产权的制度?由于城市空间的稀缺性和相互影响的特征,市场在界定产权的过程中必然涉及与人数众多的利益相关者的谈判。很显然,阿罗不可能定律已经回答了市场不可能取得谈判中的一致。即使是接近一致,所需要的社会成本也是巨大的。产权学派对城市规划的观点其实是反证了城市规划作为一种事前干预制度的必要。从产权学派得到的启示是,城市规划对未来发展和土地使用的界定越清晰,则市场失效的问题越好解决。

4.1.3 城市规划的制度变迁

城市规划不可能孤立存在,而是镶嵌在社会、经济和文化的土壤中。"规划体系和文化'根植于相互依存的社会、经济和政治的价值观、规范条例和法律中'"(Hohn & Neurer,2006;斯特德等,2009),"并与社会、政治和经济影响一起演进"(Sanyal,2005;斯特德等,2009)。城市规划作为社会干预土地使用的方式,随着城市化的进程和社会矛盾的变化而转型。

如同格林(2010)提出的"宪法能否成功,还取决于时代变迁过程中提出的问题",利维认为(2003),"规划历史的一个重要方面是私有土地公共管理的演变"。城市规划制度变迁正好是回应城市化进程中所出现的空间问题。

从法律制度来分析城市规划,可分为三个阶段。在"自由资本主义"时期,是城市空间理想与现实的矛盾期。在此期间,城市规划受到法律的严格限制,城市服从于个体权利。第二阶段以1947年英国的《城乡规划法》的颁布为标志。这是福利社会和干预主义的体现,由此也产生了作为社会干预的城市规划与私有产权之间的矛盾。第三阶段是以新公共管理和城市治理为标志,该阶段的重点则是放在解决多元民主的困境问题上。

在城市发展中,政府的角色为"守夜人",政府的一个重要角色是保护私人产权。市场机制或自由市场制度成为了空间资源配置的主要制度。这里称之为"城市发展的一元结构"(何明俊,2008)。政府的消极角色,也注定城市规划在干预土地市场与城市发展中的作用。这一时期地方政府对城市的干预仅是集中在公共卫生改革(Public Health Reform)和城市美化运动(City Beautifu1)等方面。但在解决城市发展问题方面,体现了"政府不干预"的特征。

在立法制度方面,1848年英国颁布了《公共卫生法》,规定了地方政府应对卫生、道路、排污和供水等方面负责。1909年英国产生了第一部城市规划法《住房与城市规划诸法》,随后又进行了多次修改。这些法律虽然赋予地方政府编制规划的权力,但并未解决对土地使用的干预。政府所扮演的仅仅是一种消极的角色。1916年美国纽约采用了区划制度。1922年美国商务部出台的《分区规划授权法案标准》(Standard State Zoning Enabling Act),授权地方政府用区划控制土地的开发,然而美国的区划制度本质上是"政府最小干预"的体现。

市场的制度带来空间的无序,而事后裁决的司法制度所承当的社会成本是巨大的。随着福利社会和干预思潮的盛行,政府便利用城市规划干预空间发展。1947年英国《城乡规划法》的颁布标志着现代城市规划的诞生。1947年的规划法,将土地的发展权收归国有,强化政府在土地开发与房地产市场的作用。城市规划以公共利益为目的,作为政府干预市场的重要手段,服务于福利国家的理念,并试图维护公平公正和社会正义。城市规划通过控制开发的位置、性质、规模、时间、过程等方面,对市场进行干预。城市规划作为建设福利国家、重构社会的一个重要手段受到了广泛支持。这是市场与政府作为城市发展动力的二元结构(何明俊，2008)。

福利社会与社会干预的思想还影响到财产制度。"20 世纪前半期，美国财产法理念的发展变现为：个人放任主义让位于福利国家；奉行国家干预政策和自我克制原则；主张财产的合理使用和禁止权利滥用原则；强调社会利益，将个人利益置于较低的位置"(施瓦茨，1990；王铁雄，2007)。这是福利社会和干预主义思想在法律中的反映。这一时期司法机关对制定法的看法也发生了变化。"司法机关积极抵制制定法对普通法破坏的时期结束于 20 世纪 30 年代"(桑斯坦，2008)。到"20 世纪后半期，在美国财产法理念的发展上，注重社会的整体关联性，强调对环境和弱者利益的保护"(王铁雄，2007)。城市规划作为政府干预城市发展的职能，由消极转向积极。

城市规划角色的转换，促使城市规划采用新的理性的规划模式。作为理性的城市规划，强调的是价值中立。随着对理性规划实践的总结，对该模式的批评逐渐增多。首先是对理性规划只重视过程，不注重实质提出批评。"程序性理论基本上是空洞的，虽然它明确了思考和行动的程序，但是没有研究这些思考和行动的内容"(迈克尔·托马斯，1979；泰勒，2006)。霍尔认为，规划的效果是"穷人越来越穷，富人越来越富"，这反映了城市规划并没有减缓空间贫困，而是加大了贫富的差距，强化了空间的不义。

60 年代受民权运动的影响，大维多夫(Davidoff)提出了倡导式规划。倡导性规划是一种多元形式的规划，它关注平等、效率，并帮助未来的城市社会制定详细的新目标和达到目标的途径，以通过政治的途径来形成最可行的方案。但是参与并没有改变现实。参与的失效表现在中立的程序实质上成为利益集团进行利益博弈的场地。参与的结果往往受到利益集团的控制。受罗尔斯的正义论的影响，70 年代新马克思主义学者哈维提出"社会公正与城市"，试图寻求城市社会公正的道路。

80 年代以后，社会对权利的诉求由社会权转向了公民权。公民意识的兴起和民主化的推进改变了城市发展的决策结构，政府与市场的二元结构转向了政府、市场、公众的三元结构。在哈贝马斯沟通理论的指导下，1989 年福里斯特的《面向强权的规划》，提出为"人民规划"，并强调要关注弱势群体(福里斯特，1989；泰勒，2006)。通过理性的语言沟通，寻找决策的基础,"通过向所有的利益相关方开放决策的沟通过程,使规划过程尽可能民主化"(福里斯特,1989;泰勒,2006)。沟通与互动的实践的出现促使城市规划向更加弹性的方向发展。城市规划向沟通与治理的方向转型。

4.2 城市规划的宪政职能

传统上,城市规划解决的是城市发展的空间、城市的布局、城市的功能、城市的美学等问题。但在城市空间的背后,则隐藏着公民权利实现方式的博弈,空间权利的不平等引发空间的冲突。为此,弗里德曼(2005)发问:"你的城市为所有的市民在人的发展方面提供了可能和支持吗?"

4.2.1 城市规划的宪政职能

职能一般是指人、事物、机构所应有的作用。美国学者弗兰西斯·福山(Francis Fukuyama)的《国家构建》中把国家职能分为三类:①基本职能,基本公共物品的供给;②中等职能,应对经济活动的外部性;③积极职能,参与协调经济活动及资源的再配置(张庭伟,2008)。这种职能的划分还是从政府与市场相互关系的角度提出的。张庭伟(2008)依据福山的理论将城市规划的职能也分为三类:①基本职能,确定城市发展策略、土地利用控制、提供公共物品、保护自然资源、帮助弱势群体;②中等职能,应对市场的外部性,参与土地使用的调控;③积极职能,提高经济效益,促进经济增长。

城市规划在社会经济发展中所体现的职能不是单一的,而是综合的。张庭伟所提出的三类职能反映了政府应用城市规划干预城市化的不同强度和密度。这些职能在城市社会经济发展的不同状态会有不同的体现。例如,在开罗诉新伦敦市政府一案中,就表现出政府在提高经济效益、促进经济增长方面的积极职能。从张庭伟的分类中,也充分表现出城市规划的综合性。城市规划的综合性是城市规划综合职能的表现。美国国家资源委员会对城市规划定义"是一种科学、一种艺术、一种政策活动,它设计并指导空间的和谐发展,以满足社会与经济的需要"(同济大学,2005;刘飞,2007)。

城市化带来的空间冲突,迫切要求一种社会的干预机制或者是政府的规制。现代政府已经利用城市规划控制土地利用,平衡经济与社会发展需要,并维持公众对城市环境的基本需要。城市规划不仅是对土地使用的干预,而且要对社会、经济、环境等各种要素统一协调,并作出统筹安排。城市规划的制定需要考虑多种因素,而城市规划的实施则会产生多重的法律效果。城市规划不仅对现状的空间结构产生影响,对未来的空间结构的形成起着引导的作用。权利、平等、正义不仅仅是对城市空间结构的描述,也是对城市规划评判的视角。为此,需要从宪政的角度研究城市规划的职能。

城市规划的宪政职能则是指城市规划在宪政过程中所应有的作用。宪政的核心是权利与权力的关系。要讨论城市规划宪政职能,"需要在宪法的框架下,将之放在与其他国家权力、与私人的权利之间的关系场域中进行"(刘飞,2007)。从宪政的角度看,作为空间的干预城市规划应具有三个方面的基本职能:①作为行政法的城市规划,关注的是城市规划权力的激励与制约;②作为经济法的城市规划,关注的是经济发展的积极引导与弥补市场的缺陷;③作为社会法的城市规划,关注的是公共安全、公共健康和社会正义。因此,城市规划的宪政职能是综合的,同时具有行政法、经济法、社会法的特征。

4.2.2　作为行政法的城市规划

"规划是一个正式鲜明的政府行为"(利维,2003)。由于城市规划的制定和实施主体为政府的行政部门,法律界也基本上将城市规划归类为行政法范畴。如刘飞 2007 年主编的《城市规划行政法》,宋雅芳等 2009 年著的《行政规划的法治化——理念与制度》等,均从行政规划的角度进行研究,并将城市规划作为一种行政行为。刘飞(2007)认为"城市规划行政法在性质上属于部门行政法"。随卫东等学者(2009)也认为"城乡规划法属于行政法范畴"。而依据城乡规划法编制的城市规划(Plan)的主要功能也是要规范政府在建设项目行政许可中的行为。可以认为,静态的城市规划(Plan)也属于行政法范畴。

从城市规划功能的角度,城市规划是国家实现"福利社会"的重要手段,是一种国家干预城市空间的工具。这种干预是受到法律制约的。而宪法和城乡规划法是控制城市规划的主要法律。宪法第十条提出"国家为了公共利益的需要,可以依照法律的规定对土地实行征收或者是征用并给予补偿","一切使用土地的组织和个人必须合理地利用土地"。这是国家对土地使用的规划和管理权力的宪法依据。《城乡规划法》也明确授权地方政府在城市规划编制和建设项目许可方面的权力。

韦德说:"行政法定义的第一含义就是它是关于控制政府权力的法"(韦德,1997;刘飞,2007)。宪法中基本权利的设置,意味着行政权既要受到其他权力的制约,以更好地保护基本权利,也要积极作为,以帮助公民更好地实现基本权利。自由权的设置要求行政的消极作为,而社会权的设置则是要求行政的积极作为。若考虑环境权利,更需要行政的积极介入。在现代社会发展中,行政不是消极的,而是积极的。行政法的目的是规范政府的行政权力,以使行政权力不能无端地和恣意地侵害公民的基本权利。

正如假想城在城市发展初期的状态,在城市规划产生前,土地可以自由使用。然而为了维护整个城市的利益,必须建立公平、公正的土地使用制度。在城市规划产生后,其法律效力就强加在土地上。假想城今后的土地使用,包括土地的位置、规模、密度、时序、过程等方面,就必须依据城市规划。例如规划为学校的用地不能作为工业使用,规划为道路的用地不能作为住宅使用。从土地产权的角度,城市规划干预了私有的土地使用。正如黎伟聪(1997)所说,"土地用途规划可透过分区制大大侵犯私有产权"。而财产权是宪政的核心,因此,城市规划成为了宪法和行政法的规范对象。

《城乡规划法》授予地方政府两项控制城市发展的规划权力,城市规划的编制权和建设项目的许可权。行政机关通过规划许可直接控制城市的发展。而规划许可必须依据城市规划,编制城市规划的目的是为了规范政府在建设项目许可中的权力。因而,城市规划在法理上起到控制行政许可的作用。由于《城乡规划法》关于地方政府在编制城市规划方面主要是一些不确定的法律概念的表述,在城市规划编制中主要是通过程序控制。如何确定城市规划的职能成为规范政府在控制城市发展中权力的重要方面。

因此,城市规划在本质上是一种控制行政权力的"行政法"。其基本职能是保障行政相对人的合法权益,促进城市规划行政权的依法行使。作为行政法的城市规划,要求城市规划努力化解和协调在保护公民财产权和实现宪法性权利的义务方面的矛盾,以实现宪法的价值。笔者认为,城市规划这种职能的发挥,关键在于:①在制度设计上如何规范政府干预城市空间的行政权力;②在界定公共利益并对财产权的限制方面如何取得平衡,以实现社会和谐的目标。

4.2.3 作为经济法的城市规划

在普通法体系中,不存在公、私法分类,一般不存在独立的经济法。但在大陆法体系中,经济法是由于现代政府职能扩张而介入经济领域从而发展出来的一个部门法。周剑云等学者认为,城市规划主要调整城市地域各项经济利益关系,因此,"它属于经济法的广义范畴"(周剑云等,2006)。在中国曾经实施了长期的计划经济,而作为"国民经济的具体化",城市规划也曾经成为实施国民经济计划的重要手段。新的《城乡规划法》第五条提出,城市总体规划"应当依据国民经济与社会发展规划"。这表明在市场经济条件下,城市规划对经济发展依然发挥着重要作用。

城市规划不直接调节经济的发展,但城市规划与经济发展有着密切的关系。"城市规划试图为了一般公众的利益而控制和管理经济发展"(Staley,1994)。城市规划对经济发展主要有如下影响:①城市规划可能侵犯到私有产权,而私有产权是市场经济的基础;②城市规划规定了土地使用的空间位置、性质和发展时序,间接地影响着城市经济的发展;③城市规划在经济发展中的另一个重要职能是提供清晰的信息,避免市场的无序竞争;④城市规划弥补市场的失效,在提供公共货品并避免负外在性的影响中发挥了重要作用;⑤土地使用模式的选择,改变了整体的能源消耗,从而影响地方的经济。

市场机制的基础是产权制度,私有产权制度越稳定越能促进经济的发展。然而,城市规划并不是完全保护私有产权的手段。在极端的情况下,私有产权会受到严格的限制,甚至是征收。在城市规划编制过程中,部分土地由于使用性质的调整和容积率的降低,可能会影响到其经济价值。例如,一块工业用地在新的规划中改变为公园,其经济价值往往要低于改作为商业或者是住宅的价值。

空间中的区位影响经济发展。市场会促使企业选择最有效率的区位。"那些直接或者间接支持公众介入经济活动区位选择的人更看重公平;而那些也是直接或者间接反对公众介入的人,更看重效率"(利维,2003)。因此,对空间位置的干预实质上是一个公平与效率的选择。鼓励一个企业选择一个低效率的区位,意味着它将提供更高价格的产品,除非是获得政府的补贴。例如,1991年美国科罗拉多州试图提供4.27亿美元的补贴,吸引联合航空公司在丹佛投资10亿美元建立一个维护中心,但未成功(利维,2003)。

城市规划的一个重要功能是提供清晰的发展信息。城市规划可以从两个方面促进经济发展：①政府的优质服务：经济的竞争引发地方政府服务的竞争。政府的低效能服务往往会阻止企业的进入。香港斯特利（Staley）的研究表明，规划"申请拖迟一个月会令发展成本增加至少1%"（黎伟聪，1997）。撒切尔夫人政府的环境大臣有一句名言："由于延误了给发展项目颁发批准证书，成千上万的工作岗位长期被锁在了规划部门的文件柜里。"（泰勒，2006）这就涉及城市规划体系的效率。②市场经济需要清晰的信息：城市规划可以给市场提供清晰的发展蓝图，而企业可以根据城市计算企业发展的成本和面临的问题，从而做出合理的决策。

经济学已经证明市场机制不可能提供公共产品。市场机制的缺陷，使得政府成为提供城市基础设施和公共服务设施的主体。特别是新开发地区，市场力是达不到的。这需要政府先行提供基础设施和公共设施，以支持市场力，进行开发。城市规划控制并提供基础设施、公共设施，直接影响着房地产市场和城市经济的发展。道路的修建影响了地块的可达性。

土地使用模式的选择，主要是通过对交通的需求而实现。①降低土地的密度，将导致城市面积的扩大，增加了城市的总体出行，加大了能源的消耗。而增加了土地使用的密度，可以降低城市的出行距离。由于人口密度也增加，可以支持公共交通的建设，减少了整体的能源消耗。②在功能分区方面，如果将居住与就业合一，布置在一个功能区中，就可减少交通出行，从而减少能源消耗。减少总体的通勤距离，是减少能源消耗的方法。

从上面分析得出，城市规划干预市场的目的是实现城市的可持续发展。城市规划的这些特征使得城市规划区别于行政法，而更接近经济法或者是经济行政法。作为经济法的城乡规划，要发挥如下两个作用：①积极引导，影响市场运行的效率，并实现城市的可持续发展。②纠正市场失效。城市规划要纠正市场机制带来的外在性、不确定性的影响。为政府提供基础设施、公共设施提供空间保障。

4.2.4 作为社会法的城市规划

城市规划关注的是城市空间，然而，对城市空间干预的影响却意义深远。美国20世纪60年代民权的焦点是社会公正和社会公平问题。这一方面也深深地影响到城市规划，而倡导式规划就是对这一运动的回应。

空间干预与空间政策的影响是广泛的。"把低收入者的居住地点和它能胜任工作的地点分隔开来,就可能造成失业"(利维,2003)。当然,城市规划的影响不仅是这些,还涉及城市贫困、城市隔离、公共安全、公共健康等等。

社会分层是市场经济的产物。社会的分层带来了利益的多元化,也引发了社会各阶层的空间冲突。城市化促进人口的集中,分层的社会成员在城市空间中的不均衡分布产生了城市极化与空间贫困。空间贫困和空间隔离就是一个空间不义的典型现象。社会正义理论承认社会财富分配的差异,但要求予以矫正。社会财富和社会资源配置的严重不平等,将带来社会的不平等和不安全。"城市社会的融合,就是促进城市从区域严格的、刚性的社会分层结构向松散化、塑性化的方向变迁的过程"(黄怡,2006)。通过改变社会各阶层的空间分布,缩小空间的差距,可在城市空间结构的公正和合理方面获得一定程度的改良。居住的融合是社会融合的基础,也是空间结构改良的重要目标之一。

从法学的意义上看,可将隔离划分为自愿隔离和被动隔离。产生被动隔离空间的政策受到了国家权力和社会的关注。美国最高法院在1972年全国有色人种协进会诉马太·劳雷尔案的裁决,"废止了排他性区划条款"(Clark,1991;诺克斯和平奇,2005)。该案的判决是许多城市可以建设中低收入住房,可以让中低收入者进入城市。这从法律的角度禁止了城市中排他性空间的出现。在荷兰,政府也采用了对公共住房的投入,建设"混合邻里"以实现社会融合的目标。多种类型的居住共存,并结合设置公共的交往空间在英国已经得到实践。"在邻里环境中对地方社区活动的更普遍的参与介入,总体上有利于社会融合"(黄怡,2006)。

城市规划作为一种规制在解决城市贫困方面也可发挥积极的作用。正如桑斯坦指出:20世纪的许多实践和运动表明,"规制立法可以同时提高经济生产率和帮助弱势群体"(桑斯坦,2008)。要制定解决城市贫困的城市规划政策,就要了解空间贫困产生的原因。城市规划政策是否策略上有利于贫困阶层的经济活动,是否为贫困阶层创造发展的机会?"在欧洲几乎所有的城市,城市规划和福利项目有效地遏制和避免了像美国那样的城市区域萧条和衰落"(钱志鸿等,2004)。解决城市贫困问题,"这不单只包括社区设施,同时要直接考虑城市规划决策是否带来对生计、工作机会、本土经济的负面影响"(叶祖达,2006)。

因此,在应对市场机制引发的社会分化所产生的社会问题中,除了再分配与市场机制外,还可以采用空间政策。例如,欧洲国家采用的大城市政策、地方振兴计划、地方倡议等。其中,"地方倡议以工作和居住环境的提升为公共资金的调拨方向,一方面满足原有居民在就业机会、生活环境以及社会资本方面的诉求;另一方面也提升这些地区对富裕阶层的吸引力,最终创造宜居、多元、有活力的社区"(刘晔等,2009)。

在南非格鲁特布姆案的判决中,法院认为"国家的义务就是制定这样的规划,包括专门用来'为那些既无土地又无住房的人,以及生活在恶劣条件或危险情况下的人提供救济'的合理措施"(孙斯坦,2006)。解决城市贫困还需要公众的参与,特别是贫困社区的参与。"只有让公众都能参与城市规划的决策过程,提升贫穷社区提出其自己的主张及权利的能力,才能透过城市规划区建立一个包容的社会"(叶祖达,2006)。

城市的拥挤带来了相互影响,降低了城市的环境质量,引发了社会安全隐患。市场机制不可能提供公共产品,诸如学校、医院、自来水厂等社会公益性事业还需通过城市规划控制。城市规划是对城市地区的规划,也包括老城区。而在老城区中,"再开发意味着对生活状况,特别是所有权关系以及居住关系、经济存在基础、邻里关系的侵害"(大桥洋一,2008)。

如何化解社会冲突、共享发展成果、实现空间的正义,是作为干预空间的社会行动——城市规划应具有的职能。因此,城市规划是一种"社会法"。社会法的目的在于保护公民的社会权利,尤其是保护弱势群体的利益。布罗姆利(Ray Bromly)(2003)根据规划的社会职能,概括为五种活动:"①作为社会改革的规划;②作为再分配手段的规划;③倡导公众参与的规划;④作为社会部门的规划;⑤关于社会服务的规划"(刘佳燕,2006)。作为社会法的城市规划:①关注城市的公共安全与公共健康;②实现空间正义。平衡与平衡空间极化带来的影响,实现共享发展成果。"城市规划的最终目的是把土地(作为公共社会资源)合理分配,达到维护公共利益的目标"(叶祖达,2006)。

4.3 城市规划的概念模型

城市规划的概念模型分为城市规划的价值取向、城市规划的运行框架和城市规划的运行机制。本研究依据诺斯和罗尔斯的正义理论,比较自由主义和社群主义的观点,尝试提出空间资源配置的原则。

4.3.1　城市规划的价值取向

自由、秩序、公平、公正、效率等是行政法的基本价值。自由与秩序既是永恒的价值命题，又是一个矛盾的价值命题。休谟提出的"法律之下的自由"是宪政的出发点。洛克的"生命、自由和财产"的表述，"构成了宪政对制定法和国家行为之优劣的判断权"（吴越，2007）。自由虽然是法律追求的基本目标，但由于资源的有限性，过度的自由造成社会的无序。市场机制作为资源配置的机制，其负面影响已为世人所熟知。"自由放任经常会引起经济的波动和社会的无序"（罗豪才，2004）。自由市场的无序竞争，最终损害的是社会的可持续发展、个体的自由权利。因此，空间秩序的建立是个体自由的基础。

根据谢维雁（2004），秩序是一种生产方式和生活方式的社会固定形式。它具有一致性、持续性和连贯性。秩序与自由的关系影响空间干预的制度和空间权力的运作。对自由的干预引发了制定法的另一对基本的价值命题——公正与效率。效率是指所获得的利益与投入资源的比例。资源的最大化利用不一定产生公平，因而，公平与效率成为了法律的又一对矛盾的价值命题。

城市规划作为政府干预空间发展的工具，自由与秩序、公平与效率自然也成为其基本价值。对单一价值的追求，必然导致价值体系的失衡。当然，这两对价值体系在不同的城市化进程中，所表现的价值关系是不同的。例如，在城市化初期，城市规划重视发展的效率、财产的自由使用。但是，财产的自由导致社会秩序失衡，例如，住宅紧张、环境污染等现象。这种状况必然引起社会的不满，并要求进行干预。城市规划再将目标转向秩序与公平。因此，在城市化进程中，城市规划中自由与秩序、公平与效率与城市所处的状态密切相关。

自由是一个个体的概念，秩序则是一个集体的概念。空间就是共同在场，而城市就是空间的秩序。因而，这就产生了城市规划的价值标准是什么？个体取向还是国家取向？自由主义是资本主义社会的理论基础和主要意识形态。自由主义主张个人为社会和法律的基础，社会和制度的存在便是为了推进个人的发展。大多数的自由主义者主张，为了保护个人的权利，政府的存在是必要的，但应对政府的权力进行限制。洛克将"生命、自由和财产"定义为自然权利。在自由主义基础之上发展起来的新自由主义，虽然也部分同意干预主义的观点，但其基础和方法论仍是个人主义,倡导市场经济,反对国家干预。

古典经济学认为市场机制是一部运作精良、成本低廉、资源配置最优的机制。它体现了自由主义的理念。但市场机制无法应对外部效应、公共物品、社会分配而自动达到帕累托最优状态。理性选择理论认为,人的个体均是理性的,每个人都会根据自己所掌握的信息,做出最有利于自己的决定。理性选择理论对人的本质的看法与市场机制的原理是一致的。

宪政必然涉及价值。既然人是社会的人,公民的基本权利也不能脱离社会而独立存在。在"假想城"中,如何配置土地资源,两种世界观或者是意识形态会发生激烈冲突。这就是自由主义和社群主义。社群主义也是西方一种古老的政治传统。其源头可以追溯到柏拉图、亚里士多德。社群主义强调和平共处、相互包容。社群主义的出发点也与自由主义相反,不是个体主义而是集体主义。社群主义选择了历史的维度,将整个人类的幸福(至善)融入了自己信仰的体系。它认为个人及其自我最终是他或他所在的社群决定的。

空间干预必然涉及财产,而财产是权利的基础和保障。按照休谟的观点,"失去了私有财产制度,正义的德行便不复存在"(托马斯,2006)。但是,这又引发另一对矛盾,资本优先,还是权利优先。传统的城市规划宣称价值中立。然而,"一种法律秩序、一种法学和一种司法倘若认识不到不可放弃的基本权利和人权的实质性价值秩序,就可能成为当时的统治者为所欲为的工具"(魏德士,2005;吴越,2007)。所谓价值中立,本身也就失去了价值。价值中立实质上是放弃了目标,最后是放弃了权利。城市规划采用的是对不同的地点的土地使用性质、土地开发强度等方面的设定来进行的空间干预,也就是城市规划关注的是物质环境。这里有一个基本的立足点,是"以人为本",还是"以物为本"。这关系到所塑造的城市是人的城市,还是建筑物的壮丽组合。

既然城市是人口的集聚地,人是城市的主体,人的基本权利的实现是城市发展的目的。弗里德曼提出了"谁的城市",应是城市规划的出发点。公民基本权利应是城市规划制定、实施的逻辑基础。在城市化进程中,空间中存在权利竞争与权利冲突,基本权利应成为城市规划的实现目标和基本价值。城市规划要首先关注公民进出城市的权利,公民居住权、就业权、教育权,公民享受城市公共设施和基础设施的权利。从这个角度,城市规划关注的问题,不仅是空间与布局的问题,还是城市中各阶层公民基本权利实现的问题。

从宪政的角度看待城市规划,则是以最大限度地保障公民的基本权利为前提、以增进公共利益和塑造空间秩序为目的而对政府的空间干预实施控制的过程。因此,"以人为本"、"以权利为本"应是城市规划的基本价值。作为干预多元价值城市的城市规划,其价值取向也应是多元的。它应是公民取向,但还包含社会的全面发展与社会正义。它既是"以人为本",关注公民的权利,也是"以物为本",关注人的环境权利。

4.3.2 城市规划的运行框架

城市空间的形成过程是市场、政府、公民社会的互动的过程。在这个过程中,个体利益与公共利益的博弈贯穿始终。对于政府、市场与公民的关系的理论探讨,经历了从"守夜"政府、福利国家到政府善治的转变。这一转变也预示着法律的变迁。由于市场失效、政府失效的存在,如何建立市场—政府之间的关系一直是一个有争论的话题。民权运动唤醒了公民的民主意识,以维护合法的基本权利。公众参与国家政治,使社会的管理方式发生了变化。新公共管理的兴起意味着市场—政府—公民共同治理城市的发展的开始。何明俊(2008)称之为城市治理的三元结构。

法律的转变首先是公民基本权利观念的扩大。近代人权理论以个人主义为基础,强调的是自由主义精神和个体的理性。19世纪以前公民基本权利的重点是个人生活方面的基本权利——自由权。自由权的本质是强调个体权利免于外界的干预,也包括政府的干预。自由权的提出要求国家的职能只能为"最小国",并通过立法和司法来限制行政的权利,以保障个体的自由。斯密提出的政府职能是:国家防卫、设立法理、建设公共设施。从这个角度看,国家的主要任务是让社会自由发展。

在"自由资本主义"时期,传统的自由主义盛行并强调:①保障个人自由;②国家的目的是保障人权和财产权;③国家权力必须受到限制(徐大同等,2003)。亚当·斯密和李嘉图倡导经济自由,推崇市场机制,提出赋予个人更大的活动余地,并建议政府奉行放任主义。英国、法国、美国等西方国家均以立法的形式保护个体利益。"牺牲公共权力(Public Right)强调个人权利(Private Right)是19世纪宪法的思想"(江必新,2005)。20世纪早期,自由放任是法律的基本原则,"法院的基本作用是控制制定法对普通法的破坏"(桑斯坦,2008)。

新自由主义的理念是为获得更好的个体利益和自由,必须对个体的权利进行限制。19世纪末,新自由主义和福利国家的思想日益受到重视。与传统自由主义相比,新自由主义主要特征为:①力求个体利益与公共利益相统一;②主张发挥国家的积极作用;③扩大公民的权利范围;④奉行改良主义(徐大同等,2003)。韦尔、杜威等人提出应依靠社会力量,把"消极自由"变为"积极自由",反对极端个人主义,重视集体主义和社会的权利。

二次世界大战以后出现了以社会权为重点的第二代人权。社会权是福利社会思想的基础,它强调政府干预。社会权的出现,国家的职能由"夜警国家"向"全能国家"转型。罗斯福新政既是政府职能转变的开始,也是司法权支持行政干预的开始。福利社会的思想与实践并不是最早出现在美国。英国在几百年前就存在了济贫法,19世纪80年代德国的俾斯麦也提出过内容广泛的社会福利方案。美国20世纪30年代的大萧条,促使美国走上了干预主义的道路。罗斯福提出的农业法案、失业救济法案、工业复兴法案、社会保障法案等等,均是希望实现"人们有权在美国的工厂、商店、农场获得有益的和有报酬的工作;每一个家庭都拥有体面的住宅;人民有权接受良好的教育⋯⋯"。

国家干预形成了政府管理的模式。罗豪才等学者(2006)总结其特征为:①维护统治秩序,追求统治阶级利益最大化;②国家是唯一合法的管理主体;③政府服务于政治;④管理的正当性来源于"职权法定";⑤国家管理依赖于官僚体制;⑥国家管理经常自我免责。国家管理方式的变更,意味着政府权力的扩张。但政府的权力扩张,由于寻租和低效率等原因而形成了政府失效。政府失效是多种因素造成的。由于立法资源的有限性,政府的扩张常常超越法律。权力的正当性受到质疑也是政府失效的一个原因。对权力正当性的质疑迫切要求国家的管理行为应获得公民的合意。

80年代以后,新右派登场的实践,再次证明了市场机制在空间资源配置中失效的问题。主流思想向"第三条路线"转向。所谓"第三条路线",正如吉登斯所言,"自主的个人、积极的公民社会、积极的国家"(陈小文,2009)。公民对权利的诉求由社会权转向了公民权,而社会的价值取向由国家本位转向公民本位。新公共管理或治理模式的出现,促进了法制规则向更加弹性的方向发展,如软法的兴起。这促使城市发展的基本关系发生了转型,政府与市场的二元结构转向了政府、市场、公众的三元结构。这种转型反映出公民基本权利的社会性与个体性的特征,以及保障公民的基本权利需要政府的积极作为。城市规划则寻求政府、市场与公民之间的平衡。

4.3.3　城市规划的运行机制

城市化进程是人口在空间分布发生变化的过程。在这个过程中,个体利益与个体利益发生冲突、个体利益与其他多数人的利益发生冲突。竞争与冲突成为了城市化进程中的主要特征。"权利冲突的解决必须通过一种不同权利之间的平衡方式加以调处,而非首先把这种冲突当成是对权利不予承认的借口"(Hayward,2000;汉考克,2007)。因此,应设计出城市规划在空间资源配置中的运行机制。可以从三个方面进行分析。

1)空间资源配置的基础原则

空间是人类生存和发展的载体。它既是个体权利的保障,又是个体有尊严的生存基础。按照诺齐克的权利正义的概念,正义的前提是权利的存在,权利是正义存在的充分条件。让公民获得更多的权利和更多的资源应是空间资源配置的基础原则。从这一角度看就是功利主义。功利主义的原则是:"①以实现对物的使用、占有和转让等的功利最大化;②以实现对物的使用、占有和转让等的效率最大化"(芒泽,2006)。作为功利主义的另一种表现形式的人格理论认为,"私有财产是个体全面发展的前提条件"(斯普兰克林,2009)。

当然作为一种基础原则,还应当体现平等。罗尔斯正义的第一原则是"每个人对最广泛的整个基本平等自由体系拥有平等的权利,该体系与对所有人相类似的自由体系是相容的"。为此,空间中权利的配置应体现公平公正的原则,涉及权利的给付应符合帕累托最优,也就是权利的配置的部分收益不以另一部分的减少为前提。结合诺齐克的论点,空间资源配置的基础原则应当表达为,空间资源的配置应当促进空间权利的最大化,但空间资源的最大化不以其他空间权利的减少为原则。

这个原则对城市规划而言,有三个方面的要求:①平等地对待现在的和潜在的每一个公民;②为每个公民提供最低标准或者是基本人格尊严的生存空间;③尽可能合理地使用每一块土地,包括合理的城市结构和土地的开发权。而对于城市规划的编制,首先是要体现平等,要为所有未来的城市人口提供空间资源。空间资源的配置应保障每个人的基本生存需求,或者是满足基本的人的尊严的空间。这涉及现状调查,并对未来趋势进行预测。根据预测确定满足居住、就业、学校、公园、医院等各种用地的空间需求。由于资源的稀缺,城市规划应尽可能在有限的空间中合理布置各种用地。诺齐克的权利正义的观点在城市规划中的表现是尽可能保障现有权利所产生的利益最大化。

2）空间资源的干预原则

财产权并不是绝对的保护或者是不可侵犯。由于财产可以作为资本，"无限制的财产权利只能使富人更有能力去压榨穷人"（蒋永甫，2008）。过度地强调财产权利，等于无视在城市化的背景下，尚未进入城市的弱势群体。资源的配置应符合正义的原则，实现空间正义、社会正义。什么样的财产拥有是符合正义的？芒泽（2006）认为，"①每个人均持有最低限度的财产；②财产持有的不平等不会危及社会上全面的人类生活，那么不平等的财产持有就是正当的"。

对于第一个原则，其核心实质是为了让社会中的每一个人都能过上有尊严的生活。在城市化进程中，人口向城市集中的基本需求是住房、就业、医疗、教育等。获得这种基本需求的主要方式是通过劳动。通过劳动获得满足基本需求的财产或者是机会。然而，并不是每个人均有这样的劳动技能。因而，社会应帮助提供这样的条件或者是机会。对于第二个原则，可以看作为"帕累托最优（Pareto Optimality）"的表现形式，也即一个人福利增加的前提是没有使任何人境况变坏。当然，这样的不平等必须限制在一定的范围内。这也是社会平等和正义的最低要求。

城市化的过程也是财产概念的社会化过程。社会化的体现是财产的使用受到社会的限制。诺齐克反对资源与财产的再分配，仅同意"自愿的再分配"。笔者赞同芒泽的理论，每个人均应获得最低限度的空间资源。罗尔斯正义的第二原则是"调整社会经济中的不平等，使得它们有助于最劣势地位的人获得最大的利益"。空间资源的配置也要体现罗尔斯的正义原则。人的价值是至高无上的，对空间资源的配置干预应有助于最弱势的群体获得最大的利益，使他们可获得最低限度的空间资源以确保有尊严地活着。

进入城市意味着要改变目前的土地配置结构。这里的结构包含城市的结构或社区的结构。不能进入城市、不能进入社区而形成了空间极化是一种"排斥"与歧视的表现。罗尔斯的正义论则要求改变现行的空间结构，以满足"最劣势"群体在城市空间的生存与发展的需求。这包括外来人口的居住空间和中低收入的居住空间。当然，在城市空间中还存在实现人的基本权利的公益性设施，如学校、公园、医院、道路、水厂等等。由于资源的有限性，并且空间秩序是"权利的同时在场"，为此，空间资源的配置必然涉及对现状私有产权的干预与制约。对私有财产的干预应建立在公共利益之上。城市规划编制中的目标的设定实质上就是公共利益的找寻过程。

　　3）空间干预的程度原则

　　空间干预应符合比例原则，也就是空间干预所获得的利益应大于由于干预而失去的利益。但空间干预的利益无论获得的社会利益有多大，必须以社会的稳定为底线。空间干预的实质是空间资源的转移，空间资源的转移肯定会引发社会的反应。格尔的相对剥夺感理论可以解释这种状况。格尔认为："当社会变迁导致社会的价值能力小于个人的价值期望时，人们就会产生相对剥夺感。相对剥夺感越大，人们造反的可能性就越大，造反行为的破坏性也越强"（赵鼎新，2006）。

　　美国的扬克斯（Yonkers）公共住房的规划案例则说明了这一点。扬克斯为中低收入阶层建设公共住房的过程中，由于社会压力规划布局了27个项目工程，其中的26个位于相对贫穷居民的聚居城市的西南角。由于受到有色人种协进会的控告，经联邦最高上诉法院在第二次巡回审判中确认，纽约州南方地区法院认为，该选址"事实上已经构成了入学种族隔离的违法状态"（利维，2003）。随后市政府提出了妥协方案，在其他地方另行选址。由此引起了民众的抗议，市议会也拒绝执行新的妥协方案。纽约时报曾评论其为"令人头晕目眩的大对抗"（利维，2003）。

　　城市规划是对城市化所产生问题的回应。城市规划对私有产权的干预超过一定的限度，也会引起社会的反弹。过度的压制会产生社会运动，甚至影响到社会稳定。美国的扬克斯公共住房说明在城市规划中也存在"多数人的暴政"。为此，空间的干预应遵循比例原则。例如，经过论证，城市需要建设一条主干道，以满足未来的交通需求。而主干道的选择应尽可能减少对现有产权的干预。只要主干道的线性及在城市路网结构中是合理的，对现有产权产生影响最少的方案是最优的方案。

4.4　城市规划的合宪性

　　城市规划作为干预私有产权的法律制度，其合宪性受到人们的关注。本研究借鉴美国城市规划司法审查的相关经验，从城市规划的目的和与目的关联性的手段分析了城市规划的合宪性。

4.4.1 合宪性的概念

在"假想城"的案例中,政府尚未干预私有产权之前,所有的土地均是私有使用的。然而,在城市化的进程中,社会需求越来越多。建设学校、公园、医院等公益性的项目,建设工厂、商场、住宅等私益性项目均是假想城的选项。这就是自由权、社会权、环境权的同时"在场"而引发的空间的冲突与博弈。这就需要政府的介入,而政府的介入必然会干预空间的资源配置,从而影响到公民的基本权利。政府干预过度,则会影响到公民的基本权利,特别是一些消极的权利,诸如财产权等。政府干预不足则会影响到公民的积极权利,诸如教育与环境权之类。

当然,在保障公民基本权利方面,政府的介入还受到资源的限制。南非宪法第二十六条规定:"①每个人都有权享有足够的住房;②国家必须在能利用的资源范围内采取合理的立法措施,以逐步推进这项权利"(孙斯坦,2006)。因此,在城市空间中政府干预行为的影响极为复杂。在南非格鲁特布姆案(孙斯坦,2006)中,就涉及住房权如何实现的争议。在空间宪政中,已经证明了,由于同时在场引发的基本权利的空间冲突,政府的介入是建立有序的空间秩序的过程。同时,宪法对政府在空间中的干预授权采用的是不确定的法律概念。如管理社会经济事务、依据公共利益的征收、土地的合理使用等概念。如何更好地规范政府在空间干预的行为,需要从宪政、合宪性的角度进行讨论。

宪法的两个基本内容是公民基本权利的规定和政府权力的规定。因而,宪政的实质是保障公民的基本权利,规范政府的权力。基本权利是宪政的基础,宪政的重点是研究在什么条件下,政府可以采用什么方式来限制基本权利。原理很简单,但过程十分复杂。从宪政的角度,政府的介入就应当是一个宪政的过程,或者是一个"合宪"的过程。合宪性是宪法制度中的一个重要价值判断机制,也是宪政过程中确保国家事务的管理能够合理地贯彻宪法。政府介入的过程是否合宪,这需要判断。

所谓合宪性就是符合宪法规范。合宪性要求法律制定和其他制度的设定必须符合宪法的原则和规定,包括主体、目的、内容和程序等的合宪性。主体的合宪性是指在所有法律的制定过程中,法律制定主体都必须有宪法赋予的权力,或经过特别授权,其制定的内容必须是属于该职权范围,不能越权制定法律。目的的合宪性是指法律制定的精神和原则符合宪法的要求。实质内容的合宪性,是指经过法律制定产生出来的法律内容要符合宪法原则和具体规定,不得有同宪法原则、宪法规定相违背、相冲突的内容。程序的合宪性,是指所有法律制定过程都要依照法定程序进行。

合宪性的判断可以有多种方式。张千帆(2004)提出了四种宪法解释的方法:文字、结构、历史和目的。朱福惠(2005)则总结了违宪审查的四种方法:人权的分类、目的审查、手段审查、字面审查。宪法的合宪性推定主要是用合理性基准(林来梵,2009),而合理性基准主要是指立法的目的和立法的手段之间的合理关联。笔者认为法律或者是干预的目的和法律或者是干预的手段之间存在合理的对应关系是合宪性的核心内容。对城市规划而言,就是城市规划的目的与城市规划所采用的措施是合理关联。因此,在空间宪政中,对城市规划合宪性的判断主要从两个方面进行:①城市规划的目;②城市规划作为干预手段以及其与目的的关联。

4.4.2　城市规划的合宪性

作为干预产权制度的城市规划是后于财产权制度而产生的。"政府对私有财产管理权的演变是现代城市规划的中心主题"(利维,2003)。因此,城市规划与财产权制度密切相关。财产法理念的变迁显示了国家干预与财产保护的关系。在福利国家的背景下,财产中的个人主义式微,而强调的是财产的合理使用和财产的社会责任。迪吉也说:"财产权并非是一种权利,而是一种社会责任"(王铁雄,2007)。既然财产可以履行社会责任,那么政府的干预就应该反映这种社会责任的本性。而这种社会责任"本性"应符合社会福利、社会伦理以及社会正义。这种干预也不应是社会的局部,而应关注社会的整体性与关联性。而城市规划正好采用整体的理念,对城市化的过程进行干预。

"分区(规划)的合法性在于治安权(Police Power)的合法概念"(利维,2003)。治安权或者是警察权是为了健康、安全和公共福祉而对私有财产的限制。征收是出于公共目的的需要,但是给予合理补偿。然而警察权与行政征收不相同之处是没有补偿。正是这一点城市规划遭到非议,"根据一些政治右倾者的观点,从本质上看所有分区都是非法的,因为它主张非补偿性征用而违背宪法规定的财产权"(利维,2003)。的确,美国在20世纪20年代,曾经就分区规划合宪性进行过激烈的争论。

确实,分区规划编制将甲的土地规划为工业、乙的土地规划为公共绿地等,是否涉及平等保护?分区规划颁布后造成一些用地的价值提升,而另一些用地的土地价值下降。分区规划的实施,意味着甲可以在"公共目的"的指引下征收乙的财产。为此,反对者认为:"分区规划存在如下问题:①未经正当法律程序而剥夺了所有人的财产;②侵犯了所有人受到法律平等保护的权利;③征收财产而没有给予合理赔偿"(斯普兰克林,2009)。

正当程序、平等保护和征收均是宪政中的核心问题。在考默萨论述的大西洋水泥厂案中,认为法院"可以通过完全否定政府对私有土地财产权利人的干涉权——由此将土地使用的问题交给市场来解决,来保证强大的财产权利"(考默萨,2007)。或者说法院可以依据合宪性来否决城市规划。在私有财产保护十分完善的美国,城市规划对财产权干预的争论自然会反映到最高法院,随后也影响到城市规划法与财产法的关系。

规范空间秩序要求城市规划不仅是对空间形态的管理,而且要加大对私有产权的限制。这也说明了城市规划干预的必要性和正当性。然而,城市规划作为一种权力,其干预的限度是受到宪法的制约的。1926年美国联邦最高法院在欧几里得村案的判决中指出,"规划法规是现代社会的产物,随着人口的大幅度增长和集中,问题不断出现,这就要求对城市社区中私人土地的使用和占有不断增加限制"(薛源,2006)。1926年美国联邦最高法院对欧几里得村案的审查实际上就是对城市规划的违宪审查。

美国联邦最高法院对欧几里得村案的判决认可了分区规划合宪,并产生了三个相互关联的原则:"①推定分区规划合宪;②分区规划条例没有违反实质正当程序和平等保护的规定,但无理的、不合理的以及与公众健康、安全、福祉或者道德没有实质联系的条例除外。最后,法院不应单独审查条例的理由或者政策,如果立法规定的合法性存在'很大的争议,则应允许立法机关做出判断'"(斯普兰克林,2009)。在欧几里得村案判决以后,联邦和各州的法院均遵循这样的准则:"综合分区规划一般合宪,但无理的、不合理的以及与公众健康、安全、福祉或者道德没有实质联系的分区规划除外"(斯普兰克林,2009)。也就是,在欧几里得村案以后,司法对作为权力的城市规划采取了更加宽容的态度。

但并不是说,所有的城市规划均是合宪的。那些武断的、无理的或者与公众健康、安全、福祉、道德没有实质性联系的城市规划是排除在合宪性的范围以外的。从欧几里得村案的判决可以得到两个结论:①城市规划的目的只要是公众健康、安全、福祉、道德等,其目的是合宪的;②作为手段的城市规划只要与公众健康、安全、福祉或者道德有合理的实质联系就是合宪的。当然,并不是所有的分区规划均具有合宪性。与公众健康、安全、福祉或者道德无关的不合理的分区规划是不合宪的。1928 年美国最高法院在纳克涛诉剑桥市案(Nectow vs. City of Cambridge)的判决中,认为分区规划与公共健康、安全、福祉不符,否定了该分区规划的合宪性。

城市规划的合宪性还与宪法的价值密切相关,诸如正义与平等。在南伯灵顿县诉芒特劳雷尔镇案中所涉及的是平等和排他性问题。虽然,芒特劳雷尔是一个仅有 22 平方英里的小镇,但其分区规划中为了税收等原因,每一地块仅允许建设一栋独户住宅,而把联排住宅、公寓等低收入住宅排除在外,引发的诉讼所产生的意义是深远的。它所提出的不仅是城市规划的目的问题,而且涉及城市规划的结果的合宪性问题。在该案后,法院确定了著名的"芒特劳雷尔"理论。其内容是:"每个发展中的市镇有义务规划分区法规为中低收入阶层提供获得合法住房的机会,该义务的范围至少是该城市分担现在和未来地区需要的公平份额"(薛源,2006)。

合宪性原则要求城市规划制定时,对基本权利的限制,应当符合宪法的基本价值取向,应当实体合宪、程序合宪,应当符合宪法关于正当程序的相关规定。"土地使用控制必须满足正当程序原则施加在土地使用规制的实质性限制"(曼德尔克,1997)。从宪政的角度,正当程序原则对城市规划具有两个方面的意义:①征收限制。城市规划所形成的规制性征收的目的是公共利益,也就是通过正当程序来保证城市规划能够增进诸如公共健康、安全、伦理、福祉等方面的公共利益的正当性。②平等保护。城市规划的分区和土地使用的分类,应体现平等保护原则,而正当性的论证需要正当程序。

城市规划的合宪性基于城市规划目的、手段和程序的合宪性,具体可表述为公共目的、正当程序、合理补偿、法律保留四条原则。公共目的是城市规划的基础,它要求城市规划必须与公众健康、安全、福祉存在合理的逻辑关系。正当程序的核心是要防止做出无理的、不合理的或者是任意的规划决定。城市规划在制定时,如果限制私有财产权过度,或者政府充当"企业家"而形成征收行为,应给利益相关者合理的补偿。法律保留则是意味着城市规划的制定过程就是一个"立法"过程。在这个过程中涉及众多的利益协调,而且在决策时采用诸如公众参与等政治的手段,城市规划是高度政治化的活动(利维,2003)。

宪政的另一个问题是权力的制约。城市规划是否可诉一直是学界争论的焦点。城市规划作为一个高度政治化的"立法"行为,若城市规划可诉,则意味城市规划没有很好协调各个利益群体的关系。然而,"对于政治失灵进行直接的司法审查,是一个成本高、代价大的回应"(考默萨,2007)。因此,"在宪政层面上,就是尽可能较少(甚至完全没有)对政治活动的违宪审查"(考默萨,2007)。面对政治性和共同目标的问题,需要城市规划从价值体系和制度安排加以解决。对于城市规划的可诉性将在第8章进一步探讨。

5 权力、行政行为与城市规划

5.1 作为行政权力的城市规划

城市规划是行政部门试图在特定期限内达到一定城市发展目标的方法和措施。作为行政权的城市规划主要是从发展权的配置、自然资源与人文资源的保护、对私有产权实施的公共管理对城市空间进行约束或者是规制。

5.1.1 行政权力与城市规划

宪法中的社会权利的设定就是要求政府利用行政权力积极介入社会经济的发展之中。权力是广泛存在的社会现象。在法学中,权力一般指通过一种行为的运用以达到某种目的的能力,并对权力运用的相对方产生法律效果的过程。而"行政就是国家行政主体依法对国家和社会事务进行组织和管理的活动"(胡建淼,2003)。因此,"行政权是国家行政机关执行法律、管理国家行政事务和社会事务的权力,是国家政权的一个组成部分"(胡建淼,2002)。从这里可看出,行政权力具有如下三个关联的关系:①行政机关是行政权力的主体;②行政机关依据法律做出某种行政行为;③该行为对行政相对方产生了法律效果。既然行政权是具有法律效果的实施行为,从法律的角度行政权力具有体现国家意志和强制性的特征。

由于行政权力对行政相对方产生了法律效果,行政权力的使用只能是一种为实现公共利益的行为。公共利益是一种个体利益与社会利益的整合,其存在形式往往是法律、法规、政策等。国家设置行政权力的目的就是要实现以法律法规表现出来的公共利益。因此,一般认为行政权力具有如下特征:①公益性,行政不是一般的社会活动,是国家意志性的一种体现;②执行性,行政只是依法实施行政权的活动;③强制性,行政的目的是实现公共利益,行政的实施必然以国家政权为后盾,相对人有服从、接受和协助的义务;④法律性,行政管理涉及强制性行为必须在法律的框架下进行。

在宪政体制下,行政权力受到严格的制约,也就是:①议会立法严格控制政府的权力;②行政在法律的范围内行使权力;③司法监督政府合法行使权力。然而,随着市场机制在社会经济发展中失效的显现,需要政府广泛介入社会经济的发展。在福利社会的指引下,政府的职能不断扩张。传统行政法理论是建立在公权力"性本恶"的基础上,也就是一切权力均有滥用的可能,没有看到政府在弥补市场失效、维护社会正义中所体现的"性本善"的一面。而现代行政法则强调规范权力的运行,既要防止行政权力的滥用,又要积极激励行政权力在社会经济事务中发挥积极作用。

现代行政法不仅继续发挥权力制约权力的方式,而且设计出权利制约权力的行政程序。权利制约权力不仅体现人民主权的特征,而且是一种灵活的、全过程监督政府运用权力的控权方式。行政程序法的优势:①减少了行政权力扩张而立法滞后的矛盾;②可以充分调动公民参与治理,体现了权力运用的民主;③有利于公民的全过程的权利救济;④提升了政府回应社会的能力,更好地发挥行政在社会经济事务中"善"的效率。从另一个角度看,行政程序法的出现是对行政权力扩张的肯定。现代行政权力的扩张,不仅是权力范围的扩张,而且行政权力扩展到了"立法"与"司法"层面。

从行政权力的角度看,近代的城市规划所控制的仅是建筑的布局,其目的仅仅是美学和功能,所产生的效果往往不是法律上的。但随着政府行政职能的扩张,城市规划成为了一种干预城市空间发展的行政权。城市规划作为行政权力是指政府运用城市规划实现政府在城市发展中的目标的能力。自1909年英国的城乡规划法设定了城市规划的权力,作为行政权力的城市规划所控制范围在逐步扩大。城市规划从最初的公共卫生发展到关注住房,再到福利社会的实现,直至目前的城市贫困、可持续发展、气候变化等议题。目前,城市规划行政权已经成为政府为实现福利社会和空间的有序化的"有意识的干预"过程。

曼德尔克等人(1990)提出城市规划的五个特征:①物质(形态)规划;②长期的规划;③综合性的规划;④政策的陈述;⑤决策的指引。他们认为城市规划的关键概念是"将价值转译为规划"(曼德尔克等,1990)。对土地使用规制包括增长管理、环境控制、土地不相容使用、历史保护、开放空间、美学控制(曼德尔克,1997)。城市规划一旦批准生效,就对城市地区的土地使用产生了法律效力。它是行政主体依法制定的行为,其编制、修改、废止均会给行政相对人权利和义务产生重大的影响。为此,城市规划是一种综合和复杂的行政权力。它通过对发展的预测、政策的拟定、目标的设定,通过对物质形态的控制,干预私有产权。

如同其他行政权力一样,城市规划行政权是一个演变的过程。在"夜警"时代,城市规划受到了法律的严格控制,裁量的成分较少。1909年世界第一部城市规划法——英国的《住房和城市规划法(1909)》的颁布,赋予了地方政府编制城市规划的权力。城市规划成为了一种行政权力,但此时的城市规划是一个不得干预私人产权的弱小权力。1926年美国的联邦法院对欧几里得村的判决维持了分区条例。"市政府可以通过土地利用管理机制,将非补偿损失强加给一个财产所有人,这点现在被牢固地建立起来"(利维,2003)。从此,美国地方政府获得了控制土地使用的权力。1947年英国《城乡规划法》的颁布,将土地的发展权收归国有,并授权地方政府编制城乡规划,并依据城乡规划干预城市的土地发展。

作为行政权力的城市规划正是从一个侧面反映了现代行政法的变迁。第二次世界大战以后,各国均授权地方政府编制城市规划,城市规划成为世界各国政府控制城市发展的重要工具。现代意义的城市规划得以建立。城市规划在空间干预上积极服务于现代政府的干预职能和给付职能。这主要表现在城市规划的社会功能的扩展。城市规划不仅具有程序的意义,而且也有实质的意义。对城市规划的法律控制成为了行政法的一个重要部门。法律赋予地方政府编制城市规划的权力,赋予地方政府控制土地开发的权力。特别是在英国,政府具有城市规划的"立法权"、行政权和"司法权"。为此,城市规划是一种令人疑惑的权力,甚至被人称之为"第四种权力"(章剑生,2008)。

新中国1990年颁布了《中华人民共和国城市规划法》,2008年1月实施了《中华人民共和国城乡规划法》。新的《城乡规划法》第四条提出编制和实施城乡规划的原则,改善生态环境、保护文化遗产的要求。这从法律的角度提出了城市规划的干预范围,或者是授权地方政府城市规划的权力。其中编制城市规划是城市规划工作中最重要的权力。城市规划内容广泛,涉及城市发展的各个方面,如居住、工业、公共设施、道路交通、生态等。所编制的城市规划应当提出城市的用地控制(禁建区、适建区和控制区)、功能分区、用地布局与开发强度、城市交通体系和各项公共设施与市政基础设施的专项规划等。

在编制城市规划时,现有私有产权的边界已经存在。因而,新的城市规划批准实施后,实质上是对私有产权的干预。城市规划对私有产权的干预是多方面的。从对私有产权干预的角度,可将城市规划的权力分为三类:①发展权的设定(物权法定):也就是土地业主不能够自由地使用土地,必须依据城市规划所设定的用途来使用。发展权既包含单一地块的开发强度的确定,也包括社区的协调发展。②自然与文化遗产保护权:对作为人类共同财产的有价值的自然景观和人文资源的保护,限制开发过程中对自然与文化遗产的破坏。③公共管理权:为了公共利益的需要和形成合理有序的城市空间而对私有财产进行限制。

5.1.2 发展权的配给

发展是指事物所处状态优化的演变过程,发展广泛应用于社会经济领域,如社会的发展、经济的发展、人的发展等等。在法学中,权利则是为道德、法律或习俗所认定的正当利益的主张与资格。因而,从法学角度,发展权一般指公民享有在社会经济发展中实现自我发展的权利,也就是指公民享有随经济、政治、社会文化发展充分实现其自由权、社会权、政治权的资格与主张。发展权与制度密切相关。不同的制度对不同的阶层限定了不同的发展权利。例如,市场经济制度则是充分倾向于资本发展的制度,从另一个角度看,也就是资本的持有人具有更好的发展潜力。作为对空间限定的城市规划,对城市中每一块土地的发展权均产生影响。作为城市的发展地区与作为限制发展的地区,其公民所享有的发展权利是不同的。

在城市规划出现以前,土地可以自由使用。在现代城市规划的制度下,土地的开发必须依据城市规划所设定的发展权或者是开发权进行。在城市空间中,发展权(Development Right)具有狭义和广义两层意思。狭义方面是指土地的开发权利,也就是土地作为一种财产的开发权利。它主要指某一块土地可以依据城市规划设定的用地性质和开发强度进行建设的权利。这种权利往往采用规划指标来表达。例如,土地开发的性质、面积大小、容积率、建筑密度、绿地率、高度、土地的退让、建筑形态的要求等等。含有土地开发权的规划一旦批准,土地的开发只得依据规划的要求进行。

广义方面的发展权不仅指土地自身的开发,还包括周边地区社会事业的发展。城市规划不仅明确了单一地块的性质与开发强度,同时还要确定一定区域内的用地结构及公共设施和基础设施的发展。在用地结构方面,城市规划要考虑不同的用地的配合,例如,在住宅区的规划中,廉租房不应过度集中在某一特定的区域。在公共设施方面,城市规划要明确中小学、幼儿园、公共绿地、社区用房、医院等方面的布局。在市政设施方面,城市规划要安排变电站、垃圾中转站、公共厕所、消防站等内容。广义开发权的概念是将人的生存与发展,以及有尊严的生活融入空间中。开发权不仅仅是财产权利的资格与主张,同时也是基本权利的资格与主张。

发展权是城市规划的核心内容。从另一个角度看,发展权的设置标志着财产权使用的社会干预,也就是财产不能自由使用。这里还是用"假想城"的例子加以解释。"假想城"是一个平等的社会,土地由各家各户平均所有,并从事同一种职业,如农业。随着城市化的进程和社会经济的发展,社会需求越来越多。该城市需要建设学校、公园、医院等公益性的项目,也要建设工厂、商场、住宅等私益性项目。这就涉及土地资源的配置。发展权的设立也就是根据"假想城"的发展目标,合理安排土地的使用。例如,A 的土地作为学校,B 的土地作为公园,C 的土地作为医院,而 D 的土地可以作为住宅,E 的土地可以作为商业,F 的用地只能作为工业。

发展权的设置体现了现代政府在城市空间中干预行政与行政给付并存的功能。对于现在"假想城"的全体公民和将要进入"假想城"的公民,学校、公园、医院、工厂、商场、住宅等项目的安排,是一种行政给付。它为未来的所有"假想城"的公民实现居住权、就业权、教育权、健康权等权利提供了实现的可能。但是,对于 A、B、C,由于发展权的设定,则是一种干预的行为。它阻止了 A、B、C 的土地实现市场价值的可能。而且 A、B、C 的土地是公益性项目,政府可以依据公共利益对他们的土地实施征收。

基本权利规定了城市规划的价值取向。人的生存与发展是一个综合权利实现的过程,并不仅仅是居住或者是就业。而不同群体在空间中不同权利的主张,则导致空间资源的矛盾。从空间宪政的角度,发展权的设置就是公平、公正地配置空间资源的过程。这个过程不是一个价值中立的过程,而是一个充满价值冲突和价值判断的过程。权利的使用不再是自由的,社会责任成了权利实现的义务。法律规定了权利,同时法律也成为空间中利益协调与平衡的重要工具。

"谁的城市"则是指向了空间资源配置的平等权利,城市是所有公民的城市,而不是哪个阶层或群体的城市。宪法的平等权利要求各类人群在城市中均有属于自己的空间。在美国的劳雷尔案中,原规划设置了大量的工业用地,而没为中低收入的住宅设置发展用地和发展权,也就是可能将中低收入人群排斥在城市之外。为此,美国新泽西州最高法院在该案判决中,提出了发展中的城镇有义务通过分区规划为中低收入阶层提供获得合适住房的机会。从这一角度看,发展权不仅仅是土地的发展权,实质上也是人的生存与发展权。

5.1.3　生态、风景与文化遗产保护权

环境权利是一项公民的基本权利,并且是在世界范围内逐步得到法律的承认的权利。环境权利涉及很广,它既涉及自然环境,也包括人工环境。汉考克(2007)提出环境权利的两个基本要义:"①使环境免受有毒污染的权利;②享有自然资源的权利"。然而,市场机制在配置资源时,并没有实现环境权利的机制。为此,环境权利的实现需要权力与法律的介入。作为权力的城市规划,对环境权利的实现有着重要意义,并且可以在城市生态、风景名胜、文化遗产等方面的保护中发挥重要作用。

虽然目前环境权没有入宪,但是环境权的重要性正被社会所接受。环境的塑造与保护已经有多部法律规范,诸如环境保护法、水法、国土法等等。2008年实施的《城乡规划法》制定的目的是"协调城乡空间布局,改善人居环境,促进城乡经济社会全面协调可持续发展"。这些法律均赋予行政权力广泛介入社会经济发展和空间的塑造过程中。环境是一个范围广泛的概念,但主要分为自然环境和人文环境。其中城市生态、风景名胜、文化遗产的保护是环境权的核心部分。

市场机制是资源配置的基础性机制,但是市场机制是"功利"的。促进市场功利的动机是资本与利润。为此,利益最大化是市场机制的重要特征。市场机制在城市发展中的表现主要是两个方面:①城市的无序扩张和蔓延;②单一地块的利益最大化。从另一角度看,市场机制的这种表现,就会漠视自然与人文资源的保护。城市发展的历史表明,诸如历史文化资源和生态环境均是在人们追逐利益最大化时遭到了破坏。而风景区、水源地、耕地等是城市的重要自然资源,直接关系城市的可持续发展、城市生态保护和城市饮水质量。

人在环境中生存,环境权是涉及公民生命与健康的基本权利。公民环境权的基本含义是免受污染和享受自然。在历史街区和历史建筑的保护、环境与生态的保护等方面,市场机制是反应迟钝的,甚至是起反作用。

市场机制在自然资源与人文资源保护上的缺位,必然要求行政权力的介入。因此,行政权力的一个重要职责是对自然资源和人文资源的保护。自然资源和人文资源是一个范畴十分广泛的概念。人的生存与发展必须依托这些资源。但是就城市规划而言,重点则是文化遗产和风景资源的保护。

人的生存不仅依赖于自然,而且还要体验自然。人们体验自然,是指人对自然资源的欣赏、探索、研究等方式。随着社会经济的发展、人们生活水平的提高,风景资源对人类生活的意义越来越重要。风景资源具有相对稀少、不可再生、不可移动等特性,它可供人们休闲、游憩、观赏等。人们通过景观欣赏不仅获得适当的身心运动,获得身体健康,而且通过活动获得各种感受,使人感觉幸福。但是,随着工业化的进程,自然环境遭到了破坏,并逐步恶化,已经威胁到人类自身的生存与发展。联合国环境署发表的《全球环境二千年展望》的报告指出,全球约有 80% 的原始森林已被砍伐或被破坏。因此,保护风景资源是一项满足人们的基本需求和维持适当的生存环境的重要保障。

文化名城、历史街区以及文物古迹等文化遗产是传统文化物化的表现。它反映了一定历史时期政治、经济、文化、技术等发展的情况。理解文化遗产,应该理解遗产背后蕴含着的深刻历史文化含义。由于文化遗产是历史的记忆,文化名城、历史街区以及文物古迹等文化遗产的保护不是一个简单的老房子保护问题,而是保护历史的连续性,保留城市的记忆。随着时间的发展,文化遗产所体现出来的重要的美学价值、文化价值、历史价值、科学价值逐渐为人们所认知,并成为人们共有的历史财富。中国《城乡规划法》第四条要求:制定城市规划应保护耕地等自然资源和历史文化遗产。历史文化是城市公民的共同财产与财富。文化遗产保护关系到城市文脉的延续,是对城市特征的认同。因此,文化遗产保护具有重要的历史意义,并成为各个城市普遍追寻的目标。

一般而言,文化遗产的保护分为本体保护和环境保护。一旦确定为文化遗产,不论是本体保护还是环境保护,都要对其范围内的使用性质、修缮和改造方式作出限制。例如,历史建筑和文物建筑的使用性质必须与保护的目的相一致,也就是在使用过程中不得损害历史建筑和文物建筑,以及它们所包含的美学价值、文化价值、历史价值、科学价值。当然,更不能为了某种发展的需要而拆除。从法律的角度,这是为了公共利益的需要而对文化遗产设置了更多的义务和责任,而不是让文化遗产可以自由使用。

文化遗产的保护是对文化遗产所在的土地和建筑的限制。不论该土地位于城市的哪个位置,也不论该土地的市场价值如何,均受到了法律和城市规划的限制。由于土地不能自由使用或者是按照市场价值使用,城市居民均受益于文化遗产的保护,但保护的责任则由业主承当,这种状况是否会构成征收?1978 年美国联邦最高法院在对具有法国古典风格的火车站保护引发的佩恩中央运输公司诉纽约市案中,"美国最高法院以 6∶3 的投票结果判决没有发生征收行为"(斯普兰克林,2009)。这说明司法赞同城市规划对文化遗产的保护。

5.1.4 空间的公共管理权

在市场机制条件下,空间生产的过程和结果仍会漠视环境权利的存在。人的生存环境不仅仅是一个消极保护的问题,而且是一个在空间生产中如何塑造的问题。公民对环境权利的主张迫切要求城市规划广泛介入城市的空间生产过程,并对城市的财产权实施公共管理。通过公共管理主动营造一种适宜人类生活的人居环境。公共管理权是政府为弥补市场机制在环境权利配置的失效介入空间生产的一种权力。免受污染、接近自然、体验美是环境权利的重要内容,也是政府权力介入的重要依据。

由于城市是建立在共同体之上,个体权利的无序主张必然会影响到共同体的价值体系。有必要对财产权的使用作适当的限制,并进行公共管理。城市规划实施公共管理权的目的就是塑造与公民环境权利相适应的空间环境。其运作的方式是在城市空间生产的过程中:①限制财产权的自由使用而产生的外在影响;②控制空间资源和财产的随意使用,使政府提供基本的公共服务成为可能;③营造人们可以体验"美"的空间环境。

在城市空间中外在性普遍存在,对财产权自由使用的限制成为了政府的重要工作。城市规划应对土地使用的外在影响,主要是不相容的土地使用而引发对周边土地或者是财产权的负面影响进行控制。例如,控制居住区内的工业或者是其周边的工业使用,防止大气、噪声等污染的影响。"几十年来政府对私有财产管理权利的演变是现代城市规划的中心主题"(利维,2007)。政府对私有财产的管理不仅仅是外在影响。随着福利社会思想的普及、政府行政权力的扩张,城市规划对私有财产管理的方式和内容在不断变化。

城市规划的合法性来源于警察权。它是指为了公共健康、公共安全和社会福祉而对财产权的限制。这种权力的行使可以限制私有财产的使用。除了上述在居住区中限制工业的发展,还有限制南侧的建筑高度以防止北侧的住宅不符合卫生条件、限制土地过分的高强度开发防止街道的拥挤等等。为了更好地管理土地,城市规划将城市划分为若干分区,例如,居住区、工业区、商业区。在不同使用区内采用不同的规划和建筑标准。

市场机制不可能提供公共产品,对于公共产品,如市政设施、公共服务设施的提供还得依赖政府。而政府要提供这些公共产品,首先要在规划中确定。公共产品的提供,是城市公民的共同利益,也是公民基本权利的一种体现方式。为此,城市规划要对市政公共设施与公共服务设施的用地实施控制,例如对城市道路、自来水、污水、电力、电信、学校、医院等的控制。市政公共设施与公共服务设施的布局,直接影响公民享用这些设施的公平性。这也是平等权利的一个体现。

城市规划涉及城市美学与景观的控制。"宜人优美"的景观是城市规划考虑的重要内容。它涉及城市空间的舒适性、街景美学(城市的色彩等)、建筑美学(建筑的风格等)。城市整洁与美学直接关系市民的视觉美观性、城市的可识别性,是市民城市生活的重要体验,是市民享受美和欣赏美的权利。虽然,"宜人优美"在城市规划中是一个有争议的概念,但是,"'宜人优美'在规划中作为物质性的考虑具有重要意义"(葛利德,2007)。美观是一种主观感受,美国"现在很多法院都支持实现美观目的的规划法规,认为关于美观方面的考虑是行使规划权的适宜基础"(薛源,2006)。

5.2 抽象行政行为还是具体行政行为

城市总体规划和控制性详细规划是作为抽象行政行为还是具体行政行为也是法学研究的重点之一。在目前的法律制度下,抽象行政行为与具体行政行为的划分影响到城市规划的可诉性。

5.2.1 抽象还是具体行政行为

城市规划作为一种权力,对行政相对方产生了权利的赋予与剥夺、义务的增加与免除,直接引起了法律效果。为此从宪政的角度,应对城市规划进行规范与限制。目前中国的行政法习惯将行政行为分为具体的行政行为与抽象的行政行为。这种分类的意义主要是行政行为是否作为行政复议和行政诉讼的受案对象，以及在受理案件时，确定行政行为在时间上的适用性。一般认为，建设项目的行政许可是具体的行政行为，而其许可时的依据，也即城市规划为抽象的行政行为。但是，作为空间干预的城市规划是否就是一个严格意义上的抽象行政行为，还要作进一步的分析。

中国 2008 年开始实施的《城乡规划法》明确了城市规划由政府组织编制，由政府审批。从行政法的角度，城市规划属于行政法的范畴。城市规划作为政府干预土地使用的工具，必然是一种行政行为。对城市规划的法律控制关键是要区分是抽象行政行为还是具体行政行为。由于城市规划编制是为实施城市一定时期的发展目标而制定的土地使用和空间安排，因而一般认为城市规划是行政规定，或抽象行政行为。对抽象行政行为还是具体行政行为的区分，还影响到城市规划是否可诉。刘飞（2007）从法理依据和法律依据的角度，论证了"城市规划是一种规范性文件，并依据其制定主体的不同取得规章或者是行政规定的法律地位"。为此，刘飞（2007）认为"制定城市规划的行为应该属于抽象行政行为"。

按照胡建淼（2003）著的《行政法学》，一般行政规定或抽象行政行为的特征为："①在行为对象上，针对不特定的对象作出的；②在行为溯及方向上，是针对未来的行为；③在使用次数上一般为反复使用的；④在行为效率的间隔上是间接约束权力相对人的权利和义务"。对比城市规划中的城市总体规划和控制性详细规划，在行为溯及方向上、反复使用方面、行为效率的间隔上均与行政规定或抽象行政行为相一致。然而，在区分行政规定与行政决定，或者是抽象行政行为和具体行政行为的最重要的标准的行为对象上，并不能完全清晰界定为不特定的对象。一旦城市规划制定完成，所受影响的对象均为具体的或相对具体的，受影响的业主均是固定的，或者是可以事前统计的。

从受约束的行为对象上看，城市规划具有行政决定或具体行政行为的特征。例如，一个城市为提升城市的竞争力，改善交通条件，更好地为市民服务，在城市总体规划中，规划了一个机场。就城市总体规划而言，规划行政的行为是针对未来的，规划的公布并不一定导致规划项目的实施，如机场的建设。城市总体规划在一定的时期内可以重复使用，建小机场后建大机场。但对于机场所控制的土地而言，机场的规划是一次性，除非进行城市总体规划的修改。而且规划机场的位置是确定的，也就是说，机场所在土地的其他发展用途已被禁止。机场控制范围内的受影响的业主是确定的,也可以事前统计。如果机场的项目一旦获得规划许可,受影响的业主就应当搬迁。对机场范围内的业主而言,城市总体规划是具体的行政限权行为。

在目前的法律制度下,分辨抽象的行政行为和具体的行政行为是有重要意义的,因为具体的行政行为受到司法的控制,而抽象的行政行为则不具有可诉性。但是要分辨城市规划属于哪一种行为则是困难的。章剑生(2008)认为具体行政行为的两个重要特征是:"①它只对特定事件或者特定人有效,不具有普遍约束力;②它只对它所针对的事件有约束力,对以后发生的同类事件没有效力"。城市规划所约束的是特定对象,且在事前均可统计。例如某些土地规划为住宅、某些土地规划为道路等等。如果建筑可以随意拆除,而且控制该土地使用的规划一直没有修改,城市规划对以后发生的同类事件仍然有效。例如,一建筑几年后成为危房,理论上还可以依据规划重新申请规划许可。

方世荣等提出,"凡直接致使具体法律关系实际产生、变更和消灭的行政机关的行政行为,都是具体行政行为,而不论它针对的什么对象"(方世荣,1996;章剑生,2008)。但是,对于城市规划所覆盖的土地,无论其使用性质是否符合城市规划,均可以一直使用到新的建设项目许可为止。也就是城市规划编制的成果实际上并没有改变现实的土地使用,也没有产生实际的法律效果。这一定义反而论证了城市规划是抽象的行政行为。如果将城市规划归类为具体的行政行为,则为未来的行政行为,或者是"未成熟"的行政行为。它只是为行政法律关系的产生和变更提供了法律可能性。

从上述分析,城市规划具有一般抽象行政行为的特征。若假设建设是容易变化的,城市规划符合判断抽象行政行为的四个特征。但是,城市规划并不是一般的抽象行政行为。其约束的对象是具体的、可统计和可分析的,并产生了法律效果。例如,在假想城中甲的土地规划为学校、乙的土地规划为公园,均是针对具体的对象。它所针对的对象产生了法律效果,要么给具体的对象赋予发展权,要么采用退让红线等方式给具体的对象予以限制。为此,笔者认为城市规划是具有具体行政行为特征的抽象行政行为或行政规定。

5.2.2　城市总体规划与控制性详细规划

根据新的《城乡规划法》,中国的城市规划一般分为城市总体规划和控制性详细规划。本研究并不是探究城市规划的编制方法,而是从法理的角度研究规划的是抽象的还是具体的行政行为。上述已经得出城市规划是具有具体行政行为特征的抽象行政行为或行政规定。可以肯定城市总体规划和控制性详细规划均是抽象的行政行为。所要分析比较的是在具体的行政行为特征方面是否一致。因此,重点是比较城市总体规划与控制性详细规划在如下三个方面的不同:①规划的作用;②编制的内容;③编制的深度。从而分析比较城市总体规划与控制性详细规划是否针对特定事件或者特定人,是否具有普遍约束力。

中国的规划体系中,城市总体规划不是可有可无的规划,而是具有最强法律意义的法定规划。城市总体规划的主要任务是,依据省域城镇体系规划、城市发展条件以及在国民经济发展中的地位和作用,以20年为规划期限,编制市域城镇体系规划,论证城市的自然、经济、社会发展条件,确定规划区内的城市发展目标、城市性质和规模,选择城市的发展用地,提出城市的功能分区和城市用地的空间布局,编制城市基础设施规划、其他专业规划和近期规划,对城市远景发展作出轮廓性的安排,提出城市规划的实施措施。城市总体规划主要包括四块基本内容:市域城镇体系规划、中心城区规划、近期建设规划、专项规划。

城市总体规划的重要职责是将城乡规划法赋予地方政府的权力,在城市空间中进行界定与陈述。也就是对《城乡规划法》中的城乡统筹、合理布局、节约用地、改善生态等不确定的法律授权在城市空间中的确认和陈述,以指导更详细的控制性详细规划的编制。城市总体规划"是一种纲领性、战略性和导向性规划,其作用是为城市发展提供指导性框架"(耿毓修,2004;刘飞,2007)。由于城市规划的这种特征,以及编制城市总体规划采用的是小比例尺的地形图,例如,1∶(10 000~50 000)等等。控制性详细规划则采用大比例尺,例如,1∶(1 000~2 000)等等。

控制性详细规划则是依据城市总体规划,对城市土地的使用进行更详细的划分与控制。控制性详细规划的主要作用是承上启下,把城市总体规划的目标、措施、要求给予落实。控制性详细规划的主要任务是:①确定规划范围内各地块的使用性质、开发强度;②确定规划范围内各地块的用地边界、控制坐标和标高;③提出各地块建筑、交通、配套等控制要求;④根据规划容量确定市政基础设施、公共服务设施等的管理要求。与城市总体规划的原则性与灵活性不同,控制性详细规划表现出来的是严谨性和规定性。

对土地的规范,控制性详细规划细分到可开发的地块。在土地分类方面,总体规划往往采用大类,在编制控制性详细规划时往往会细化。城市总体规划所确定的用地,在控制性详细规划编制时,也会规划为其他用途。例如,中心区中的公共设施用地,在控制性详细规划时也会增加住宅、绿化等用地。在道路红线的划定时,总体规划往往是不准确的,这需要在控制性详细规划编制时进行修正。控制性详细规划还承载着公共政策,从而促进资源的合理利用与配置。从这个角度,控制性详细规划是城市总体规划的再确认和再陈述。

现状各个地块的产权边界、用地性质、建筑的总量在控制性详细规划的成果中均可以清晰查询。或者是规划前后各个地块均可以有明确的对比。通过对规划的作用、编制的内容、编制的深度的分析,城市总体规划与控制性详细规划在具体行为的特征方面还是有一定的差别。与城市总体规划相比,控制性详细规划更加针对特定的事件或者特定的地块。总体规划的约束力不是直接的,而是通过控制性详细规划产生的。因此,控制性详细规划比城市总体规划更加具有具体行政行为的特征,更加对特定的地块产生约束力。

对城市规划是抽象行政行为还是具体行政行为的分析,其目的是为了更好地理解城市规划的行为特征和城市规划的可诉性。城市总体规划和控制性详细规划均不能用传统的抽象行政行为和具体行政行为来进行分类。它们不是一个单一的行政行为,而是抽象行政行为和具体行政行为的混合体。只是两种行政行为的倾向程度不同而已。由于城市规划的这种特征,并且城市规划是干预与行政给付的体现,城市规划在如下三个方面受到了广泛的关注:①城市的目的;②公正、公平和正义等法律价值的体现;③城市规划的权利救济。

5.3 作为行政行为的城市规划

为了规范城市规划,作为行政行为的城市规划就显得十分必要。本研究将城市规划(法定的规划)分为四个基本的行政行为。它们是行政指导、行政给付、行政强制和行政征收。

5.3.1 复合的行政行为的城市规划

上一节对城市规划是具体还是抽象行政行为进行了分析,本节则从城市规划所产生的法律后果对其从行政行为的角度进行分析。城市规划是政府为实现一定的发展而采取的一种行政行为。在法学研究中,一般将其看做一种行政行为,如行政规划。但从城市规划所产生的法律效果来说则不是一种行政行为,这里将其称为复合的行政行为。从法律的角度,行政行为的分类一般针对具体的行政行为。由于城市规划是具有具体行政行为特征的抽象行政行为,因此,本研究借用具体行政行为的分类方式来分析作为行政行为的城市规划。

赵民(2000)认为城市规划行政行为的特征是:①行政主体的行为;②行政主体对城市规划进行管理的行为;③产生法律效果的行为。城市规划的编制、修改、废止均会给行政相对人的权利和义务产生重大的影响。城市规划一旦批准生效,就对城市地区的土地使用产生了法律效力。新的规划笼罩在整个规划区,各个城市地区的土地使用均有了新的用途。它包括设置了风景区、历史街区、公园、工业区、居住区以及市政道路基础设施等等。为此,本研究赞同城市规划是一个行政行为。

空间是城市发展的载体,城市中的任何发展行为都和城市规划密切相关。在假想城的案例中,随着城市化进程,学校、公园、医院等公益性的项目以及工厂、商场、住宅等私益性项目成为了发展的议题选项。这些项目建设的时序影响了假想城现在和将来进入城市的人口在实现居住权、就业权和教育权等方面的进程。这些项目的建设同时影响了假想城中现行的财产关系。也就是在城市规划编制的过程中,不仅要维护公共利益,也要平衡各方的利益。城市规划几乎涉及城市发展的各个领域和所有公民,空间干预涉及了各方利益和权利的实现。因此,城市规划需要综合地安排城市空间,其内容庞杂,综合性很强。

城市规划是行政主体在未来一定时间内实现公共利益和行政目标而采取的行政行为。该行政行为对于行政相对人有可能直接或者间接产生法律效果。因此,城市规划是行政行为。从法律的角度,作为行政行为的城市规划,目的是协调城市化进程中的各种利益冲突。若将进入城市作为一项权利,就得配置合理的空间资源,以实现他们进入城市后的居住权、就业权、教育权、环境权等等。在这个过程中,城市规划体现的是一种给付行为。空间的合理配置涉及城市结构的调整以及空间资源的有效利用,从而干预了城市中部分公民的财产权。干预的行为很复杂,从行政行为的性质上看,就是强制与征收。城市发展不是完全依赖政府,社会资本、私人资本发挥了积极的作用。而从现代政府的服务功能来看,这可归类于行政指导。

本研究认为，城市规划作为现代政府干预城市空间的手段，不是一个单一的行政行为，而是一个综合的或者是多种行政行为的组合的复合行政行为。但是城市规划又是一个抽象的行政行为，其作用于客体，并没有对现状财产产生法律效力，或者是尚"未完成"的行政行为。综合上述分析，城市规划是由行政指导、行政给付、行政强制、行政征收构成的复合行政行为。当然，这些行政行为的特征不是成熟的，只能是"规制性"的行政行为。分析城市规划的行政行为的目的是为了更好地了解现代政府的行为特征，更好地规范城市规划行政行为。

5.3.2 行政指导

行政指导"是指国家机关在所管辖事务的范围内，对特定的行政相对人运用非强制手段，获得相对人的同意和协助，指导行政相对人采取或不采取某种行为，以实现一定行政目的的行为"（胡建淼，2003）。行政指导的效用在于行政相对人认可行政指导提出的方向和信息，并按照行政指导的要求调整自己的行为。章剑生（2008）提出行政指导的特征：①行政性，基于行政职权的准法律现象；②多样性，可根据实际情况采用不同的方式，具有较大的灵活性；③自愿性，是一种行政相对人自愿接受的非行政权的行为。姜明安（2006）则提出行政指导的五个特征：①不具有强制力的行政行为；②行政主体实施的行为；③实现公共管理目标的行为；④具有诱导性的行为；⑤方式灵活多样的行为。

城市规划作为一种行政行为首先表现出来的是引导城市的发展。现代城市发展越来越快，而且呈现出不确定性。城市规划的一个重要作用是预测未来，为人们安排未来的生活提供预期。作为行政指导的城市规划，其作用为告知和引导。政府通过城市规划告知市民和城市的开发商，降低他们对城市未来发展的不确定性，以增强对城市发展的信心。就其内容而言，对城市中的任何具体的民事主体都不具有强制性，而是通过这些内容宣示政府的城市发展政策，明确未来城市目标，鼓励到城市来创业和投资。

行政指导是一种为了实现公共福利而改变政府与私人之间的新型关系，由过去的管理模式转换为一种协商和引导的模式，过去行政的强制手段改变为非强制手段。由于行政指导的这种特征补充了法律的不完备，能够灵活地适应社会经济发展的要求。行政指导可以是以不特定多数人为对象的抽象的行政行为或者是针对特定人群的具体的行政行为。姜明安(2006)将行政指导划分为三种类型：①维护和增进公共利益的规制性行政指导；②帮助行政相对人事业发展的助成性行政指导；③调整私人之间纠纷的调整性行政指导。

姜明安所提出的三类行政指导在城市规划中均有不同的表现。作为维护和增进公共利益的规制性行政指导是以公共目的论证为主要目的，为控制性详细规划的编制提供依据。这种行政指导不是一种独立的行政行为，而是结合如下将要分析的行政强制和行政征用的一种行政行为。这种行为可以归类于维护和增进公共利益的规制性行政指导。在城市规划中，有关城市性质、城市规模、空间布局、发展方向、用地结构等方面表述为强制性内容。笔者理解的是指如下两个方面：①城市规划编制中必须要有的内容；②下一层次的规划不得随意更改的内容。这是对地方行政权约束的过程，这与限制具体的私有产权，或者是对民事主体具有强制性不是一个概念。

帮助行政相对人事业发展的助成性行政指导则通过对城市发展的空间引导以及城市发展政策的宣示等而发挥作用。在城市规划中，城市性质、城市规模，空间布局、发展方向、用地结构等内容是城市规划的重要组成部分。这些内容是属于空间引导的行为。例如，在杭州市城市总体规划中提出的"城市东扩，旅游西进，沿江开发，跨江发展"，就是一种行政指导。它既告知城市未来的发展重心在城市的东部，也为下一层次的规划提供依据。这种引导行为对公民并不具有强制力。城市规划的空间引导往往是通过城市规划中引导性内容发挥作用。引导性内容包括城市风貌、景观控制、公共空间奖励、一般的技术规定等。

助成性行政指导的另一个职能为城市发展政策的宣示。城市规划中的政策主要为人口政策、空间政策、建设用地政策以及其他相关政策。这些政策大都建立在科学预测基础之上。城市规划通过对城市发展政策的宣示，为社会经济发展提供明确的信息。西蒙的有限理性的理论认为，任何组织不可能获得完全的、充分的市场信息。"不完全竞争"和"信息不对称"是导致市场失灵的重要原因。城市规划须根据发展形势的变化不断地调整和修正，从而指导社会经济的发展。

调整私人之间纠纷的调整性行政指导的作用则是通过如下三种方式发挥作用：①分区控制：在城市规划中将城市划分为工业区和居住区。这就预先告知任何业主不可以在居住区的范围内建设任何有污染的工业。②技术管理规定：在城市规划技术管理规定中明确退让距离，可以事先防止各种财产权使用的相互干扰。③用地结构的控制：城市规划对各种性质用地的比例规定则是从宏观的角度，对各种经济利益体的协调。

既然行政指导是非强制性的和非拘束性的，因此行政主体制定行政指导时可以不受法律的约束。由于行政指导可能会发生异化，或者是发生失真、失误的状况，误导了行政相对人，给行政相对人造成权益损失，所以需要规范行政指导，姜明安（2006）对此提出三个值得思考的问题：①合法性问题；②信赖保护问题；③法律责任问题。行政指导的出现，"既是现代行政法中合作、协商的民主精神发展的结果，也是现代市场经济发展过程中对市场失灵和政府干预双重缺陷的一种补救方法"（章剑生，2008）。"若行政指导都必须在有相应的法律根据时才能实施，便会抹杀了行政指导的优点"（胡建淼，2003）。严格的法律限制下行政指导便会失去意义，因而，一般认为行政指导不需要法律的控制。

但作为一种行政行为，行政指导指导方向或者是提供信息应具有准确性和可靠性，这就要求行政主体对未来有准确把握。但如果行政主体制定的行政指导不当或者是无合理性，给行政相对人造成了损失，行政主体是否要承担过失责任？法律如何规范行政指导？笔者认为，只要行政主体运用公开和科学的方法制定行政指导，行政主体就无过失责任。但如果行政故意误导或运用不科学的方法制定的行政指导，导致行政相对人损失的，行政主体应承当相应的责任。因此，对行政指导只需有限的制约，或者采用程序的控制。

5.3.3　行政给付

行政给付是现代政府为实现福利社会的积极职能、帮助公民更好地实现生存和发展等基本权利的行政行为。柳砚涛（2006）在比较了多种行政给付的概念后认为：行政给付是"行政主体为保障个人和组织的生存权和收益权，维持和促进国家与社会的稳定与发展，依照法律规定和相关政策向个人和组织，尤其是出现生存困难并符合法定保障条件的个人和组织，提供物质、安全、环境、精神等各方面保障的行政活动及相关制度"。这是一个宽泛的概念，它给出了行政给付的目的、对象与方式。它包括了具体的行政行为和抽象的制度。

在福利社会的背景下，行政给付是政府的重要职能。行政给付关注民生并促进社会和谐。行政给付就是国家通过行政手段，为公民提供发展环境、公共设施、基础设施服务，以保障公民满足基本尊严的生活。行政给付具有三个基本特征：①行政给付是行政主体以法律、法规为依据作出的一种具体行政行为；②给付的对象是特定的公民；③行政给付是通过赋予被帮助人一定的物质权益或与物质相关的权益。但行政给付作为一种义务具有一个十分明确的特点，就是资源的可支配性。《南非宪法》第26条规定："①每个人都有权享有足够的住房。②国家必须在能利用的资源范围内采取合理的立法措施和其他措施，以逐步推进这项权利"（孙斯坦，2006）。

在福利社会的条件下，行政给付的概念已经扩大。行政给付是一个开放的概念，随着政府积极行政和福利行政的扩展，其内容和受益范围也逐步扩大。广义的行政给付，可以理解为行政主体为改善公民的社会权而提供社会保障或者是市政和公共服务设施。例如，建桥修路、开办学校、提供住房，均属于行政给付的范畴。日本学者盐野宏认为："所谓行政给付，是指设置、管理道路公园，设置、运营社会福利设施，进行生活保护，给予个人及公众便利和利益的行政。"（盐野宏，1999）德国也将城市基础设施与公共设施，如通信和传送设施、供给和处理设施、教育文化机构、公共设施的提供列为行政给付（大桥洋一，2008）。

因此，行政给付既可指行政主体依法对特定的社会群体提供物质帮助或者是救助的具体行政行为，例如，政府向公民提供最低生活保障条件，提供公共设施、市政设施等方面的服务，也可以指政府满足公民社会权和其他法定受益权的行政行为。这个概念的提出，对于现代政府在城市化进程中的职能定位有着积极的意义。公民进入城市以及现状城市中的公民更好地实现居住权、就业权、教育权、环境权、健康权等等，应当成为现代政府的义务。

行政给付以社会公平为目标，以社会保障为主体，在实现社会和谐方面具有重要的意义。孙丽岩（2007）总结了行政给付在社会正义中的作用：①行政给付保障了个人的基本人权，提供了个人发展的舞台；②行政给付有效地保证了人的尊严；③行政给付有利于实现自由平等的公平社会。柳砚涛（2006）则认为行政给付的主要功能是：①社会公平正义的维系；②利益分配功能；③社会稳定功能。这些都是行政给付在城市发展中的积极意义。当然，行政给付也有消极的一面。柳砚涛（2006）总结为：①成为剥夺公民财产权的借口；②危及个人自由；③导致受益人对行政给付的过度依赖。

行政给付以公民基本权利的实现或者是公众福利的增加为目的。从行政给付的概念与外延来分析,城市规划就是一种行政给付。在城市规划中,主要存在两种类型的行政给付:①针对普遍人群的城市规划:由于市场失效,政府一个重要职责是公共产品的提供。因而需要编制城市基础设施规划、中小学布局规划、道路交通规划等等。新的《城乡规划法》第二十九条提出,"城市的建设和发展,应优先安排基础设施以及公共服务设施的建设……",是针对一般人群的行政给付。②针对特殊群体的政策性规划:例如经济适用房、廉租房、危旧房改善、人才专项房等规划,均是针对特殊人群而制定的政策性与空间性结合的城市规划。新的《城乡规划法》提出,"统筹兼顾进城务工人员和周边农村经济社会发展、村民生产和生活的需要",则是针对特殊群体的行政给付。

从空间宪政的角度看,对于即将进入城市的公民,城市规划所增加的建设用地,如居住用地、公共设施用地、工业用地、道路交通用地、绿化与生态用地等等,都是现代政府的一种积极的行政给付的行为。对于这类人群在实现居住权、就业权、教育权、环境权等方面有着积极的作用。为了公共健康、公共安全而采取的相关措施,如为改善环境质量而搬迁污染企业等等,也是一种行政给付。新的《城乡规划法》第一条提出的"改善人居环境",则是针对城市中所有人的一种行政给付。如同教育权一样,大城市机动性也是保障公民生存的基本条件。由于城市规划不是一种具体的行政行为,这种行政给付可以成为规制性行政给付。

行政给付产生的结果不是单一的,而是多重的。例如,为某一群体提供住房保障,意味着相对降低了另一群人的住房标准。甚至,为了实现该行政目的,要对空间资源进行重新配置。这样产生的后果对一群人来讲是受益,而对另一群人则是侵害。由于行政给付的这些特征,要求行政给付必须遵循如下原则:①法定原则;②公开、公平、平等原则;③效率原则;④比例原则;⑤信赖保护原则。笔者在此不过多分析。但是,对于行政给付应满足如下两个原则:①社会正义,符合罗尔斯的正义观,即授予最需要的受益者。②社会公平,平等对待每一个公民,公平配置分配权。

5.3.4 行政强制(警察权)

行政强制是一种基于逆行政相对人意志且排除其反抗的权力行为,事实上,它行使会造成对相对人的权益的侵害。依据法律保留原则,行政强制应有明确的法律依据。胡建淼(2002)认为行政强制立法应体现现代行政程序的如下功能:①限制权力的恣意,使行政强制行为过程模式化。

②淡化强制色彩,提高行政强制行为的社会可接受程度。③引进过程的交涉机制,保障权利的及时救济。④提高行政强制的效力,重塑行政权威。

在城市规划中最重要的行政行为莫过于行政强制,这是城市规划干预市场和约束财产权的重要依据。城市规划中公共利益与个体利益的冲突是一个永恒的话题。公共利益与个体利益的选择是城市规划面临的难题,是牺牲公共利益来维护个体利益,还是牺牲个体利益来增进公共利益,是一个值得认真研究的问题。在美国城市规划中,该行政行为称之为"警察权"(Police Power),也即为了公共利益,可以对财产权进行限制。南卡罗来纳州最高法院曾说:"在所有者对其财产不受限制的使用对公共利益造成损害时可以对财产的使用权进行适当的管制"(S. C.,1984;王铁雄,2007)。分区制是美国实施城市规划的一种干预财产权的制度。将城市分成居住区、商业区、工业区等若干分区,目的是限制土地使用产生的负面影响,避免造成社会健康、安全等方面的问题。该制度就体现了政府为了公共利益而实施的警察权。

行政强制(警察权)是政府为了保护公众的健康、安全、福利和伦理而对私有财产进行限制甚至剥夺的权力。该权力是政府主权中固有的权力,是一种没有补偿的行政强制权。行政强制(警察权)使用应当符合三个条件:①公共目的,公共健康、公共安全、社会福利和伦理等;②正当程序,由于警察权是对财产权的限制甚至剥夺,该权力的行使应受正当程序的约束;③合理运用,警察权的行使一般不得过多地剥夺财产权。如果权力行使不当,将构成行政征收。

1915 年美国最高法院受理的哈达切克诉塞巴斯蒂安案(Hadacheck vs. Sebastian)(曼德尔克等,1990)是一个典型的行政强制(警察权)的案例。原告宣称自己的砖厂建立时,周边尚未有任何住宅或住宅区。由于洛杉矶的城市发展,周边的住宅越来越多。洛杉矶市制定法规禁止在一定的区域内设置砖厂或砖窑。原告的砖厂在禁止建设的区域内。如果政府实施法令,他的砖厂将面临重大损失。他的厂址如果用作砖厂价值为 80 万美元,而作其他工厂仅值 6 万美元。虽然该案例涉及土地使用价值减少的问题,也引发征收的议题。但最高法院支持土地使用规制包括溯及既往地终止在居住区周边的有害使用,而不是征收。

1926 年美国最高法院在欧几里得村欧几里德村诉漫步者地产公司案(Village of Euclid vs. Ambler Realty)的判决支持了城市规划对土地

使用的控制,奠定了美国现代城市规划的基础。原告提出分区规划条例将原告的土地限制为住宅用途,导致其土地财产4倍的经济损失。为此,原告提出分区规划条例禁止在住宅区中的非住宅用途是违宪的,其方式构成了征收。美国最高法院对欧几里德村诉漫步者地产公司案一案的判决,确认了城市规划的警察权的使用和分区制的合法性。从此以后,法院一致支持市政府的分区权力(利维,2003)。

新的《城乡规划法》第十七条提出,"规划区范围、规划区内建设用地规模、基础设施和公共服务设施用地、水源地和水系、基本农田和绿化用地、环境保护、自然与历史文化遗产保护以及防灾减灾等内容,应当作为城市总体规划、镇总体规划的强制性内容"。这种干预并不完全依赖于土地财产拥有者的主观愿望,或者是过去城市规划控制情况,而是主要根据城市的发展目标和公共利益来确定的。这是城市规划运用警察权实施对土地财产的干预和约束的体现。

城市规划在上述四个方面的行政强制是通过城市规划中的发展权的配给制度来完成的。它包括如下两个方面的内容:

(1)对用地性质的控制:在目前的城市规划中,城市土地按使用性质分为九个大类,如居住用地、公共设施用地、工业用地、城市绿地等(详见《城市用地分类与规划建设用地标准》)。城市土地性质的划分是按城市的性质、规划的结构、功能的分区、地块所在位置等综合因素确定的。它是实现城市的发展目标、城市的总体布局的重要工具,是城市规划对警察权或者是行政强制的重要体现。例如,一个区域被划入风景或水源保护区,其范围内的发展就受到严格的限制,不管这种发展对当地是否重要。

再如,在深圳法定图则罗湖03—02片区的编制中,位于水贝一路的亚洲公司,对法定图则草案将其公司以仓储、工业为主的土地性质改为一所中学、一个门诊部和一个社会停车场,提出强烈的反对意见(张留昆,2000)。不论法定图则的意图如何,这里涉及规划对私有产权的干预与控制。若法定图则获得通过,亚洲公司不能继续对仓库和工厂进行改造,但可以一直使用到新的建设项目许可之前。新的学校、诊所和停车场一旦获得许可,亚洲公司只能搬迁。

(2)对开发强度的控制:这是行政强制或者是警察权体现的另一个重要方面。开发强度的配给并不完全从功利的角度或者是效用最大化的角度来确定。它的确定立足于城市基础设施、公共设施的供应,立足于城市交通的有序运行,还依赖于所处的位置的规划要求。例如,风景区和历史街区周边的容积率和高度受到严格的限制,居住区周边的发展也由于日照要求而受到限制。

5.3.5　行政征收

行政机关的征收权(Eminent Domain)是具有主权属性的警察权力(行政强制)的延伸。许多学者对行政征收进行了研究,胡建淼(2003)认为"行政征用系指国家通过行政主体对非国家所有的财物进行强制有偿的征购和使用"。章剑生(2008)提出行政征收是"行政机关为了公共利益的需要,依照法律规定将非国有财产收归国有,并给予补偿的一种行政行为"。一般认为,行政征收是指为了公共利益的需要,公权力剥夺或限制公民私人财产权利并给予补偿的方法与程序的总称,它包括财产的使用权和所有权转移。从这个定义可知,行政征用是指政府为了公共利益而对作为财产权的土地进行征用的权力,其特征是实物的主体发生转移的过程,其具有强制性、公共目的性、补偿性、权属变更性。

在资源短缺和福利社会的背景下,征收作为财产权调整的方式,对维护社会的持续发展和秩序具有十分重要的意义。但是,征收涉及公民的财权的干预与剥夺,世界各国对征收十分关注,并立法进行规范。德国1874年通过的《普鲁士土地征收法》和美国宪法第五修正案,均明确了征收的条款。法国1977年颁布的《公用征收法典》和英国2004年批准的《规划与强制购买法》,均对征收的目的、程序、补偿等方面作出规定。中国2004年宪法修正案对征收条款作了重大修改,增加补偿条款,表明了从宪法角度对财产权保护的立场。

作为具体行政行为的行政征收,如土地的征收,在学界已经引起广泛讨论。但作为管理性或者是规制性征收,仍是一个值得讨论的议题。在现实中,我们可以清楚地认定,当一块土地被政府运用征收权征收了10%,也就是土地价值减少了10%,这是征收。而当一块土地,城市规划由于公共利益的原因,将容积率由2.0减少到1.8,相应的土地价值也减少了10%,这时就很难判断是否是征收。美国最高法院对此的态度十分明确:"如果管理行为'与促进社会整体福祉存在合理关系',即使极大地'减少不动产的价值',也不属于征收行为"(斯普兰克林,2009)。

判断城市规划是否具有征收行为有三个理论作为指导:(1)广义征收理论:爱普斯坦则提出广义征用的理论,"只要政府对受普通法保护的私人财产之利用的任何方面进行了干预,都构成了征用"(Epstein,1985;考默萨,2007)。(2)布伦南(Brennan)的征收判别准则:"①管理行为对权利人的经济影响;②管理行为干涉显著投资回报期待的程度;③政府行为性质"(斯普兰克林,2009)。(3)萨克斯(Sax)判断理论:如果政府充当企业家造成了经济损失,便构成了补偿型征收;如果政府充当仲裁人引发了经济损失,则不是征收(芒泽,2006)。

依据上述爱普斯坦的广义征收理论,城市规划确实对土地的使用进行了干预,因而形成了"征收"。依据布伦南判别准则,城市规划是以公共利益为依据对城市的土地利用进行的干预或者是行政强制,若这种约束超过一定的限度,就构成"征收"。依据萨克斯的理论,城市规划是对土地使用的规制,政府尚未以"企业家"的身份介入其中,因而城市规划对土地的规制造成损失的,也不属于"征收"。这似乎是相互矛盾的判断。这也表明,在法学界对于管理性或者是规制性征收的理论、判别标准尚未取得一致,仍处于争论之中。

笔者赞同将上述三个理论结合起来运用,判断管理性或者是规制性征收的标准可表述为:①政府管理或规制行为对法定权益人造成影响;②该权益人的利益仅限于政府充当"企业家"促成的利益;③管理或规制行为对现实或者是预期的经济利益造成损失的,便构成了补偿性征收。此判断标准的好处是,防止政府利用手中的权力通过管理性或规制性行为,损害自己促成的合法权益,以获取高额利润,同时也鼓励政府为了公共利益和社会福祉对私有产权的干预。对于其他行政性规制造成的合法经济利益的损失,只要符合公共利益,只能归类于不予补偿性的"征收",或者归类于行政强制(警察权)。

事实上,在城市规划中,两种行为与行政征用有关,也即直接征收和间接征收。城市规划对市政基础设施和公共服务设施的控制为将来的政府征用提供依据。从行政行为的角度,这是"不成熟"的行政行为,仅是通过正当程序,完成了公共目的论证。一旦政府的征用行为,也即土地的拥有者转移完成,则可以合理或公正补偿。这类行为是有形的征用,没有争议。

另一种行为则是对土地使用的规制。例如,在城市规划中,居住区旁的一个有污染的工厂被规划为居住用途,而这个工厂想继续生产并扩大规模,但依据规划不能得到许可。这是否限制了该工厂的发展权,或者是降低了该工业用地的使用价值而构成了征用?再例如,一栋住宅楼由于附近规划为机场、污水处理厂而受到噪声或者是臭气的影响,导致住宅环境的恶化和住宅价值的降低。再例如,为应对未来的发展,城市规划时常进行变更与修订。原规划为工业用地的土地,尚未建设就规划为城市绿地,这种情况是否构成了征收? 这就是城市规划对城市土地强制在什么情况下构成了行政征收的问题。城市规划仅是对未来的控制,财产权的主体并没有发生转移,属于规制的形态。但是,这种干预的权力是否属于行政征用是有争议的。

1922年,联邦最高法院在宾夕法尼亚煤炭公司诉马洪案(Pennsylvania Coal vs. Mahon)中首次确立了管理性或者是规制性"征收"的概念,也就是政府的土地使用区划令,因行使警察权(行政强制)过度限制私有财产权以致产生"征收效果"的情形。简要的案情为宾夕法尼亚煤炭公司(Pennsylvania Coal)将一块土地转让出去,在契约中保留了采矿权。随后原告马洪购买了该土地,并搬入该地的住宅里居住。在此期间,宾夕法尼亚州颁布了禁止在住宅区进行会导致住宅塌陷的采煤活动。马洪根据制定法颁发采煤禁令。而宾夕法尼亚煤炭公司则答辩称,"该制定法违反宪法规定征收了其采矿权"(斯普兰克林,2009)。联邦最高法院的霍姆斯大法官根据多数意见认定:"管得过多的管理可以认定为征收行为"(斯普兰克林,2009),而布兰代斯大法官的反对意见是"保护社会公共健康、安全或者道德不受潜在危险威胁的限制规定不属于征收"(斯普兰克林,2009)。

管理性或者是规制性征收的定义十分复杂。布伦南大法官在佩恩中央运输公司诉纽约市案的判决中提出了管理性或者是规制性征收的三个基本要素:"①管理行为对权利人的经济影响;②管理行为干涉显著的投资回报期待的程度;③政府行为的性质"(斯普兰克林,2009)。政府管理和规制的行为必然会对公民和行政相对人造成影响。在什么情况下,规制性行政强制转化为规制性行政征收? 斯普兰克林(2009)在总结美国最高法院的若干涉及征收判例后,认为只要出现如下情形之一,就可认定为征收行为:"①政府授权长期实际占有不动产(洛利托诉曼哈顿CATV电子提词机公司案);②管理行为导致不动产的所有经济用途丧失,但符合财产法或者侵权法的根本原则的除外(卢卡斯诉南卡罗纳州海岸区议会案);③政府要求的强制捐献与合法的州利益没有本质联系或者与计划项目的影响基本不成比例的(诺兰诉加利福尼亚海岸委员会案、多兰诉迪加德市案)。"

1978 年美国联邦最高法院在佩恩中央运输公司诉纽约市案的判决是"现代唯一最重要的管理性征收判例"(斯普兰克林,2009),也成为管理性征收司法审查的基本标准。佩恩中央运输公司计划将纽约中央火车站的上空租给 UGP 公司 50 年,建设 55 层高的办公楼。纽约地标委员会依据《地标保护法》,否决了在 1913 年建造的具有法国古典风格的火车站上空建高楼。原告佩恩中央运输公司认为由于纽约市的地标保护,极大地减少了其土地价值,也就是征收了其空中的全部财产权利。但是,"美国最高法院以 6∶3 的投票结果判决没有发生征收行为"(斯普兰克林,2009)。这说明纽约市的地标保护实质上并没有减少佩恩中央运输公司的现状价值,从而没有发生征收行为。

6 城市规划的法制化

6.1 城市规划与法律控制

从宪法的角度,城市规划中的行政给付、行政强制、行政征收须遵守法律保留原则。然而,由于采用了不确定的法律概念的授权,城市规划具有极大的裁量性。为此,城市规划具有法律保留和行政裁量双重特性。

6.1.1 城市规划的法律控制

对城市规划的法律控制的分析,首先应该分析作为行政行为的城市规划和行政权力的城市规划。现代行政法的一个重点是行政裁量,面对复杂多变的行政事务,立法机关"只能通过大量'无固定内容的条款和普遍标准的条款'向行政机关授权"(昂格尔,1994;章剑生,2008),以支持积极行政的理念。本章第三节将讨论城市规划编制的裁量性问题。为此本节重点讨论对城市规划这一复合行政行为的法律规范问题。现代城市规划是福利社会的产物,上一章从行政行为的角度,分析了城市规划是抽象的行政行为,也就是行政规定,同时它具有具体行政行为四种特征:行政指导、行政给付、行政强制与行政征收。

虽然行政指导可以不受法律的控制,但必须符合两个基本条件:①行政机关职权范围的事务;②不与法律相抵触。姜明安与章剑生等学者均提出行政指导应用程序控制。姜明安认为"正式的行政指导有明确的行为法依据,应遵循基本的程序规则,由行政机关负责人签署发布,是行政主体的法定义务"(姜明安,2006)。从日本、韩国的经验看,行政指导受到了程序的制约。日本1994年实施的《行政程序法》提出了行政指导的使用范围、原则、告知以及不接受行政指导的后果。但"对行政指导的可诉性并没有给出一个清晰的答案"(姜明安,2006)。韩国1996年实施的《行政程序法》包括行政指导的原则、内容、行政相对人的意见表达、公布等内容。欧美国家虽然没有明确提出的行政指导的制度,但政府也重视采用积极的、非强制的行政行为。如德国的非正式协商、美国的行政指导政策、英国的诱导性非强制手段等。

随着福利社会的引入,行政给付普遍化,"法律保留的原则的适用范围又扩及到行政给付"(胡建淼,2002),也就是行政给付应在法律规定的范围内行使。行政给付与行政干预不同,行政给付没有侵害行政相对人的利益,反之是授予行政相对人更多的利益。行政给付不当,容易产生特权,违反平等原则,例如一个地区比另一个地区配置了更多的公共设施和基础设施。行政给付不作为也难以保障公民基本权利,例如一个地区长时间没有学校,导致学生辍学或者到很远的地方就学。实质上,行政给付也反映了国家在资源配置中的正义与公平。因此,行政给付自然成为法律保留的范围。

行政强制作为公权力具有一般权力的强制性特征。它是行政主体为了公共利益的需要而对行政相对人设定的权利和义务。所谓强制是与行政相对人的意志相逆,且排除其反抗的行为方式。行政强制是行政干预的重要类型,是行政机关运用强制的方式实现行政目的的一种行政活动。城市规划中的行政强制不是一个具体的行政行为,而是一个规制性的行政行为。例如,将一些土地规划为未来的公园与道路,无论土地业主的意见如何。城市规划也应遵循行政强制的法定原则:①法律优位原则,行政强制行为做出应与法律规范一致;②法律保留原则,指行政强制行为只能在法律的规定下做出。

由于财产权是宪政的核心问题,因此宪法和行政法均高度关注行政征收。金伟峰等人(2007)认为行政征收具有如下特点:①行政征收职权的法定性;②行政征收的国家强制性;③行政征收的有偿性。从宪法的角度,许多学者均有论述。斯托福(2009)提出征收的三个基本的条件:合法、公共利益、合理的比例。林来梵(2001)则从现代财产权制度来看待财产权的保障,并将其分解为三重结构:"不可侵犯条款(或保障条款),制约条款(或限制条款),补偿条款(或损失补偿条款)"。这里将行政征收的宪法公式简单表述为公共目的、正当程序、合理补偿、法律保留。

从法律对行政的要求来看,法律对不同的行政行为的控制是不同的。除了行政指导外,法律均要求对行政行为的"法律保留"。如表 6.1。

随着现代行政权的扩张,赋予行政主体立法权或者是自由裁量权显得十分必要。胡建淼(2002)认为:"社会变迁迅速,立法机关很难预见到未来的发展变化,只能授权行政主体根据各种可能出现的情况作出决定"。然而,"行政立法可能对公民财产权产生巨大的影响:赋权、限制或

表 6.1 城市规划中不同的行政行为与法律要求

	行政指导	行政给付	行政强制	行政征收
法理基础	科学预测	社会正义 社会公平	公共目的	公共目的 正当程序 合理补偿
法律要求	程序控制	法律保留	法律保留	法律保留
是否可诉	不可诉	可诉	可诉	可诉

者剥夺公民财产,因而导致不受欢迎或者出现预料之外后果的可能性也更大"(毕雁英,2010)。对于城市规划而言,法律既要授权行政机构应对社会发展的复杂情况,制定城市规划的灵活性,又要防止城市规划过快地变化或者过多地干预社会生活,过度干预行政相对人的权利。这是城市规划法治化面临的难题。这需要立法在法律控制和自由裁量方面寻求平衡。因此,在城市规划"立法"中,要同时运用严格规则模式与程序控制来规范城市规划权力。

6.1.2 法律保留与城市规划

在积极行政的背景下,行政权力直接干预社会生活的各个方面。因而也最容易造成对公民基本权利的侵犯和侵害。法律保留要求"行政行为不能以消极的不抵触法律规定为满足,还须有法律明文规定作为依据"(吴庚,1998;刘莘,2006)。法律保留则是对行政权力控制的方式,要求行政权力在法律规范之内行使。国家权力的目的是维护和保障公民的基本权利。但为了诸如公共安全、公共健康以及公共秩序等公共利益,牺牲个体利益成为必要,"则国家权力在一定的限度内可以对之加以侵害,但这种侵害必须征得民意机关的同意,得到法律的授权"(胡建淼,2002)。

法律保留说为德国行政法学者奥托·梅耶尔首创。所谓"法律保留"是"指对基本权利的限制只能由立法机关的法律作出"(秦前红,2005;张翔,2008)。法律保留主要是指公权力对公民基本权利进行限制或者有较大影响的情况下,只有依据相应的法律规范才能做出相应的行政行为。法律保留要求行政行为必须有法律依据,没有法律依据则不得为之。"法律保留原则的实质是使行政权在立法权的监控之中,实现'为民行政'的目的"(胡建淼等,2005)。

法律保留有许多种类,并非所有的立法事项均保留给立法机构,因此,法律保留又可分为侵害保留、全部保留、重要保留、国会保留说。立法机关可以完全保留立法事项,也可以授权其他立法机关行使立法事项。根据胡建淼(2005),法律保留还分为立法法律保留和行政法律保留。二战以后,随着行政权的扩张,行政主体获得了立法权。因此,法律保留中的法律,不但指议会立法,还包括了行政立法。当然,行政立法不是取代议会立法,而是在议会立法的授权下,对议会立法的完善和补充。

由于现代社会日趋复杂,无论是社会立法还是行政立法,均应符合法律保留的三个原则:①"明确性,法律对公民基本权利所作的限制必须内容明确,能够对公民的行为作出确定性的指引";②"重大性,指那些涉及基本权利的重大事项必须制定法律,而一般性的涉及基本权利的事项可由立法机关授权行政机关制定行政法规";③授权明确原则,"指立法机关对行政机关的授权在目的、范围和内容上必须明确"(张翔,2008)。

城市规划行政主管部门的一项重要工作是对建设项目进行行政许可。建设项目一旦许可,建设主体凭借规划许可证办理征地拆迁的手续,并进行土地的征收和房屋的拆迁。建设项目的许可的直接依据不是依据《城乡规划法》,而是依据规划。2008年实施的《中华人民共和国城乡规划法》第三十七条、三十八条、四十条提出核发建设用地规划许可证、规划条件、建设工程规划许可证均须依据控制性详细规划。英国的城乡规划制度要求依据地方规划,美国的城市规划制度要求行政许可的依据为区划(Zoning),中国的香港地区是依据法定图则。地方规划、区划和法定图则均为"法定规划"(Statutery Plan)。这里提出一个中国城市规划制度中控制性详细规划的法律属性问题。

城市规划是具有具体行政行为特征的抽象行政行为。作为具体的行政行为,城市规划具有行政给付、行政强制和行政征收的特征。这三类行政行为均须在法律的范围内行使,也就是法律保留。如何认识"法律保留"是城市规划法制化分析的关键。"法律保留"具有两方面的含义:①"法律保留"的内容应由"立法主体"作出;②"法律保留"的内容应在"立法"中明确。从法律的意义上讲,权力来源于法律并受法律制约。法律保留原则就是要对规划行政权制约,以减少自由裁量的可能。哈约克也指出:"法制的基本点是很清楚的,即留给执掌强制权的执行机构的行动自由,应当减少到最低程度"(仇保兴,2002)。

当然,法律对城市规划控制到什么程度,给行政赋予多少自由裁量权,则是一个值得深入研究的问题。若将控制性详细规划立法称之为法定图则,那么法定图则的内容多少或编制深度决定了法律对行政控制的程度或密度。由于城市规划针对的是未来的发展,分析法定图则对行政的控制是复杂的。但是,法定图则的不同深度对土地使用的权利和义务产生不同的影响,并形成所谓的规划不足和规划过度。规划不足是指"集中在一起的利益,通常以开发商的形式出现,其利益被过多地代表了,于是就存在规划不足或者约束不足的倾向"(考默萨,2007)。而规划过度则是"同周围众多的业主相比,同样的一群开发商,却被认为利益没有被充分代表,于是就有一种过度规划和过度约束的倾向"(考默萨,2007)。

法律保留的提出意味城市规划的编制主体应该就是立法主体或者是法律意义上的立法主体。法律保留的内容应在规划中明确,或者是将该规划转为法定图则。从法律保留的角度,城市规划的编制应按照立法的要求进行,按照立法的要求进行修改。"法律保留"的提出,从另一个角度看,城市规划的编制,特别是控制性详细规划的编制,不再是一个技术工作,而是立法行为。"法律保留"的内容或者是规划应由"立法主体"作出。由于城市发展的复杂性以及城市利益主体的多元性,仅仅强调"法律保留"不能回应社会和公民的需要。为此,还需从行政裁量的角度来研究城市规划。

6.1.3 程序控制与城市规划

在现代条件下,立法机关的多元化和社会事务的复杂化,使得法律保留的标准很难确定。因此,法律保留与自由裁量成为行政法面临的一对难题。若过多地强调了法律保留,将许多应赋予行政的事项收归立法机关做出,这难以让政府更好地回应社会。若过多地强调自由裁量,行政拥有更有效力的权力应对社会经济的快速发展,则面临行政容易侵害公民基本权利的难题。因此,仅用"法律保留"控制行政权力是不够的,还应加强程序的建设,通过公众的参与更好地限制行政的权力。

现代城市规划是政府积极干预城市空间的表现,是一种政府为推进福利社会的积极行政。作为积极行政,具有王锡锌总结的五种特征,"①法的统治(Rule of Law)让位于规章的统治(Rule of Rules);②行政权日益向司法领域和立法领域扩张;③行政自由裁量的空间增大;④积极行政是实现社会权和社会福利的重要保证;⑤行政被赋予综合的职能"(王锡锌,2007)。现代行政的复杂性和时效性,赋予了行政较大的裁量权。否则,"法律保留"将成为社会经济发展的桎梏。章剑生(2008)也认为，"既要给予行政机关适度的行政裁量权，又要采用多种法律机制控制行政裁量权"。

在全球经济一体化的今天，城市发展十分迅速，城市竞争也十分激烈。城市规划是一种回应现代城市发展的行政权力，具有较大的裁量性。希利和威廉姆斯认为：全球化、可持续发展、经济竞争力等是城市规划中的关键问题，"其结果是规划体系普遍倾向于更高的灵活性，放松严格的分区规则；广泛指定保护区是更为积极主动和战略性的方法"（Healey & Williams，1993；斯特德等，2009）。城市是不断变化且最为复杂的社会系统，由此带来了"城市规划及其决策的复杂性、动态性、不可预见性，迫使所编制的规划应有足够的灵活性与之适应"（仇保兴，2002）。

城市规划是在现状和历史的基础上对城市未来的控制。"城市规划师的最重要的限制之一是不能准确地预测未来趋势"（Staley，1994）。而城市是一个变化的过程，这就要求城市规划对城市发展具有回应性。特别是在全球经济一体化的背景下，城市的竞争要求城市规划具有灵活性，"在周边城市竞相营造'简化手续、减少环节、特事特办'的环境中，法定图则若不能提高决策效率，将意味着城市众多的发展机会的丧失，必然招致上至政府领导、下至企业和个人的激烈批评，将承当很大的政治风险"（邹兵等，2003）。

中国《城乡规划法》第四条提出，"制定和实施城乡规划，应当遵循城乡统筹、合理布局、节约用地、集约发展和先规划后建设的原则，改善生态环境，促进资源、能源的节约和综合利用，保护耕地等自然资源和历史文化遗产，保持地方特色、民族特色和传统风貌，防止污染和其他公害，并符合区域人口发展、国防建设、防灾减灾和公共卫生、公共安全的需要"。这里的统筹、布局、节约、改善、促进、保护、防止、符合等等均为无固定内容的法律概念。人大立法授权地方行政机关可以根据社会经济发展状况、地方的资源、人口等特征，做出适当的行政裁量。"鉴于城市规划的特征，法律规范不可能对其进行高密度的规范，而只可能规定其制定的目标和应予考虑的要素，具体内容要由规划编制进行综合裁量"（刘飞，2007）。从另一个角度看，人大的立法并没有从实体的角度对城市规划的编制进行控制，这是法律赋予城市规划的裁量权。

对于行政裁量，章剑生（2008）认为包含了三个方面的内容："①行政裁量本质上是法律为行政权保留了一个'自由活动空间'；②行政裁量是在行政程序规范下的一个行为过程；③行政裁量限于法律规范效果的选择。"这表明城市规划的编制具有很大的自由空间,但是城市规划的编制应受到程序的控制。从法律的角度,城市规划的编制重点是合理性。如何控制行政裁量中的合理性问题,孙笑侠(1999)认为,高度概括合理性标准的基本构成是德国行政法中的"比例原则"。它包括三个方面:①妥当性,是指行政行为是否可达法定目的;②必要性,是指行政行为只要足以达到法定目的即为合理;③比例性,是指行政权对公民造成的权益损害应小于行政权力实施后所获得的公共利益。

除了法律对城市规划的无确定内容授权外,有限理性的存在也影响了城市规划控制方式。城市发展虽然有自身的规律,但是宏观发展政策、公众的意见、偶然性事件等等,也常常影响到城市发展的路径。这里对公众意见的产生作简单分析。个体理性的存在,意味人们是个体利益最大化的追逐者。根据博弈论的观点,人们总是在他人不改变自己的策略的前提下,也就是在给定的知识和信息的前提下,做出实现自我最大利益的决策。在不同的社会情景状况下,个体会做出不同的决策。个体意见的集合影响了公众的意见。而城市规划是建立在民意之上。这样就出现了城市规划与民意之间的张力。有限理性的存在,表明人们难以准确预测未来的发展状况。为了更有效做出规划,城市规划中发展了三种方式来弥补理性规划的不足:①渐进式规划;②程序控制;③社会学习。

理性主义的观点是城市会按程序,在一定的"轨道"上运行。1953年林德布洛姆在与达尔合著的《政治、经济和福利》一书中提出了渐进主义的概念。林德布洛姆1959年发表的《渐进调适的科学》一文中发展了渐进主义的概念,提出了连续有限比较的决策模型。1979年在他的《尚未达成仍需调适》一文中再扩展为断续渐进决策理论。为此,规划界在渐进式理论的指导下,发展出了渐进式规划。渐进式规划的提出并不是彻底否定理性主义,而是在有限理性思想的指引下,对理性主义的规划进行修正和完善。

渐进式的规划模式,解决了决策与理性矛盾的部分问题。我们面临的发展条件是未来的难预测、公共利益的不确定性、信息的不对称性。在此背景下,程序控制则可解决决策中理性不足的难题。对一些难以做出决策的,并不一定采用严格规划的方式。如美国协商的规划,采用规划单元(PUD),与开发商进行广泛的协商,并征求公众意见或听证后,确定地块的性质与开发强度。在新加坡也有类似的制度,即设置一些"白地"。这种程序控制的方式,可以更好地按未来的需求做出决策。

弗里德曼 1987 年提出社会学习（Social Learning）是城市规划的一个重要传统。作为一种社会转型、自下而上的规划传统。它基于人只具备有限的能力、资源和时间，在有限的信息范围内作出决策。而社会行为是变化的和不确定的，为制定正确的规划应强调在实践中学习。这种规划传统不强调权力的结构问题。它的目的是要解决理论和实践、认识和行动的矛盾问题。它认为知识是经验的总结，也是规划实践中的有用知识，理论和实践是统一的。它强调规划是一个反复循环的过程，在行动前知道做什么，在行动后要将信息反馈到认知过程。通过这一反复循环的过程，就能知道得越多，就可得到更新更好的规划方法，并能更好地为规划实践服务。

城市规划的法律性质要求城市规划应遵从法律保留的原则。但是，面对未来难预测和有限理性存在的现实，仅仅采用法律保留的现实，难以解决城市规划和社会经济发展之间的巨大张力。这就需要赋予行政裁量的权力。在城市规划制度设计中，应合理划分法律保留和行政裁量的范围。这样既能有效地控制行政权力，又能促进行政权力在社会经济发展中的积极作用。但是，行政裁量只是一个相对的概念。从"议会"立法的角度，行立法就是给行政的"自由裁量"权。鉴于城市规划的制定对行政相对方具有限制作用，城市规划中的行政裁量也应受到法律的控制。而程序控制则不仅具有面对不确定性的法律控制功能，而且是一种渐进、包容的"社会学习"工作方式。

6.2　英、美及香港地区法定规划的比较研究

本研究选择比较了以"中央集权、以理治法"的英国的城市规划法律体系中地方规划，以"地方分权、法可压理"的美国的城市规划的法律体系中的区划，以经济上积极不干预为特征但规划严格控制的香港的城市规划法律体系中的法定图则。

6.2.1　英国的地方发展框架

英国是普通法的国度，城市规划制度受到了普通法的强烈影响。斯特德等指出，以欧洲大陆"法律确定性"的规划体系不同，"英格兰规划体系建立在英格兰习惯法的法律框架下，有着高度的行政裁量权"（斯特德等，2009）。这是由于受到法律文化传统的影响，欧洲人习惯于事前制定

系统化的规则,而"英格兰习惯法体系并没有事先给出一套完整的法律规则,而是建立在个案基础之上,即对法庭判决的记录"(斯特德等,2009)。"大陆体系是'命令性的',英格兰体系是'指示性的'"(斯特德等,2009)。因此,"英国采用的是高度自由裁量的规划体系,其理念是认为未来发展的不确定性,规划所确定方案、政策、规定等如缺乏灵活性很难适应不确定的未来"(田莉,2007)。

与美国的区划制度相比,英国的城市规划法律体系具有三个重要特点:①"由上到下",中央政府负责全国的城市规划工作,中央政府不仅具有区域战略规划的审批权,同时派出规划督察员对各个城市的规划管理进行督察;②"以理治法",强调区域战略指导地方规划的权威性,"强调总体规划(理)控制土地使用和开发权(法)的权威性"(梁鹤年,2004);③行政导向,政府不仅可以编制规划(准立法),而且还可以受理规划上诉(准司法)。

英国的城市规划起源于公共卫生和住房政策。1909年颁布了《住宅与城镇规划诸法》,地方政府获得了编制城市规划的权力。从1909年到现在,英国共颁布了20多部城乡规划法。英国是中央集权制国家,城市规划的权力一直掌握在中央部委手中。1947年的《城乡规划法》,将土地开发权收归国有,并要求土地的开发必须获得规划许可,奠定了现代城市规划的基础。1968年的《城乡规划法》建立了结构规划和地方规划两级体系。2004年的《规划与强制购买法》将两级规划分别改革为区域空间战略和地方发展框架。

2004年的《规划与强制购买法》是新的规划制度建立的标志。在城市规划的编制方面,以强调长期战略的"区域空间战略"与具体行动的"地方发展框架"取代了1967年建立的"结构规划与地方规划"。它推行简化的规划区划(Simplified Planning Zoning),以提高规划的效率。设计的控制和社会准则在规划过程中减少了。新的规划体系更加强调政府的效能与效率,公众可以利益相关者的身份介入规划过程中。

依据2004年《规划与强制购买法》,区域空间战略的主要内容为:①明确区域或次区域的发展政策纲要;②解决重点大型开发建设的区位;③根据国家的政策确定本区域的目标和指标。地方发展框架的主要内容:①重点地段的行动规划;②规划示意图;③城市设计导则。新的规划制度赋予了地方发展框架更大的灵活性,"在法律上明确并形成了规划,能够对不确定的世界和发展快速做出的反应机制"(周国艳等,2010)。例如,当发展超出预期,只需对地方发展框架或者是对作为管理依据的行动规划进行修编,无须对整个规划进行修编。

英国城市规划的核心是确定开发权。开发权是指允许土地所有权人在其所有的土地上可以使用土地的类型和土地的开发强度。土地的开发权在发展规划或者是地方发展框架中确定。英国的城市规划制度是通过规划许可而对发展进行控制。规划许可应以发展规划作为依据,但即使是业主的规划申请与发展规划一致,也不一定获得规划许可。英国的规划许可是一个相对自由裁量的过程,发展规划仅是规划许可的依据之一。"英国的发展规划控制体系灵活性较强,对不同的开发计划的反应较为敏感,但政府的自由裁量权大,对开发商而言不确定性强."(田莉,2007)。这种裁量权对于城市规划回应社会经济的发展具有积极的意义。但是,毕竟自由裁量权受人为因素影响很大,如何规范是值得探讨的一个问题。

英国的地方发展框架是英国地方政府管理城市发展的百年经验的总结。英国城市规划制度的目的是确保有效地利用土地,满足不同的土地利用需要,并更好地保护环境。为了更好地进行利益平衡,英国的城市规划制度的一个目的是将公众参与作为法定程序,让受到城市规划影响的个人和利益体均有表达意见的机会。"城乡规划的审批需要与各利益团体进行协商和咨询"(周国艳,2010)。因此,公众参与与公共协商是英国法律控制城市规划的一个重要制度。

在权力救济方面,英国实施了有自己特色的规划督察制度。开发商若对地方规划当局的规划许可决定不满,可以向中央政府的规划主管部门提出上诉。在英格兰约有6%的规划申请涉及上诉(葛利德,2007)。但是,规划的上诉是针对建设项目,而不是针对城市规划的制定,如地方发展框架等。由于英国实行的是议会主权,法院不得干预议会授权政府的权力,司法审查仅限于越权和程序方面的合法性审查,也不裁定规划决定的政策价值。因此,英国的城乡规划编制中的权利救济,主要职能依赖于公众参与中的"自力救济"。

6.2.2 美国的区划制度

具有普通法传统的美国,在城市规划方面并未受到英国的强烈影响,而是学习德国的区划制度。大陆法律的一个重要特征是"法律确定性",所以大陆的规划体系是"命令式的",在事前给出系统的制定规则(斯特德

等,2009)。按照梁鹤年(2007),美国的城市规划制度具有如下特点:
①"由下到上",城市规划主要是地方政府的事务,在法律上区划优于总体
规划;②"法可压理",强调保护私有产权,区划具备法律性,并以区划制度
限制政府的权利;③重司法,城市规划具有可诉性,不仅是作为具体行政
行为的规划许可可诉,作为抽象行政行为的规划也可诉。

美国是地方分权的体制。美国是崇尚自由市场经济的国家,维护私
人资本进行竞争的思想根深蒂固。在1900年以前的美国,土地是私人的
事物。20世纪以前,美国也没有政府土地管理的行为。作为普通法的国
度,对土地的管理一般限于司法行为,也就是"由法院强制执行私人协议
并审理侵扰纠纷"(斯普兰克林,2009)。但随着城市化的进程,土地使用
外在影响程度的增大,土地使用逐步受到了各种规章、条例和法律的约
束。城市规划正是在此背景下产生。美国对土地的控制是依据警察权
(Police Power),也即促进公共健康、安全、福祉等方面的权力,采用法定
的分区制度。分区或者是区划制度,是将城市土地划分为若干个地理小
区,通过土地使用性质、开发强度的限制来控制各个小区土地利用的行
为。美国是"把城市规划转化为法律"(王伊倜,2008)。

城市化是区划制度的导因。城市化带来人口和产业的集中,烟尘、噪
声、垃圾、拥挤降低了居住环境的标准,影响了居民的身体健康。区划制
度产生前,依靠后置的司法制度解决土地纠纷。但依靠后置的司法制度
社会成本较大,而且难于解决工厂对居住地用地的困扰,例如大西洋水泥
厂案。这就需要前置的行政干预。区划制度正是实现行政对土地使用的
前置干预的手段,以避免工业用地与居住等用地的相邻,或者工业用地在
城市的上风向、河流的上游地区。区划制度不仅控制土地开发的性质与
位置,同时还控制开发的强度,以保证人们可以有更优越的采光和通风条
件,维持一定的卫生标准。区划法对土地利用类型、范围和使用强度作出
了各种限制,使得土地拥有者不能随心所欲地任意开发。

1922年美国商务部颁布了《州分区规划授权法案标准》,促进了各州
政府将土地规制的"警察权"授予地方政府。分区规划授权法还规定了在
制定分区规划前应制定总体规划(Comprehensive Plan)。因此,美国的
城市规划体系大体上可以分为两个层面:一是战略性的总体规划或综合
规划(Comprehensive Plan);二是立法性的区划法规(又叫土地分区利用
规划,即Zoning Ordinance)。但是分区规划属于立法行为,由市议会或
者相应的机关制定颁布。

城市总体规划是对未来 50 年所作的战略部署,主要内容为:①城市的现状和制定在那个地规划的意义;②可细分为区域性综合规划、全市性总体规划。城市总体规划的审批原则上只需市长签署和议会批准,即可生效。这是由于"①市长和议会是民选的;②制定城市总体规划的过程有充分的公众参与;③法庭对政府规划权限有监督和制约"(周国艳等,2010)。《州分区规划授权法案标准》要求分区规划应与总体规划保持一致。若城市综合规划修改,区划也应作相应的修改。

区划是法律授权地方政府控制土地使用的规划立法。区划法规强制性规定了地方政府辖区内所有地块的土地使用、建筑边界、建筑类型和开发强度。其基本方法是将城市的土地分成很多个地区,如工业区、商业区、居住区等等,以防止污染、卫生对土地使用的相互侵害。依据综合规划,按照各个地区(块)的特点,确定土地的使用用途和开发的准则,主要内容有地块划分、许可用途、地块规模、建筑密度、建筑高度、建筑退界以及停车等要求。区划是以综合规划为依据,并由规划咨询部门来编制。区划草案应按程序提交立法机关。在立法机关批准后才能获得法律效力。主要有四种模式:①传统的分区规划;②绩效分区;③协商分区;④政策性分区。

美国的分区规划由市议会或类似的机构如规划委员会按程序制定并颁布,属于立法行为。"它体现的是立法机关认为某些土地利用限制规定可以最好地服务于当地居民的健康、安全、福祉和道德的判断"(斯普兰克林,2009)。分区规划作为政府限制土地的工具,具有规制性征收的特征。因此,分区规划受到了是否违宪的质疑。反对者认为,"①未经正当程序而剥夺所有人的财产;②侵犯了所有人受到法律平等保护的权利;③征收财产而没有给予合理赔偿"(斯普兰克林,2009)。1926 年美国最高法院在欧几里得村诉漫步者地产案中做出了里程碑式的判决,认可了分区规划的合宪性,分区规划没有违反正当程序和平等保护。

相对于英国的城市规划制度,美国采用的是严格规则模式,相对灵活性较差。但是,美国的分区规划还是具有一定的灵活性。主要表现在:①分区规划的修改;②分区规划的变更;③特别例外设置。分区规划授权法允许地方政府对分区规划进行修改。但分区规划的修改须严格按法律程序进行,重要的程序之一为公开的听证会。若对分区规划的变更不满,可以向独立的区划上诉委员会提出上诉。当然,对分区规划的不满还可以向法院起诉。有意思的是,"有的时期法庭倾向于保护个人利益,有的时期倾向于鼓励政府控制"(周国艳等,2010)。这反映了社会利益变迁与社会矛盾的转换影响到司法对城市规划的作用的判断。

6.2.3　香港的法定图则

香港是世界上最自由的经济体。长期以来,香港推行"积极不干预的经济政策"。经济的自由并不意味着城市土地使用的自由。1939 年首部《城市规划条例》颁布,经过数次修订,形成了完善的城市规划制度。香港2004 年的《城市规划条例》提出城市规划的目的是"促进社区的卫生、安全、便利及一般福利和改善环境"。作为具有一百年英国殖民历史的香港,其城市的管理模式主要来源于英国。但是香港的城市规划制度并不完全照搬英国的城市规划制度。

香港的土地面积仅超过 1 000 平方千米,解决土地的稀缺与发展而导致的利益冲突是香港城市规划面临的最大难题。香港的经济发展目标为加强作为商业、金融、转口和制造业中心的地位,使其继续成为一个充满生机与活力的国际城市。要维护经济的活力,便捷的、有效率的土地管制制度是十分必要的。而对于人均土地相对稀缺的香港,满足工业、商业、住房等各方面的社会和经济活动的需求,并确保各种土地用途和发展不会破坏环境或尽量降低对环境的破坏,利益的冲突是无法避免的。因此,有效的土地利用、制度的效率和利益平衡一直是香港城市规划矛盾的焦点。

香港基本上是两层的城市规划体系。①全港和次区域发展策略:全港和次区域发展策略不是法定文件,而是配合时代的变迁而不断修订的中长期发展策略。全港发展策略主要贯彻政府的土地使用、交通基础设施及环境保护的政策。次区域(即都会区、新界东北、新界西北、新界东南及新界西南)发展策略则将全港发展策略转译为更具体的规划目标。②地区规划:地区规划是依据全港和次区域发展策略而编制的土地用途的图则。它包括法定图则和部门内部图则。法定图则根据《城市规划条例》而制定,并具有法律效力。它有三种方式:分区计划大纲图(OZP)、发展审批地区图(DPA)和市区重建局发展计划图(DSP)。《城市规划条例》要求任何发展必须与法定图则相符合。

香港的分区计划大纲近似于美国的区划制度。分区计划大纲图的编制是将分区范围内的土地使用性质和道路系统予以明确的过程。香港的土地用途分为住宅、商业、工业、游憩用地、政府/团体/社区用途、绿化地带、保护区、综合发展区、乡村式发展、露天存货或其他指定用途。分区计划大纲图附有注释,列出分区内土地使用的第 1 栏用途和第 2 栏用途。这是香港法定图则灵活性的表现。第 1 栏用途是通常准许的用途,而土地使用的第 2 栏用途须取得规划委员会许可。发展审批地区图是主要为非城市地区而制定的过渡性图则,有效期为 3 年,期间可由分区计划大纲图取代。市区重建局发展计划图是依据城市规划条例和市区重建条例制定。

在城市规划权力制衡方面,香港城市规划制度借鉴了英国的城市规划制度的做法,采用了"立法"、"行政"与"司法"的分权制衡的制度。"立法"权不是由立法会负责,而是由依据《城市规划条例》而成立的城市规划委员会(Town Planning Board)负责。行政权是由香港政府的组成部门香港规划署(Planning Department)负责。而"司法"权则赋予城市规划上诉委员会(Town Planning Appeal Board)。但与英国城市规划制度不同的是,城市规划委员会和城市规划上诉委员会均是非官方机构。

香港城市规划委员会成员包括 5 名官方代表以及 30 名非官方成员。香港发展局局长为城市规划委员会常任秘书长。非官方成员来自律师、会计师、工程师、规划师、地产发展商、银行家等社会各个不同的专业与阶层,他们代表不同的利益与阶层。香港城市规划委员会主要工作是制定法定图则,以及审核属于第 2 栏中土地用途的规划许可申请。法定图则是依据法定程序来制定,规划草案要向全港市民展示,并听取各方的意见。法定图则最后由行政长官会同行政会议核准。

香港城市规划上诉委员会根据《城市规划条例》于 1991 年成立。它是一个不属于政府部门的、独立的法定组织。其成员均非公务员,并由特区行政长官委任。与英国的规划上诉相同的是,主要受理具体的规划许可和违规处罚的上诉。任何人对城市规划委员会否决其规划申请、对申请附加条件、对违规处罚的决定不满时,都可以向上诉委员会提出上诉。依据《城市规划条例》,上诉委员会对上诉所作的决定是最终决定。任何人对于城市规划委员会的决定有所异议,也可以申请进行司法复核,由法庭依法作出裁决。

1990 年,香港政府成立了规划署。规划署主要分为全港规划处和地区规划处。全港规划处的重要职责是制订和检讨"可持续发展"策略和计划,包括处理全港、次区域及地区三个层面各类型的规划,以及城市规划标准。地区规划处则协助城市规划委员会的运作,协助制定法定图则和规划申请的受理。香港规划署还承当以下工作：①提供土地用途和发展指引；②促进合适的发展和旧区重建；③为政府其他部门及咨询机构提供有关城市规划的意见；④鼓励市民参与和支持规划工作。

与英国和美国的城市规划制度对比，香港的城市规划制度能够吸收美国区划制度的优点，采用了法定图则的制度。这种模式能够严格依法，为城市发展提供清晰的信息。建设项目的许可必须依据法定图则，保证了区划的严格执行。香港的城市规划制度还吸收了英国城市规划制度灵活性的优点。这主要表现在：①法定图则并不是十分详尽的图则；②土地用途分为栏目1和栏目2，其中栏目2的类别必须得到规划委员会的批准。这则制度上为法定图则留下可以裁量的空间。为此，香港的法定图则是刚性与弹性兼备的规划法律制度。

6.3 城市规划的立法模式

在所有的行政规划中，城市规划最为复杂，并引人入胜。在所有的行政规划中，也只有城市规划单独立法。这说明城市规划的复杂性，以及城市规划在社会生活中的重要性。由于城市规划法律保留和行政裁量的双重特征，城市规划的"立法"应采用行政立法的模式，而不是人大立法模式，以适应行政响应社会经济发展的需要。

6.3.1 "议会立法"还是"行政立法"

新的《城乡规划法》对城市规划的审批采用的是行政分级审批，在形式上并未明确城市规划编制采用相应的立法方式。在十六条提出城市总体规划"在报上一级人民政府审批前，应当先经本级人民代表大会常务委员会审议，常务委员会组成人员的审议意见交由本级人民政府研究处理"。新的规划法规定了城市总体规划审批时，同级人大行使的是前置审议。人大参与了城市总体规划的审批，但不是由人大审批。新的《城乡规划法》十九条提出，控制性详细规划"经本级人民政府批准后，报本级人民代表大会常务委员会和上一级人民政府备案"。宪法规定本级人民代表大会常务委员会有撤销本级人民政府不适当的决定和命令的权力。在控制性详细规划的审批中，同级人大通过备案的形式而对控制详细规划的编制进行监督，并可以依据宪法撤销不合理和不合法的控制性详细规划。

与原《城市规划法》相比，弱化了人大在城市总体规划中的作用，原

《城市规划法》要求上报城市总体规划前,须经同级人民代表大会或者常务委员会的审查同意。但通过备案制度强化了人大对控制性详细规划的监督与控制。这种变化表明了新的立法增强了控制性详细规划的法律地位。这与西方的城市规划立法模式是相一致的。城市规划的人大参与,引出了一个值得研究的问题,城市规划的法制化,是否会走到人大立法的模式。"凡属国家重要制度的事项或涉及公民政治权利、人身权、财产权的剥夺或限制的,都不是行政立法的创设范围,行政立法相对法律而言,其立法范围是有限的"(刘莘,2006)。从这一角度分析,城市规划是对私有产权的侵犯,是对财产权的限制甚至是剥夺。因此,城市规划作为一种立法模式,是采用"议会立法"还是"行政立法"模式应值得探讨。

城市规划具有规制性行政强制和行政征收的特征,其本质上是对私有产权的限制和侵犯。因此,城市规划的制定应依据公共利益。但是由于公共利益存在模糊性,"有关公益目的范围一般交由立法机关通过立法明确规定之"(张千帆,2005;宋雅芳,2009)。为此,刘飞(2007)提出,"城市规划的制定作为资源分配、利益分配的过程,应当由人大来行使审批权"。如果由人大来行使城市规划审批权,这就意味着城市规划的制定采用议会立法模式。人大来行使城市规划的审批权,符合宪法赋予地方各级人大在"重大事项的决定权"的要求。

文超祥等学者(2009)提出了控制性详细规划按照法定内容和指导性内容来确定不同的审批主体。"控制性详细规划的法定内容应当经规划委员会审议后由人民代表大会批准实施,指导性内容应根据法定性内容制定,经规划行政主管部门通过后由政府首长签发后公布实施"(文超祥等,2009)。也就是控制性详细规划中的法定性内容应采用人大立法模式。刘飞(2007)进一步提出,"由人大来行使审批权还有利于提高城市规划的地位,增强其效力的确定性,防止随意变更城市规划"。确实,若采用人大立法模式,对改变目前城市规划频变的状况具有积极的意义。

传统的宪政理论认为,立法权职能由民意机关行使,立法权属于民选的议会。议会立法体现了法律保留的原则。法律保留中的法一般指实体法,而议会立法往往是根据社会大的发展方向制定的概括性法律条文。"议会所制定的法律具有稳定性、不可多变的特点"(刘莘,2006)。议会立法由于其稳定性、确定性使私有产权处于一种稳定的状态中,这对维护私有产权是有利的。现代社会的发展需要政府的积极干预,因而行政立法比议会立法更具有优越性:"①行政立法可以比议会立法更好地适应社会的快速发展;②行政立法可以对议会立法具体化,使议会立法更加具有可操作性;③行政立法可以具有较强的前瞻性,因而具有实践性"(刘莘,2006)。

城市规划是针对城市化,面向未来的社会行动。为此,城市规划具有如下特征:①未来性,城市规划是针对未来的活动;②系统性,城市规划涉及城市社会生活的各个方面,包括居住、工作、交通、休闲等;③动态性,城市是发展的,城市问题随着城市化不断产生,城市规划也随着城市化的进程不断变化;④复杂性,城市中各组成要素是相互影响的,要素的不断集聚增加了城市规划的复杂性,同时预测城市未来的发展并制定规划是一个复杂的过程;⑤矛盾性,城市规划处在增进公共利益与保障公民基本权利的矛盾之中。由于城市规划的这些特征,这就涉及未来的不确定性,以及未来发展的多路径和多种选择。而对未来的干预,涉及不同的利益群体、不同的价值取向。因此,城市规划"被认为是文献中有最大争议的题目"(Dyckman,1977;周国艳,2010)。

从城市规划的实践看,城市规划的产生与发展与现代财产权理论的变迁是一致的。本质上,城市规划就是对财产权的干预和实施公共管理的过程。美国区划存在的合法性在于城市规划拥有"治安权"(Police Power)。问题的核心是,如何设计城市规划的法律制度,既能保护好私有的财产权,又能保证城市的快速发展。对于财产权的保护,各国在宪法中给予保障。西方宪法对公民财产的限制一般都规定了三个条件:①必需的法定公共需要;②公正合理的补偿;③正当的法律程序(朱福惠,2005)。我国 2004 年宪法也明确,要保护公民的合法财产,国家依照法律对公民的私有财产实施征收,并给予合理的补偿。从宪法的角度,财产权的限制属于法律保留(林来梵,2001)。

从法律的特征看,城市规划立法具有如下特点:①前瞻性,城市规划是对未来的控制,需要有发展目标作为指导;②灵活性,城市规划应解决城市发展中的现实问题,而社会经济的快速变化,要求城市规划具有回应性;③专业性,城市规划布局是对私有产权的干预,但其手段具有专业性,如交通、环境、空间布局等;④权利创设性,城市规划最重要的成果是对包括使用性质与开发强度的城市土地开发权的设定。因此,与议会立法相比,行政立法更符合城市规划前瞻性、灵活性和专业性的特征。

中国的人大立法和行政立法的资源有限。宪法规定省和直辖市人大可制定条例,立法法将"条例"的立法权也只扩展到省会城市、较大"市"和全国人大批准的经济特区所在市的人大。而相应行政立法的立法权仅为延伸到直辖市、省会城市和较大"市"的人民政府。由于涉及财产和公民的权利，如果城市规划采用"法律保留"，也只有直辖市、省会城市和较大"市"可采用立法模式，而其他地级市、县级市的城市规划的编制只能采用抽象的行政行为的模式，或者是行政规范性文件的形式。由此产生了许多疑问。从财产权保护的角度，直辖市、省会城市和较大"市"的财产权受到了行政立法的保护，而地级市、县级市的财产权只能受到抽象的行政行为的保护。从权力制衡的角度，直辖市、省会城市和较大"市"的城市规划权力受到了行政立法的制约，而地级市、县级市的城市规划权力只能受到抽象的行政行为的制约。

根据刘莘（2006），行政立法与抽象的行政行为有两个方面的重要不同：①行政立法是有相当的程序的活动，即按一定的程序进行，如调查、分析、草案、论证、公示等等；②行政立法可以有创设性的规定，即创设新的义务和权利。城市规划作为政府对城市土地使用的干预，不但具有行政给付、行政强制、行政征收的特征，而且创设权利——土地的发展权。从这个角度，对私有产权进行限制的城市规划，应采用"立法"模式，至少要采用行政规章的模式，而不是采用行政规定或抽象的行政行为模式，如规范性文件等。从这个角度，法律应授予所有的城市政府在城市规划方面具有行政立法权。

城市规划从行政立法的角度，应考虑如下五个问题：①正当的程序，由于城市规划具有对私有财产限制的特性，城市规划应采用正当的程序的方式；②积极的行政，规划行政权在公共利益的保障与公民社会权实现中具有重要意义；③发展的阶段，特别是在城市发展的初级阶段，公民社会权的实现有着极为重要的社会意义；④权利的救济，"无救济便无权利"，城市规划从事前、事中和事后给以行政救济；⑤立"法"的成本，包括立"法"资源的节约与行政的效率。

为此，对城市规划法律制度的设计，应考虑中国的立法资源的情况与城市规划的特点。特别是控制性详细规划阶段主要是地方性事务，在制度设计中还可以借鉴美国、英国以及香港特别行政区的做法，授权地方政府在控制性详细规划阶段的编制，按照"行政立法"的模式引入法定图则，或者将控制性详细规划转为"行政立法"。也就是控制性详细规划阶段的规划编制按照"授权性行政立法"来设计，其成果仍可以报同级人大备案。

6.3.2　严格规则与软硬兼施

　　城市规划是通过确定开发性质、容积率、建筑密度、绿地率、建筑高度等对土地的使用进行控制。从法律的角度，这是采用严格规则的模式。"严格规则是近代法律控制权力的模式，其特征是从行政行为结果着眼，注重行政法的实体规则的制定"（孙笑侠，1999）。美国传统的区划也是严格规则模式，也即建设项目的审批必须与区划一致。在福利社会的引导下，美国发展了绩效规划、协商区划等区划制度，为发展留下了灵活性与回应性。如协商的规划，采用规划单元（PUD），与开发商进行广泛的协商，并征求公众意见或听证后，确定地块的性质与开发强度。在新加坡也有类似的制度，即通过设置一些"白地"的设置。"白地"的使用类型可以根据发展的需要来确定，从而提高城市规划的灵活性。

　　美国和新加坡城市规划中控制方式的变迁，反映了城市规划管理理念的变迁。过去完全靠强制的模式，现在可以部分地块采用公共治理的模式，也即采用开放、协商的软性手段。从法律的角度，协商区划和"白地"并不是采用"硬法"（Hard Law）的方式，而是采用"软法"（Soft Law）的手段。软法的采用表明在城市规划中硬法的控制模式与城市发展的巨大张力的存在。但是，也应该看到城市规划由于涉及公共利益与私有财产，硬法仍是主要的控制模式，软法只是局部采用。无论如何，软法的引入增强了城市规划应对城市快速发展的能力。

　　软法是法律应对公共治理兴起的一种回应。罗豪才等（2006）学者总结了公共治理的八个特征：①强调对公共关系的规范和管理应基于普遍的公众参与；②通过适当的机制设计和制度安排来促成公共机构成为公益代表；③实现自由与秩序、公平与效率的辩证统一；④在兼顾公益与私益的基础上实现社会整体利益的最大化；⑤治理的对象囊括公共关系覆盖的整个公共领域；⑥所有公共关系主体均是治理主体；⑦通过博弈实现程序正义和实体正义；⑧在宪政框架下所有治理主体责权一致。为此，公共治理是改善权力运行的一种方式，是权力多元化转变的过程。

　　软法的兴起化解了大量存在于公法领域和社会经济发展之间的张力，并推进了民主政治的进程。"软法能够降低法制与社会发展的成本"（罗豪才等，2006）。软法的出现，使硬法僵化的一面得到补充。硬法与软法的关系并不是相互取代的关系，而是一种相互配合、相互补充的关系。例如,"硬法通常关注公共管理有余,对公共服务的关注不足;而软法则在展现其提高公共福祉方面的长处时,又经常暴露出在维护公共秩序方面力不从心"(罗豪才等,2006)。为了发挥硬法与软法的作用,应从不同阶段、不同层面来确定其调整的对象,以形成功能完备的公法体系。

软法作为一种法律现象,有不同于硬法的特征,正如罗豪才等学者(2006)总结的:①软法的创制方式与制度安排富有弹性;②软法的实施未必依赖国家强制力;③软法效力实现的非司法中心主义;④软法的法律位阶不甚明显;⑤软法的制定与实施具有更高程度的民主协商。软法的这些特征表明,软法的回应性、弹性、协商更能适应城市化的快速发展。软法的出现,实质上是行政行为的功能变化,按大桥洋一(2008)的观点则是出现了"基于协商的行政行为"。这种行政行为的特点是,在作出行政决定前,与相关利益人进行协商,达成一致。这种做法改变了传统的单方强制的方式。

在中国的控制性详细规划实践中,硬法规则与城市发展之间的张力是明显的。控制性详细规划的尴尬与规划失语,则是城市规划应对城市快速发展时的无奈。据相关资料显示,建设项目审批时对控制性详细规划的修改频度高达60%,即使是深圳的法定图则,涉及用地性质与容积率的修改也占总的申报项目的50%以上(邹兵等,2003)。若每一个修改均按《城乡规划法》的要求,先对控制详细规划进行修改,然后再进行项目的审批,行政效率将是十分低下。城市发展将在城市化和经济全球化的浪潮中失去机遇,或者"承担很大的政治风险"(邹兵等,2003)。因此,在城市规划中引入软法的方式,对城市规划适应城市化的快速发展有着积极的意义。

软法引入城市规划要求合理分配硬法和软法的控制密度。城市规划不仅具有程序的意义,其实体对城市也会产生不同的影响。硬法和软法的控制密度反映到城市规划中则是规划过度与规划不足。考默萨在《法律的限度》中对此进行了研究。"同周围的众多业主相比,同样的一群开发商,却认为利益没有被充分代表,于是就有一种过度规划和过度约束的倾向"(考默萨,2007),这就是规划过度。"集中在一起的利益群体,通常以土地开发商的形式出现,其利益被过多地代表了,因此,就存在一种规划不足或者约束不足的倾向"(考默萨,2007)。这种现象则是规划不足。

不论是规划过度还是规划不足,表面反映的是城市规划对土地使用的约束。而实质上是现实的利益和未来利益的抗争。城市规划制定时的公众参与所代表的是当下的民意,从平等权利的角度还要代表未来的民意。如何更好地保障公民基本权利在城市空间中能够公平、公正地实现,不仅是在城市规划中采用"立宪"的方式,而且要给予未来的公众参与的机会。这就需要城市规划留有一定的灵活性。既要实现城市规划在塑造空间秩序中的法律作用,又要赋予城市规划一定的弹性来适应城市未来的不定性。因此,城市规划应采用硬法规则结合软法规则的方式,软硬兼施。

6.3.3　城市规划立法模式

城市规划是一种指向未来的社会行动,这需要城市规划具有灵活性与回应性。而城市规划又是对私有产权的干预,从法律保留的角度,应采用立法模式。行政立法可以兼顾城市规划稳定性与灵活性并存的特征。在行政立法方面还存在两种选择:刚性的严格规则与柔性的软法。从英国、美国与中国香港的城市规划的实践看,不同的立法方式在不同的层次、不同的阶段均有运用。城市规划不仅具有程序价值,其实体对城市也会造成不同的影响。例如,在20世纪80年的英国,采用了"新右派"的理论,在市场化和放松管制方面进行了实践。然而交通拥挤、环境污染、露宿街头的状况更为严重。以开发为导向的策略引发城市的无序蔓延,以及在规划的民主性方面遭到较多的攻击(Thornley,1991)。按照考默萨(2007)的观点则是规划不足的现象,也就是土地开发商的利益被过多地代表了。

城市规划不是一种开发的规划、建设的规划,而是在城市规划进程中,回应城市化给人类发展带来的诸多问题的社会行动。这种社会行动,面对的不是单一的问题而是复杂的问题,不仅要应对清晰的现实,还要应对多向性的未来。为此,城市规划的制度设计应同时考虑刚性与柔性、程序与实体,而不是采用一种模式。刚性与柔性主要应对的是空间秩序的建立与未来的不确定性;程序与实体则要兼顾城市规划中的民主性与社会各种利益的平衡。因此,城市规划的编制是一个体系,是一种体现人的发展和美好城市的价值体系。

在参考英国、美国和中国香港特别行政区的城市规划制度后,结合中国目前的城市规划制度,笔者提出如下两种改进模式,见表6.2。

表 6.2 城市规划"立法"的改进模式

	现行模式	改进模式 1	改进模式 2
城市总体规划	部分城市"行政立法"	公共政策	公共政策
分区规划	部分城市"行政立法"	无	行政立法
控制性详细规划	部分城市"行政立法"	行政立法	抽象行政行为
土地细分规划	无	抽象行政行为	无

若城市规划定位为行政立法,则有必要分析城市规划的审批主体。行政立法主体是依法取得行政立法权,可以制定行政法规或者行政规章的行政机关。根据《立法法》,国务院、省政府和较大市的政府具有行政立法权。国务院行政立法的一般形式为条例、规定和办法,省政府和较大市的政府的形式只能是规定和办法。虽然依据《城乡规划法》,城市总体规划的审批主管部门为国务院和省政府,但是国务院和省政府仅是对各地的城市总体规划采用了审批的方式。从行政立法的角度,仍不是严格意义的行政立法。而其他的镇,包括县政府所在镇的总体规划,除了诸如有行政立法权的城市外,大部分审批主体均没有行政立法的权力。而分区规划和控制性详细规划的审批主体,除了部分有行政立法权的城市外,大部分审批主体均没有行政立法的权力,也即其效力仅为一般的抽象行政行为或者是行政规范性文件。

所有的法定规划均采用"行政立法"的方式的话,在效率方面的弊端是显而易见的。现实的情况是大量的建设项目的行政许可均需要先行修改控制性详细规划。按照德国法学家凯尔森的逻辑,低级规范的创立方式由高级规范所决定。在城市规划中则是控制性详细规划的编制应依据城市总体规划和分区规划。但是,当控制性详细规划修改时是否要修改城市总体规划和分区规划?如果要修改,则规划的修改就要耗费大量的社会成本。如果不要修改,则可以导出城市总体规划、分区规划、控制性详细规划可以不一致的结论。多层次的"立法"就失去了意义。

改进的两种模式,是借鉴英国、美国和中国香港特别行政区的城市规划制度的经验。其核心内容是地方规划法定化,也就是提升直接控制土地开发并和公民密切相关的控制性详细规划或者是分区规划的法律地位。这与新的《城乡规划法》的立法精神是一致的。在新的《城乡规划法》中,地方人大对城市总体规划的监督仅是提出意见,改变了老的《城市规划法》中审查同意的方式。在老的《城市规划法》中没有人大对详细规划监督的表述,而在新的《城乡规划法》,人大对控制性详细规划在采用备案的方式进行监督。依据《宪法》和《立法法》的相关规定,人大可以在备案时对违反宪法和相关法律法规的控制性详细规划做出撤销的决定。

改进模式一是将控制性详细规划采用行政立法模式。虽然,行政立法与议会立法已经有了更多的灵活性。但目前的控制性详细规划的编制与审批方式在实践中仍存在灵活性不够的弊端。因此,采用此模式必须研究或者是要简化控制性详细规划的编制内容。该模式可以采用硬法的方式。当然简化控制性详细规划并不是不要规划控制,可以引入更细的土地细分规划。土地细分规划可以采用软法或者是抽象行政行为的方式,使整体规划体系更能促进城市社会经济的发展,以节约立法成本。改进模式二,则是不改变控制性详细规划的编制方式,在控制性详细规划的上一层分区规划,采用行政立法的模式。该模式将更加简化的分区规划改造为法定图则。控制性详细规划则不采用行政立法模式,改为抽象的行政行为。但模式二涉及《城乡规划法》的修订。

6.3.4　城市规划委员会

从上面的分析,城市规划的立法重点应放在控制性详细规划的层次,这与国际上通行的做法保持一致。若将控制性详细规划定位为行政立法,则应分析控制性详细规划的制定主体。依据新的《城乡规划法》,控制性详细规划的审批机关是市政府。与1990年实施的《城乡规划法》相比,控制性详细规划统一由市政府审批,而不是市规划行政主管部门也可以参与审批部分控制性详细规划。这为控制性详细规划的行政立法创造了条件。

控制性详细规划作为行政立法,其主体应该是市政府。但是,行政立法的核心是"立法"而非"行政"。立法是一种民意的体现、利益的协调。因此,行政立法只有加大公众参与的力度,在编制的过程和审批的过程公众广泛参与,才能获得行政立法的正当性与合法性。在编制过程中的参与将在第七章中进一步探讨。这里将重点讨论城市规划决策中的新制度——城市规划委员会。城市规划委员会在西方国家和中国香港地区的城市规划决策中发挥了重要作用。这些地方的规划委员会依法成立,通过城市规划委员会成员的广泛代表性,以及城市规划决策中的协商机制,体现了城市规划决策的民主化。

中国的城市规划委员会制度最早是 1998 年在深圳依据《深圳市城市规划条例》而成立。深圳规划委员会的主要职能是负责法定图则的审批。这是一个由公务员、专家、社会人士组成的一个法定机构。而规划决策的通过应获得 2/3 以上多数的同意。在深圳成立了城市规划委员会以后，全国各地在城市规划管理方面也都试行城市规划委员制度。但由于没有统一的法律规范，各地的城市规划制度的模式不同，作用不同。为此，刘飞、郭素君等学者对此进行了探讨。

郭素君（2009）总结了现行城市规划委员会制度的三种模式：①咨询协调机构。该机构是由市政府聘请有关专家与相关专业领导组成的非法定议事机构。主要对重大城市规划决策提供顾问与咨询（或审议），其会议的决议作为政府决策的参考。②法定的审议机构。该机构是在地方性法规中规定的对城市规划进行审议的法定组织。其审议意见对市政府决策影响较大，但规划的终审权在市政府。③法定的决策机构。该机构是由地方法规授权代表市政府作出决策的法定机构。除了需由上级部门批准的城市规划外，对其他城市规划具有明确的审批职能。

全国各地的规划委员会的实践，为进一步的研究提供了素材。咨询协调型的模式是一种决策参与的模式，政府在作出决策时，可以采纳也可以不采纳规划委员的意见。这种决策仍是一种行政决策。法定审议型可以确定为高度参与的行政决策类型，虽然审议意见对政府决策有较大的影响，但最终的决策权仍在政府。法定决策型是人大授权的一种形式，虽然公务员在委员中占有较大的比例，但是，这种决策已经脱离了政府体系，不是严格意义上的行政决策。对于采用哪一种模式，刘飞（2007）认为，"应当构建一个独立于行政体系之外并与之平行的、由各方人士组成的规划委员会来负责对规划草案的审议决策，最终目标是建立决策型的规划委员会"。实际上，刘飞是赞同深圳决策型的规划委员会制度的。

郭素君（2009）认为现行的城市规划委员会制度存在如下三个缺陷：①规划民主与规划法制；②人大与政府的关系；③权力与责任的关系。这三个问题正是城市规划在法制化进程中需要讨论的三个基本问题。从法理的角度，本人则将这三个问题转化为如下三个基本问题：①人大立法还是行政立法的；②立法如何建立在民意之上；③如何监督行政立法。行政立法更适合目前城市化快速发展时期的城市规划的特征，也是本研究的建议。从规划委员会的角度来研究则是规划委员会决策民主化和规划委员会的决策监督问题。

从立法、行政分权的角度,建立一个独立于行政体系的城市规划委员会是一个很好的选项。但是,在现行法律制度条件下,独立的城市规划委员会与新的《城乡规划法》对市政府的授权是不一致的,值得从法理上进一步商讨。城市规划委员会,不仅要审议城市总体规划,还要批准和发布控制性详细规划。而本研究则将城市总体规划定位为公共政策,而控制性详细规划定位为行政立法。既然城市规划委员批准和发布的是行政立法,城市规划委员从法理上应属于行政系列,更何况规划委员会还要审议作为政府公众政策的城市总体规划。

为此,这里提出结合现行法律制度的改进方案。城市规划委员会隶属于市政府,城市规划委员会审议会议也即是市政府城市规划专题会议。由于城市规划的技术性、专业性较强,并涉及城市中各方利益的调整,城市规划委员会成员来源应该广泛,可以为公务员、专家学者、人大代表、政协委员、非公务员代表等等。例如,城市规划委员会可以这样组成:除了公务员以外,另外增加1/2民意代表和1/2专家学者。市长为城市规划委员会主任,秘书处设在市规划局。城市规划委员会每月一次会议,行政立法应获得2/3以上的委员同意方有效。这种模式是将城市规划委员会审议会与市政府城市规划专题会结合。这种模式既可以代表市政府决策,避免了法定的审议型模式中须双重决策,提高了决策效率,亦可避免了咨询协调型在决策中参与不足的局面,提升了公众参与决策的能力。

依据现行法律,人大应履行对行政监督的职责。可以在人大设立专门委员会负责对城市规划委员会的工作进行监督。人大专门委员会的成员也应该来源广泛,使其意见更具有代表性。城市规划委员会每半年向人大汇报会议情况,并将审议通过的行政立法向人大备案。按照目前的《城乡规划法》,该专门委员会的责任是:①参与城市总体规划的审查;②负责对控制性详细规划的备案审查。人大对城市规划委员会的监督应放在程序的控制,以及城市规划决策中明显不合理、不合法的状况。

6.4 城市规划的编制

城市的总体规划更应体现行政指导和行政给付的特征,而控制性详细规划则是行政指导、行政给付、行政强制和行政征收的复合行为。行政强制、行政征收适用于"法律保留"原则。在所有的行政规划中,城市规划最为复杂,并引人入胜。

6.4.1　城市总体规划

城市总体规划在城市规划体系中起着重要作用。但是,"总体规划的编制内容庞杂,审批周期漫长,花费了各地编制人员的主要精力,但实际所起的作用主要是长远的目标和指导,对日常的大量的规划管理工作很少有可操作性"(苏则民,2001)。杨保军(2003)从认识论的角度讨论了城市总体规划是建立在未来是可知的和可控的"完备理性"的假设之上,认为当人们在获得全部的有效信息和寻找出最终目标相关的所有方案,方可最优方案。然而,城市发展的复杂性使得未来不是完全可知和可控,这使得以终极蓝图为目标的总体规划在经过一系列的程序批准后,就面临修编的尴尬境地。

城市总体规划失效的原因:"①太静态;②过于强调城市形态和物质规划,对未来的土地利用限制太死;③时间太长,成本过高;④缺少规划实施的技术和指南;⑤忽视城市发展的成本、基础设施融资以及城市发展对公共财政的影响"(丁成日等,2004)。城市总体规划对建设用地的划分,形成了规划建设用地范围的可以建设和该区域外的不可建设的双重法律控制的状况。实际上,很多区块没有规划去规范,从而"导致了当前城郊结合部建设活动严重无序和混乱,这已经成为我国绝大多数城市难以医治的肿瘤"(仇保兴,2002)。

城市总体规划的这些缺陷直接影响其在城市规划体系中作用的发挥。一方面,城市总体规划是控制性详细规划的依据,另一方面不论是编制还是修改的时间均较长。这就造成了总体规划与控制性详细规划的紧张关系。要实现城市总体的规划的法治化,就应该改革城市总体规划的编制办法和编制的内容。马武定等认为目前"总体规划内容繁杂,缺乏分类区别对待,其中的法定性、政策性与引导性内容混为一体,体系庞大,实际难以运作"(马武定等,2006)。本研究赞同这种观点,由于城市总体规划涉及面较广,法定性内容和非法定性内容混为一谈,无法区分是需要按照严格程序才能修改的内容,还是根据社会经济发展变化的场景政府可以回应的内容。

城市总体规划的审批方式,可以防止地方政府随意改变城市规划,维护了总体规划的严肃性。但是由于城市发展是多变的,这就造成了城市总体规划修改与地方行政事务方面的紧张关系。城市规划涉及行政给付,城市人口的增加给城市带来空间的压力,住宅紧张、交通拥挤、城市贫困均需要政府积极的介入。如果城市总体规划在法律的规范密度方面过于细密,将会导致不论是编制还是修改,都会给政府的行政工作带来更多的束缚,使得政府无法有效地回应社会经济发展的变化所带来的问题。

马武定等(2006)学者将城市总体规划的内容分为法定性、政策性和引导性内容。法定性内容为建设用地总量、生态廊道、"三区六线"的划定(不准建设区、非农建设区、控制发展区;道路交通设施的控制红线、建筑控制红线、生态保护区的控制绿线、水域岸线的控制蓝线、市政公用设施的控制黄线、历史文化保护区的控制紫线)、涉及国防和公共安全的设施等。政策性内容主要为人口政策、产业政策、空间政策、建设用地政策以及其他相关政策。引导性内容为城市风貌、景观控制、公共空间奖励、一般的技术规定等。

笔者十分赞同城市规划的内容应进行分类。但分类应按照城市规划的内容对现状的各利益主体限制的程度来划分。①法定性内容:为了城市的公共安全、公共健康、公共福祉而对相关区域和地块进行严格限制的内容,也就是涉及基本权利和财产权严格限制的内容,这符合"法律保留"的要求,例如风景区、历史街区、水源保护区、生态控制区等,以及六线的划定。对于法定性内容或者是"法律保留"的内容的设定或者是修改应设置严格的程序。②非法定性内容或者是可协商性内容:为了城市的舒适、便利而对相关区域和地块进行一般性限制的内容。例如,城市发展政策、城市设计等等。对于指导性的内容,政府可以根据社会经济形势的变化或者是公民需求的变化而不断修正。

对于城市总体规划,城市规划法要求由所在地的市或县政府组织编制。但对于审批而言,一般分为两类:①全国有106个城市的城市总体规划,在城市政府编制完成后,由市人大审查。在市人大审查通过后,由市政府上报省政府,并转报国务院审批。从行政法的角度,这106个已经由国务院审批完成的城市总体规划属于行政法规。②其他城市和县城的城市总体规划,由所在的市(县)政府组织编制,在市(县)人大审查通过后,由市政府报省政府审批。"行政规章属于准法,但它作为一项抽象的行政行为被法律确认后同样具有法律效力"(胡建淼,2003)。因此,城市总体规划从行政法的角度看也具有法律效力。

对城市总体规划的法律控制也是法学界关注的重要问题。新的《城乡规划法》第十六条提出,总体规划上报审批,"应当先经本级人民代表大会常务委员会审议,常务委员会组成人员的审议意见交由本级人民政府研究处理"。这与上一版《城市规划法》中总体规划在上报审批之前,"须经同级人民代表大会或者常务委员会审查同意"相比,地方人大在城市总体规划中的作用"弱化"了。这也是计划经济走向市场经济中,政府对城市控制方式的转变。这个转变是城市总体规划的法律性在降低,控制性详细规划的法律性在上升,而不是人大在城市规划中的作用的削弱。笔者认为,城市总体规划是政策文本、法律文本的统一体。地方人大审议的是法律文本的制定,中央政府的审查重点是政策文本。

新的《城乡规划法》第十九条中,控制性详细规划到本级人大的报备制度,则正好说明地方人大在城市规划中的作用在增强。中国目前的《宪法》规定,本级人民代表大会常务委员会有撤销本级人民政府不适当的决定和命令的权力。为此,本级人大在报备过程中,可以依据城市总体规划和相关的法律法规对不依法编制的控制性详细规划撤销。地方人大对城市规划的监督,已经从对城市总体规划的监督转向了对控制性详细规划的监督。从这里得到的启示是,新的《城乡规划法》,正在建立以控制性详细规划为核心的城市规划法律制度。

6.4.2 控制性详细规划

新的《城乡规划法》授权地方政府根据城市总体规划的要求,组织编制城市的控制性详细规划。理论上,控制性详细规划的法律效力来源于城市总体规划。控制性详细规划主要内容是明确规划区的功能与结构、交通与用地布局,并确定土地的开发性质和开发强度。在第五章已经讨论了控制性详细规划更具有具体行政行为的特征。控制性详细规划依据城市总体规划,更详细地解释和陈述了《城乡规划法》中的合理布局、节约用地、改善生态环境、保持地方特色等不确定的法律概念。相对于城市总体规划,控制性详细规划更具有行政强制和行政征收的特征。

长期以来,规划界将控制性详细规划归类为工程技术。根据2005年建设部颁布的《城市规划编制办法》,控制性详细规划编制的内容主要为六个方面:①确定不同性质的用地及其边界;②确定各地块包括容积率、建筑密度、绿地率、建筑高度等指标的开发强度,明确公共设施配套要求以及其他规划控制要求;③提出引导各地块的建筑体量、形态、色彩等方面的城市设计导则;④确定地块的出入口、停车配建等交通设施;⑤综合确定市政工程中各种管线的位置以及地下空间的开发要求;⑥制定相应的土地使用与建筑管理规定。

在物权法的背景下,控制性详细规划的职能发生了变化。2008年实施的新《城乡规划法》赋予控制性详细规划法律地位,并要求规划许可或者是规划条件的核发必须依据控制性详细规划。赵民等(2009)称之为控制性详细规划从"技术参考文件"到"法定羁束依据"的嬗变。新的《城乡规划法》,不仅明确了控制性详细规划的编制和审批程序,还提出了已批准的控制性详细规划应报上级政府和人大备案。新的《城乡规划法》提高了规划的刚性。

然而,在提高控制性详细规划法律地位的同时,我们也发现控制性详细规划与发展的矛盾。在控制性详细规划的实施过程中,一般估计修改率在60%以上。有学者认为,80%以上的控制性详细规划在实施中需要修改(段进,2008)。即使是深圳的法定图则,涉及用地性质与容积率的修改也占总的申报项目的50%以上(邹兵等,2003)。如何设计控制性详细规划对土地使用的法律控制密度,成为了控制性详细规划能否真正控制职能的关键所在。

控制性详细规划的制度设计中既要保留控制性详细规划的刚性,也要留有灵活性,否则将给控制性详细规划和城市发展留下巨大的紧张关系。为此,众多学者例如文超祥等(2009)、黄宁等(2009)学者对此进行了探讨,并将控制性详细规划的内容分为法定性内容和指导性内容。王东(2010)提出了"简化规划编制体系,区分法定规划与非法定规划,增强规划的科学性和实效性"的规划工作思路。这些理论与实践的探讨反映了城市规划的法律保留与行政裁量的双重特征。

文超祥等学者提出了控制性详细规划的分类控制比较有代表性。法定性内容为:"①规划单元的划分;②建设总量控制和重要地段的建设量控制;③四线的具体划定;④涉及国防等重要设施、涉及公共安全问题及城市的生命线系统;⑤上一层规划对控制性详细规划的强制性要求,以及为落实上一层规划强制性要求必须采取的实施措施;⑥控制性详细规划的调整规定"(文超祥等,2009)。指导性内容为:"控制性详细规划的指导性内容一般包括以下几个部分:①城市风貌和高度控制引导;②公共空间奖励规定;③具体地段开发强度的确定和调整制度;④建设项目和资金筹措的市场化运作引导"(文超祥等,2009)。

控制性详细规划是一种规制性的行政指导、行政给付、行政强制、行政征收。从法律保留的角度,应采用法律保留的模式,也就是采用"行政立法"的模式。法律保留并不是要求将所有内容列为"法律保留",而是针对对基本权利和财产权有强烈干预特征的规制性的行政强制、行政征收的内容，例如，道路红线的划定，公共绿地的划定等等。当红线与绿线划定后，其法律效果就是这些红线、绿线内的未来土地用途只能用于道路和公共绿地，其未来的发展权受到限制甚至是剥夺。

控制性详细规划的实施实践表明，控制性详细规划与发展之间存在巨大张力。对于对公民的基本权利影响不严重的内容可以采用软法的方式，例如容积率的控制、用地的兼容性。提高容积率对资源的有效利用有着积极的意义，香港法定图则并没有设定容积率指标。笔者认为，对"立法"行为与行政行为应采用不同的方式进行控制，软硬兼施。法律保留部分采用"立法"模式，而行政行为部分采用软法模式。

从上面的分析，为解决控制性详细规划与城市发展的紧张关系，建议采用如下两种改进方式：

方式一：控制性详细规划大纲（法定图则）——控制性详细规划。该方式分为控制性详细规划大纲和控制性详细规划。控制性详细规划大纲采用"行政立法"模式。控制性详细规划采用软法模式。该方式不需要改变控制性详细规划的编制方式，但在《城乡规划法》修订时，应增加控制性详细规划大纲。

方式二：控制性详细规划——土地细分规划。该方式的控制性详细规划采用行政立法的模式，而土地细分规划则采用软法模式。该方式不需要改变《城乡规划法》的相关内容，但增加土地细分规划，并改革控制性详细规划的编制方式。控制性详细规划的编制应简化。

如果控制性详细规划的制定是立法行为，那么局部的控制详细规划的修改是否是立法行为？美国司法的经验值得我们借鉴。"法院将司法审查的范围扩大到再规划的决策中，认为其合理性在于，这些决策是'行政性'的，而非'立法性'的"（考默萨，2007）。这种再规划往往针对局部而言。也就是说，局部的规划的调整，并不一定是从整体的角度作出决策，往往是为了实现局部的目标。再规划的"决策是行政性的，而非立法性的"（考默萨，2007）。为此，对规划的局部调整则可看作为行政行为。由于局部的再规划为行政行为，这使得"司法审查的难度和复杂性大大降低"（考默萨，2007）。

6.4.3　法定图则

1998 年深圳市人大常委会通过了《深圳市城市规划条例》。该条例规定了深圳的五级规划体系:总体规划、次区域规划、分区规划、法定图则、详细蓝图。由有关专家和社会人士为多数,包括公务员组成的规划委员会负责法定图则的审批与监督实施工作,法定图则正式在深圳试行。这是中国在借鉴美国区划制度而形成的控制性详细规划制度之后,再次在规划编制制度上的探索。深圳的规划条例要求,法定图则草案应公示30天,并由规划委员会2/3以上的委员同意方能通过。从法律意义上讲,深圳的法定图则是一种授权立法的行为。该制度改变了规划由行政主导的方式。

深圳的法定图则是在分区规划与控制性详细规划之间的规划,其主要内容由政策取向的法律文件和工程取向的技术文件组成。根据张苏梅等的研究(2000),法律文件的主要内容为总则、土地使用性质、土地开发强度、配套设施、道路交通、城市设计以及其他特殊设施。技术文件的主要内容是用地性质、建筑覆盖率、居住人口、容积率、建筑限高、建筑后退、禁止开口路段、车位配建、建筑形式、体量、风格及环境要求。深圳法定图则的比例尺采用1∶2 000~1∶5 000,对比香港的法定图则1∶5 000~1∶10 000的比例尺,深圳的法定图则深度较深,相当于控制性详细规划的编制深度。

法定图则在运用的过程中碰到一些问题。张留昆(2000)认为法定图则存在如下五个方面的问题:与土地地籍的关系、与上位规划的关系、公众意见代表性与公正性、编制单位的企业行为、对开发强度的确定。张苏梅等(2000)则认为法定图则在价值取向(政策与工程)、各区块的差异性、编制的深度等方面值得进一步研究。在产生法定图则问题的原因方面,邹兵等(2003)学者认为有以下三方面:①“规则公平”与决策效率的矛盾;②“规划理想”与法定理想的冲突;③“规划控制”与市场运作的错位。这些问题汇集在一起,表现出来的是法定图则的回应性或者是灵活性。在深圳的实践中,“大量的法定图则的修改申请都涉及这些与经济利益密切相关的关键性指标调整,即使对法定图则的‘刚性’原则和规定的挑战”(邹兵等,2003)。由于编制内容过细而导致法定图则缺乏灵活性则是一个重要的问题。“增强法定图则的制定的弹性和加强政府管理的灵活性”(张苏梅等,2000),很有必要。

从1998年到2008年的10年间,“已批法定图则仅97项,不足图则编制总数的1/3,每年平均批准的法定图则不足8项”(杜雁,2010)。这就引发了规划“全覆盖”的争论。全覆盖论者认为,法定图则是城市规划建设管理的依据,建设范围应该全覆盖。反对者的意见是"深圳的城市发展在不同的地区呈现不同的阶段特征,发展不确定因素越大的区域越不能用法定图则进行管理"(杜雁,2010)。而事实上,发展越不确定的地区是发展最快的地区。这就产生一个悖论,发展应符合法定图则,发展最快的地区不需要法定图则。只采用"事无巨细"的严格规则模式,必然成为社会经济发展的桎梏。

从深圳的法定图则的实践所表现出来的不是法定图则是否要全覆盖的争论,而是面对快速的城市化进程,我们应该如何看待涉及塑造空间秩序的法律制度。如果不需要法定图则的制约,那就留下行政自由裁量权。从法学角度提出的问题是,行政可以自由干预私有产权吗? 行政的自由干预可以实现空间正义吗? 很显然,行政行为应符合相应的法律法规。法定图则全覆盖论肯定是正确的,关键是法定图则如何适应快速城市化进程的制度设计。

笔者认为深圳法定图则的实验,是在运用控制性详细规划的基础上,借鉴香港的法定图则的产物。该制度有三个基本的问题没有解决:①法定图则是法还是行政行为? ②为什么要引入法定图则? ③法定图则控制什么? 深圳的法定图则显然是将法定图则作为立法。1998年《深圳市城市规划条例》所确定的法定图则"标志着深圳市城市规划无论从编制到执行都进入法制化时代"(张苏梅等,2000)。第二个问题与政府职能相关,也就是行政权在城市化与市场机制的背景下,可以发挥什么作用,是积极的作用还是消极的作用? 如果政府的作用是积极的,对政府的法律控制是用严格规则模式还是赋予政府裁量权? 因此,相应的第三个问题是法定图则控制什么? 法定图则编制的深度或者是哪些内容应纳入法定图则? 如果这三个基本的问题没有解答,必然造成法律与现实的巨大张力,也必然使得法定图则陷入"尴尬"的境地。

深圳的法定图则的实践也证明了城市规划具有"法律保留"与"行政裁量"的双重特性。若大量的内容纳入法定图则,也就是"法律保留"的范围过大,将给社会所希望行政权在城市化进程中发挥的积极作用产生桎梏。若赋予行政过大的自由裁量权,则城市规划又回到原来的状态,随意修改,甚至侵害公众的权益。因此,法定图则所包含的内容应适度。不宜将大量的内容纳入法定图则中。凡是对私有产权保护不产生重大冲突的均应留给行政,或者赋予行政自由裁量权。

当然,赋予行政自由裁量权,并不是不对行政行为进行控制。由于城市规划涉及众多的利益关系,任何调整都会对周边造成影响。为此,应对行政裁量进行控制。对行政裁量的控制可以采用两种方式:①程序控制。也就是做出行政行为必须经过一定的程序。例如,对于局部指标的调整要求:编制局部调整规划,进行专家部门论证,公示并审批。②实体控制。制定相应的规范对实体的变更幅度进行控制。可以在法定图则中提出实体可以变更的区域、指标可以变更的范围。这样,行政的裁量便纳入了法律的控制范围。

为此,笔者认为法定图则不是分为政策取向和工程取向,而是对私有产权干预较大的应作为"法律保留"而纳入法定图则的范围。因此,法定图则编制内容与深度主要分为三种类型:①对财产权有限制作用的功能区:例如,公共绿地、历史街区、风景区、水源保护区、生态控制区、工业区。这些功能区的设立对区内的私有产权是一个重大的限制。②公益性项目的用地控制:例如,城市道路、中小学、幼儿园、道路、铁路以及对环境有影响的市政设施。③土地的用地性质和开发强度的控制:诸如,住宅用地、工业用地、商业用地等等。但是局部地区可制定容积率、建筑密度、高度等指标的控制范围。

由于法定图则为法律文件,编制和审批的周期长,应保持相对的稳定。相对于目前的控制性详细规划,法定图则不应过细,避免过频的修改。张苏梅等(2000)也提出"弱化法定图则的编制深度"。对于法定图则的层次,笔者提出两个建议:①法定图则设置在城市总体规划之后,作为控制性详细规划的依据。法定图则为立法行为,而控制性详细规划为行政行为。分区规划可以作为法定图则的基础。②控制性详细规划的简化或控规大纲作为法定图则,而法定图则之下为土地细分规划。法定图则或控规大纲为立法行为,而土地细分规划为行政行为。

7 城市规划中的公共利益与公众参与

7.1 公民基本权利与公共利益

行政立法是现代国家由"夜警"国家向"福利"国家转变的体现。行政立法的基础是公共利益和正当程序。本研究则将公共利益与公民基本权利相联系,并将新自由主义与社群主义相比较。公众参与是正当程序的体现。本研究从公众参与中的困境引出对公共协商的讨论。

7.1.1 公共利益的概念

美国"综合分区规划一般合宪,但无理的、不合理的以及与公众健康、安全、福祉或者道德没有实质联系的分区规划除外"(斯普兰克林,2009)。城市规划合宪的基础是公共利益,也就是城市规划"立法"对财产权利干预的基础是公共利益或者是公共目的。公共利益是法律中经常出现的概念,在 20 世纪 50 年代以后城市规划也引入了这一概念。2004 年《中华人民共和国宪法》修正案提出,国家为了公共利益的需要,可以依照法律规定对公民的私有财产实行征收或者征用并给予补偿。在法学中,公共利益是一个涉及判断对私人财产进行行政强制与行政征收的正当性问题。宪法规定对私人财产的强制须依据公共利益,对私人财产的征用须服从"公共利益",其目的是为了规范政府限制与获得私人财产的能力。但是,公共利益概念是一个模糊的和不确定性的概念,立法只能就"公共利益"做概括性规定。

要界定何为公共利益,首先要讨论的是公共利益的定义、类型,然后是研究界定公共利益的程序。一般认为公共利益为与个体利益相对的概念。利益是人类生活中所提出的对具有价值的"物"的占有的愿望和主张。公共利益的核心是"公共",何为"公共"也是一个有争议的概念。邢益精(2008)梳理出了德国学者提出的三种公共的概念:①洛厚德的"地域基础理论",也就是相关空间内大多数人的利益;②纽曼的"不定多数人理论",也即大多数不确定人数的利益;③公共的反面说,主要特定群体以外的大多数人的利益。

但公共利益至今仍是一个不确定或模糊的概念。这主要表现在：①公众的界定范围的不确定性：如何界定不确定的多数人，是否有数量的概念。②表现内容的不确定性：内容的不确定性直接与价值判断相关，例如对经济发展的认识有多种价值判断。公共利益的不确定性不仅与公众的价值判断相关，而且随着国家在社会经济事务中积极作用的发挥，公共利益的概念也在发展。目前的公共利益概念与19世纪政府作为守夜人时期相比，范围有了很大的扩展。如城市的环境、经济发展所依赖的资源，均可看作公共利益的内容。

公共利益是一个与私人利益相对应的范畴。公共利益一般指受到人们普遍承认的共同利益，例如，健康、安全、环境、福祉等。但如何界定公共利益是一个复杂的工作，因为公共利益的概念具有模糊性。公共利益有多种分类。参照赫尔德(Held)(托马斯,2006;Pal & Maxwell,2003)等人的研究，一般地认为公共利益可分为如下三种模式：①一致性利益(Unitary Interest)，由正当、正义等社会思想导出的一些绝对规范和价值标准，并称为一致性公众利益(Unitary interest)。②共同利益(Common Interest)，是一系列我们大家共同所拥有的共享价值或规范原则的实际利益。例如，清新的空气、清洁的水、国防安全、公共安全、强劲的经济(Pal and Maxwell,2003)。③多元利益(Plural Interest)，指通过公开的过程，以取得不同利益或者利益集团之间的平衡或妥协的非个体利益。多元利益是要通过各集团的代表进行政治性的辩论而获得。由于公共利益应由公众的参与而获得已成共识，帕尔与马斯韦尔(Pal & Maxwell)(2003)提出了作为过程的公共利益。这说明公共利益产生于公正的、包容的和透明的决策过程。

一致性的和共同的公共利益的概念是可接受的，但对于多元利益的定义则比较含糊，多元利益可理解为不确定群体的个体利益。个体利益是否可转化为公共利益？德国学者雷斯纳(Leisner)认为如下的个体利益可转化为公共利益："①不确定多数人的利益；②具有相同性质的个体利益；③少数人的某些特殊利益"(陈新民,1992;叶必丰,2005)。当然，个体利益转化为公共利益不是没有条件的，应根据"宪法的理念，斟酌国家任务及立国原则而由立法者具体实践之"(陈新民,1992;叶必丰,2005)。

公共利益不是孤立存在的，它往往与个体利益相矛盾。"公共利益与个体利益的斗争具有普遍性"(叶必丰,2005)。公共利益是不确定多数人的利益,公共利益与个体利益的矛盾就是不确定多数人与个体的矛盾。公共利益的确认也包括公共利益与其个体利益之间的衡量,并要求公共利益与个体利益形成平衡的状态。这个平衡态可成为一个和谐的社会关系的基础。一个理性的公共利益寻找过程,就是要听到不同利益的诉求,并把这些诉求融入公共利益决定机制的过程。当公共利益与个体利益之间发生矛盾时,如不按照法学中的比例原则,也即必要的公共利益对个体利益的侵害是最小侵害,就会引发社会矛盾。

公共利益是城市规划介入私有产权的依据。但公共利益的模糊性令人困惑,也是常常被指责为用来剥夺个体权利的"借口"。诺思政府悖论认为政府可能增进公共福利,也可能侵蚀个体利益。城市规划要真正成为公共利益的代表,关键是如何确定公共利益。朱新力等学者(2004)认为,"'不确定的多数人'应是判断利益公共性的唯一最终标准,'国家的目的'最终也只能通过其是否为了'不确定的多数人'的利益而判断公共利益"。因此,朱新力等学者(2004)提出公共利益的内涵:①在"利益"判断方面,依据价值观念与社会客观事实进行相关判断;②在"公共"界定方面,应统一采用"不确定的多数人"之标准。

自 20 世纪 30 年代以来,美国最高法院对公共用途做了较宽泛的解释。"只要具备一定的公益性,就可以征用;同时也不排除私人使用"(蒋永甫,2008)。2005 年的新伦敦案就是一个典型的实例。在征收方面,新加坡也有同样的做法。"新加坡政府并没有把自己限制在仅为公众利益而强制收购私人土地,政府也可为城市的商业利益而征地"(朱介鸣等,2007)。从空间中权利实现的角度看,很难分辨征地是为了商业利益,还是为了其他不确定多数人的利益,如为了实现就业权、教育权和居住权。

从宪政分权的角度,公共利益的界定的判断标准则由行政机关来行使,并由司法机关实施监督。行政机关在决定何为公共利益时,会依据社会经济发展的状况,以及未来的发展态势,做出综合的判断。因而公共利益的界定带有相当程度的自由裁量性质。从权力分设的角度,行政机关并非独享行使界定何谓公共利益的权力,当对公共利益的界定发生争议时,司法可以介入这一过程,以防止行政机关在界定公共利益时的专断。因此,重要的是行政机关如何界定公共利益。

公共利益的概念的模糊性,吸引了众多学者的目光。邢益精(2008)已经将中外学者对公共利益的研究成果进行了分析。邢益精得出的结论是,"公共利益概念的确定,除了已经达成共识的诸如宪法理念外,实于民主宪政的理念所形成的公益寻求、确定及适用程序有紧密联系"(邢益精，2008)。这也说明了公共利益是一定发展时期社会价值观的体现。正如王景斌教授总结的公共利益的四个特征：①整体性；②抽象性；③相对性；④历史性(邢益精，2008)。为此，公共利益可以分为两类：①一般意义上的公共利益，也就是指公共安全、公共健康、教育等方面的概念；②社会考量中的公共利益，特殊社会时期社会矛盾对比而形成的公共利益。

7.1.2 从公民基本权利的角度看公共利益

宪法的基本目的是保障公民的基本权利，而宪政的核心是通过规范公共权力的运行，公平、公正地促进公民基本权利的实现。公共权力运行的基础是公共利益，而宪法中的基本权利的设定则是反抗公权力的。宪政体制要求公共利益是对基本权利限制的条件。例如，2004 年中国的宪法修正案中提出了征收的目的是公共利益的需要。限制公民基本权利是法律保留的事项，但是法律保留仅仅是形式的标准，而不是一种实质的标准。虽然限制基本权利的事项保留在"立法"机关，由于这种法律保留无实质标准，很有可能造成"立法"机关随意限制基本权利的状况。这样公民基本权利的实现和干预与公共利益产生了联系。因此，要更好地分析公共利益，必须回到公民的基本权利的角度。

从基本权利的角度看待公共利益，邢益精（2008）和张翔（2008）总结了两种观点：①基本权利外在限制说：外在限制说认为"公共利益乃是基本权利之外的对基本权利的制约。外在限制说将基本权利与公共利益划分为两种不同的价值体系。②基本权利内在限制说：内在限制说认为公共利益实际上是基本权利自身性质产生的。内在限制说将公共利益与基本权利等同为一种利益。

基本权利的外在限制是将公共利益放在基本权利之外，并可以作为对基本权利进行限制的理由。由此得出，公共利益高于基本权利。由于表现出的是两种利益，外在限制说往往采用比较与衡量的方法。在立法、行政与司法层面都要对公共利益与个体利益比较衡量。在公共利益模糊定义的条件下，公共利益的优位容易让公权力随意限制基本权利。由于宪法的基本原则是保护公民的基本权利，但在公共利益优位的前提下，很难解释宪法保护基本权利的逻辑。"'外在限制说'所可能导致的危险在于：使公益条款成为对国家权力的空白授权，使'法律保留'转而变成限制基本权力之利器"(邢益精，2008)。

基本权利内在限制说是将公共利益作为基本权利中的一个部分,也就是用一部分的基本权利限制另一部分的基本权利。内在限制说的核心是公共利益与基本权利的同一性。基本权利的行使与主张不能损害和影响基本权利赖以生存的社会环境,或者是损害其他多数人的基本权利。公共利益对基本权利的限制是自身限制。这符合宪法中的价值判断。这样,公共利益与基本权利不需要用利益衡量的方式,只是研究在什么范围对基本权利进行保护,在什么社会背景下,基本权利如何限制。

基本权利外在限制说将公共利益与基本权利分为不同的价值类型,很容易造成公共利益高于个体利益的错觉,并形成公共利益随意限制基本权利的倾向。而基本权利内在限制说在价值上是合理的,但却推导出权利限制权利的逻辑。在宪法中并没有规定权利位阶的高低,因而很难判断何种权利可以限制另一种权利。因此,两种学说在公共利益与基本权利的关系分析上各有利弊,在学理上并不能很好解释公共利益为什么可以限制基本权利。

既然上述两种理论都不能很好解释公共利益与基本权利的关系,那么如何更好地理解这两者间的关系。虽然,公共利益是一个模糊的概念,但是公共利益是不确定多数人的利益的定义是学界的共识。公共利益作为一个不确定的法律概念,从另一个角度看则是留给立法、行政的自由裁量空间。这需要立法、行政在根据公共利益所处的时间和空间进行判断。笔者认为,要分析公共利益与基本权利的关系,还是应当从公共利益的定义以及基本权利的价值体系出发。

笔者很赞同基本权利限制的内在说中将公共利益与基本权利作为同一种价值体系,也就是权利可以限制权利。如果说在价值上权利可以限制权利,那么公共利益可以表述为不确定多数人的基本权利的主张。虽然,在宪法学中没有基本权利位阶的规定,但是,在公共利益与基本权利的判断上可以采用基本权利外在限制说中的比较与衡量的方法。这里将基本权利的限制在价值上是内生的,在衡量上则是同一种利益进行比较。事实上,现实生活中往往是不同利益主体、不同阶层的人群在不同类型的基本权利方面所形成的利益比较。

1915 年美国最高法院受理的哈达切克诉塞巴斯蒂安案(曼德尔克等,1990),可以说明上述情形。原告宣称自己的砖厂建立时,周边尚未有任何住宅或住宅区。由于洛杉矶的城市发展,周边的住宅越来越多。这样的情况可以看作为是原告的财产权和周边居民的环境权之争。虽然财产权与环境权在宪法价值位阶中难以分出高低,但是财产权与环境权所对应则是个体与不确定多数的关系。原告的砖厂比周边的居住区早建是事实,禁止在该地区建设砖厂的法规的依据则是公共利益,也就是周边不确定多数的居民对环境权的主张形成了公共利益。为此,美国最高法院支持土地使用规制包括溯及既往地终止在居住区周边的有害使用,而不是征收。

基本权利有多种分类方式。传统的分类为自由权与社会权,自由权意味着政府的积极不干预,而社会权则要求政府的积极作为。但是实际上很难将基本权利按此分类。张翔(2008)则将基本权利从功能的角度分为三个层次:防御权功能、收益权功能、客观价值秩序功能。无论哪种分类,均要求政府的积极作为。基本权利要求政府的积极作为。政府的积极作为则蕴含了基本权利中存在公共利益,否则政府无理由介入社会经济事务。这里也反证了基本权利是公共利益的必要条件。基本权利的集合要求政府的积极作为。

从基本权利的角度看待公共利益,可以更好地理解公共利益的内涵和实质。上述案例中洛杉矶市制定法规禁止在一定的区域内设置砖厂或砖窑,意味着原告(Hadacheck)财产权的丧失。若他的砖厂继续运行则影响到周边多数人的环境权利。公共利益的模糊性所指的是现实情况的复杂性造成难以将所有公共利益一一列举。在城市空间中,若一部分群体的居住权没有保障,表现出来的是住宅紧张;若就业权没有保障,则是就业困难;若部分财产权的过度使用,负的外在效应影响了生存环境,则是环境污染。为此,从基本权利的角度,公共利益可以理解为基本权利派生的不确定多数群体的权利主张。

7.1.3 新自由主义与社群主义

宪政的基本目的是保障公民的基本权利。宪法中的平等权利,强调的是每一个体都要得到平等对待。这种保障往往从个体着眼。既然公共利益可以限制基本权利,而且公共利益是基本权利派生出来的不确定多数人的权利主张,这是否意味着公共利益优位?基本权利与公共利益之争实质上是个体与群体的关系之争。为此,有必要将目光转向关注个体与群体的政治哲学中两极:新自由主义与社群主义。

自由主义是近代资产阶级革命的基础,既是政治哲学,也是意识形态。自由主义的产生是对抗封建、教皇的权威。洛克等人认为个体的自由是社会稳定的基础。自由主义者企图将自由作为一种普遍、理性的社会共识，企图成为实现社会美好生活的共同方案。自由资本主义诸多的弊端证明了自由主义终结。新自由主义虽然对自由主义进行了改良，更加重视政府的作用以及对自由的限制。但是，新自由主义仍然是以个体利益为本位的思想，强调个体的优先权，防止公权力及他人对个体合法利益的侵害。新自由主义的基本特征是权利优先，甚至优先于目的、优先于善。

自由主义对权利的意义是显而易见的，但是，其意义显然是立足于个体之上。从社群的角度，可能是损害了个体的利益。为此，自由主义的失效需要另一种政治哲学来弥补，社群主义开始登场。尽管社群主义仅是在 20 世纪 80 年代活跃于西方的一个政治哲学流派，但其源头可以追溯到亚里士多德，并在 19 世纪就开始使用这一概念。社群主义则是和自由主义相反，主张以人的社会性为本位，强调公共利益至上。社群主义者认为，社群优先于个体，从而目的和普遍的善优先于自我权利。

社群主义将美德作为人们追求的首要目标。通过个体对美德的追求而实现一种善良的生活。个体是社群中的个体，社群给予个体共同的目标和价值。共同的善不是个体的，是社群共同拥有。共同的善形成公共利益，"公共利益是这样一种利益，当它提供给某人时，就必然同时也自动地为同一社群的其他成员所享有"（俞可平，2005）。很显然，社群主义所倡导的公共利益是一种非排他性的，或者是相容性的公共利益。按照社群主义的观点，环境则是其典型的公共利益。清洁的空气是社群成员共同拥有。这种相容性的公共利益受损时，社群中的其他成员的利益也受损。

公共利益的相容性很容易导致个体搭便车的动机。个体可以不对公共利益的增加做出贡献，但可以享受到与群体一样的利益。要解决这种困境，不能采用利己的理性选择，只能依赖于具有美德的个体。公民的美德是公共利益的基础，正如安徽桐城六尺巷的形成，则给我们树立了一个公民具有美德的典范。但是公民的美德并不是生来就有，要使公民具有美德，就要对公民进行教育。公民的美德是建立在价值分析之上，公民首先要知道什么是善，什么是恶。

俞可平（2005）认为新自由主义权利优于善的逻辑为：①权利优先意味着不能因普遍的善而牺牲个人权利；②界定这些权利的正义原则不能建立在任何特定善良生活观之上。社群主义的代表人物桑德尔认为，"权利以及界定权利的正义原则都必须建立在普遍的善之上,善优先于权利和正义原则"(俞可平,2005)。社群主义所指的善也就是现实中的公共利益。从社群正义的角度,公共利益优先于基本权利。

新自由主义和社群主义对公共利益的不同观点的社会影响显然是不同的。新自由主义强调权利本位,更重视政府的消极作为,所带来的危险是公共秩序的脆弱、贫富差距过大、生态环境恶化等等。而社群主义则是强调善优先于权利,更重视政府作用的发挥,所带来的危险是有可能牺牲个体利益、胁迫公民遵守所谓的"善"。由于人是社会中的人,人不可能成为孤立的个体。因此,无论是对新自由主义的过分强调,还是对社群主义的过分重视,所带来的都是个体利益的受损。

基本权利是公民争取平等的基础,权利的获得需要环境的自由,也就是没有环境对个体的约束。然而,由于市场机制的竞争的存在,优胜劣汰是必然的。每一个体在环境自由的条件下,很难获得真正的权利。个体权利的获取需要政府或者是外界的积极支持。这就是自由的权利转向社会的权利。权利的转向需要政府依据公共利益对权利进行约束。在"个体为大,个体优先"的背景下,要寻找公共利益,正如梁鹤年(2008)指出的,"在个人(自我)和自由(竞争)的意识形态里去寻找公共利益,就是缘木求鱼"。

在城市空间中,个体是组成城市的基础。然而个体的价值是在城市的背景下体现出来的。城市空间有三个基本特征:①相互联系:甲的权利主张必然影响到周边的个体。②非匀质性:城市是有结构的,城市中的个体所占据的只是城市的局部,如中心区、边缘区等。空间的正义影响到权利的实现。③共生性:城市是全部公民的城市,不是哪一个群体的城市,如环境是全体公民的利益所在。因此,在空间中公民的基本权利要求不仅存在于个体意义上的,而且还包括群体意义上的。个体的价值是在群体的背景下表现出来。

7.2 城市规划中的公共利益

7.2.1 公共利益的找寻与实现

公共利益虽然是一个模糊的概念,但具有如下特征:①公共性:公共利益不是个体利益,因而公共利益的产生一般依赖于政府机制,而不是通过竞争性的市场机制。②合理性:公共利益的导向应当符合道德规范,以及正义和平等的原则。公共利益的实现还要考虑可利用资源的情况。③正当性:公共利益是不特定多数人的利益,应听取公众的意见,通过协商达成一致。

不同价值观的城市规划模式对公共利益的理解是不相同的。这可从城市规划的三种模式中加以说明。

(1)理性规划模式中的公共利益:该规划模式认为社会存在着一致性,它可以通过科学方法分析各成员的得失来推导和寻找公众利益,得到的公众利益是价值中立的。理性技术可以达成目标和行动的一致性,以确定合理的规划方案。然而,理性综合规划对公众利益的解释受到了很多批评,主要有两方面:社会不可能存在一致性,冲突是普遍存在的;科学方法不能计算利益的得失,不能得到对未来的准确预测。

(2)倡导性规划中的公众利益:该规划模式认为社会存在着多元利益(Plural Interest),而不是一致性的利益。该模式强调公众参与。要求每个公民均应积极地参与到整个规划过程中,使他们的意见和希望成为公众利益中的一部分。由于资源的限制,并不是所有的意见和希望都被接受,而是政治选择的产物。又由于难以组织公众参与,难以形成满足多元利益的规划,该模式中公众利益的解释也受到许多批评。

(3)激进式规划中的公众利益:该规划模式认为现行的资本主义的政治经济结构是扭曲的,在扭曲的权利结构下,不可能得到公众利益。激进式规划对理性综合规划和倡导性规划都提出批评,认为不可能得到一致性的公众利益;而多元的公众利益在现行的不平等的权利结构条件下冲突加剧,以致很难找到公众利益。只有通过社会转型,在权利结构转变之后,真正的公众利益才能得到,公众利益的含义才得以丰富。

公共利益是如此的难以确定,因而宪政在权力的制度设计中,对公共利益的找寻采用分权制衡的方式。主要为三个路径:①立法路径:立法机关通过制定法律、法规,通过列举或者是概括的方式明确公共利益的含义和范围。②行政路径:行政机关根据对相应法律目的、原则和精神的理解对公共利益进行判断。③司法路径:司法路径主要指司法机关根据立法机关对公共利益概括规定,以及相应法律目的、原则的理解,就具体个案的情形做出其认为适当的解释。例如,开罗诉新伦敦的案例。

公民的基本权利是宪法保护的权利,立法机构对公共利益的界定是十分必要的。它可以防止行政机关随意解释公共利益,或者防止行政机关恣意侵害公民的基本权利。按照宪法学原理,对公民基本权利的限制属于法律保留的范畴。既然公共利益是法律保留的事项,立法机构就应在衡量公共利益与基本权利的关系后制定法律,明确公共利益的范围、使用条件,不能给行政机构太多的自由裁量权。

当然,立法机构在明确公共利益方面有自身的缺陷:①有限理性的存在,立法机构不可能穷尽公共利益的范围。②立法的滞后性,立法难以应对现代社会发展中的广泛的社会矛盾。立法机构不能完全明确公共利益的范围,余下的工作只能由行政机构承当。行政机构也必须参与界定公共利益。由于公共利益是一个发展的概念,在福利社会的指引下,政府的行政功能在扩展。为了规范行政机构在界定公共利益时的合理与妥当,应对行政机构的界定过程进行控制,以保证行政机构的职责是增进公共利益,工作边界是公共利益。因此,正当程序和司法审查可以成为控制行政机构界定公共利益的制度。

从权力分设的角度,司法机关是找寻公共利益的最后一条路径。从宪政的角度,司法机关可以对立法的界定与行政的界定进行合宪性与法律性审查。司法的介入实质上是通过法官的智慧,对公共利益的重新界定。由于公共利益的模糊性,不论是立法还是行政,在界定公共利益的过程中往往采用政治的方式。对有政治过程产生的公共利益,司法是否能容易地应对?考默萨(2007)从法律供给的角度分析,“呼吁减少司法干预的程度,提升市场和政治过程的地位和功能”(有一定市场的非主流观点)。

在国家权力机构定义或找寻的过程中,要求立法的原则、行政的界定与司法的判断是一致的。“由于难以对公共利益进行实体性界定,近年来对公共利益的研究开始从实体转向程序”(陈振宇,2009)。公共利益界定的转向实质上是对公共利益的界定增加了政治路径。也就是通过民主的方式进行。邢益精(2008)也认为“民主是公共利益的最有效制度”。

7.2.2　公共利益的实证分析

公共利益是政府干预私有产权的依据,也是城市规划的核心内容。美国1791年生效的宪法第五修正案提出,不经正当法律程序,不得被剥夺生命、自由或财产。不给予公平赔偿,私有财产不得充作公用。公共利益、公共用途成为城市规划或者是政府征收的前提。这里选择两个案例进行实证分析,一个是夏威夷住房机构诉米德基夫案,另一个是开罗诉新伦敦市案。

1）夏威夷住房机构诉米德基夫案（薛源，2006；谭纵波，2008）

20 世纪 60 年代以前，由于夏威夷早期建立的封建领主土地制度使得夏威夷的土地为少数人所有，47％的土地为 72 名土地所有者拥有。其他居民只能从少数土地所有者手中租用土地。为改变这种状况，1967 年夏威夷制定了《土地改革法》，授权夏威夷住房管理局征收居住用地土地，再将征收的土地转让给现土地租用者或其他人。夏威夷住房管理局于 1977 年就征收是否符合公共用途进行听证，并在 1978 年与土地所有者米德基夫进行谈判。随后夏威夷住房管理局要求就执行《土地改革法》进行强制性仲裁。而米德基夫则向联邦地方法院起诉，声称该法律违反了宪法。1979 年地方法院判决该法案有关强制仲裁和确定赔偿方式的条款违宪，其余部分符合宪法。1983 年上诉法院推翻了地方法院的判决，认为该法案是"夏威夷州立法机关仅仅为了乙的私人使用而取得甲的私人财产再转移给乙的一种赤裸裸的企图"。但联邦最高法院在 1984 年的判决中又推翻了上诉法院的判决，认为《土地改革法》"是一个全面而且合理地发现并纠正市场失灵的措施"。

美国司法界对公共利益的理解不是机械的，而是相当宽泛的。该案中征收的土地并不是用于学校和医院，而是用于其他公民的住宅用途。从该案中，"根据征收取得的财产被直接转让给私人受益者的事实，并不能判定征收只是为了私人目的"（薛源，2006）。本案征收的目的是为纠正市场失灵而重新配置资源，以降低资源配置的社会成本。正如薛源指出：①法院尊重立法机关的判断；②只要征收与公共目的有合理的联系，就认为是公共目的（薛源，2006）。该案给我们的启示是，对公共利益和公共目的的认定不是一个简单的判断过程，而是在一个社会经济发展背景下的推理过程。

2）开罗诉新伦敦市案

新伦敦是美国东北部康涅狄格州大西洋沿岸的一个城市。最近几十年来，这个城市经济一直不景气。1990 年，该市被州政府相关机构认定为经济衰退城市。1998 年，该市的失业率为州平均失业率的两倍，且该市人口也降到了 1920 年以来的最低水平。为了帮助该市振兴经济，州政府于 1998 年 1 月授权发行总共价值 1500 余万美元的公债，用于经济振兴计划以及修建一个州立公园。同年 2 月份，辉瑞制药公司宣布要在该市投资 3 亿美元修建一个研究中心。

为了利用这个机会作为该市经济发展的催化剂,新伦敦市政府通过一家非营利开发公司——新伦敦发展公司,制订了一份经济开发计划,并提交州政府有关部门批准。该计划是90英亩土地开发规划,建造办公区、会议大楼、新住宅楼等项目。预计开发的地区涉及115处私人地产。在州政府相关部门仔细研究并批准该计划后,市议会即授权新伦敦发展公司购买计划中涉及的地产,并在必要情况下行使征用权。新伦敦发展公司成功地购买了大部分地产,而对于不同意出售的几处地产启动了征用程序。

该公司与该范围内大部分居民协商收购成功,但仍有少量居民反对。2000年11月,城市开发公司实施强制征收,引发诉讼。开罗等9位起诉人对征用程序提出挑战,认为对他们财产的征收违反了宪法第五修正案"公共使用"条款,并请求法院颁布命令禁止对其地产的征用。高等法院批准了部分原告的请求。双方上诉到康涅狄格州最高法院。州最高法院认为案件中涉及的土地用途均属于"公共用途",判决征用程序并没有违反联邦宪法第五修正案。诉讼双方向联邦最高法院请求发布调卷令,审查州最高法院的判决。2005年6月23日美国联邦最高法院以5∶4的投票结果判决征用土地用于经济开发目的,符合第五修正案的公共用途条款。最高法院以"经济发展"作为公共利益,维持了新伦敦市采用征收权征收私有财产的判决。在开罗诉新伦敦案判决后,引发了法律界对公共利益的关注。

这里提出的问题是政府为了振兴经济的目的征用私人土地,并将其交给另外一个私人机构用于开发。这种征用是否满足联邦宪法第五修正案中对于征用的"公共用途"限制?夏威夷住房机构诉米德基夫案和开罗洛诉新伦敦市案是两个比较典型涉及公共利益的案例。在美国的司法案例中,还有许多类似的案例。1954年美国联邦最高法院在伯曼诉派克案(Berman vs. Paker)(邢益精,2008)案的判决中,同样出于公共安全、大众健康、道德和秩序等因素,支持国会授权政府征收华盛顿特区的一个陷于衰退的社区,并驳回了上诉人的请求。在该案中,也存在除了一些用地由政府用于街道、公共事业和学校外,其他的则出租或卖给私人或公司开发。这是美国最高法院首次对公共用途定义的案例。

理论界与美国司法界对公共利益的理解是宽泛的。美国司法界在涉及城市规划中的公共利益的判定所采用的方式为,公共目的(Public Aim)、公共用途(Public Use)、公共需要(Public Need)、公共福祉(Public

Welfare)等等。例如,1981 年密歇根州的底特律征收了 467 英亩的土地,廉价转让给通用汽车公司。通用公司曾宣称如果城市不提供新厂址,该厂将厂址迁往他处。若如此,底特律将失去 6000 个工作岗位、税收,并恶化城市发展的环境。而新厂址所在地的住户、商店和教堂均要搬迁。为此,新厂址的居民委员会上诉到州法院,认为征收土地的目的是为私人的财产使用,违反了州宪法中公共用途的规定。密西根州最高法院认为,该案中"征收之权力主要是用来达成必需的公共目的:减轻失业和振兴社会经济,私人收益只是偶然罢了"(邢益精,2008)。

从罗斯福在 20 世纪 30 年代对联邦最高法院的改革意图中,我们也可以发现公共利益与社会经济发展状况的关系。在 1934 年到 1936 年有多达一打的经济计划被法院否决。1937 年 3 月 9 日罗斯福总统发表了著名的"炉边谈话",提出对联邦最高法院的改革,从而导致了"大多数的在任法官相当突然地联合起来支持总统的计划,放弃了经济上的实体正当程序"(奥尔特,2006)。罗斯福不是一位激进主义者,当我们了解到当时的社会经济背景时,或许我们会更好地理解罗斯福的"新政"。由于受到 1929 年股市崩溃的影响,"到 1933 年 3 月富兰克林·D.罗斯福宣誓就职时,失业率已经达到了 25%,商品和服务的价值几乎下滑到自 1929 年以来的一半"(利维,2003)。

涉及公共利益的案例还很多,据邢益精(2008)统计,1954 年到 1986 年美国联邦法院的涉及公共用途的案例共 17 件。对 17 件案件的判决都主张征收权的行使是合宪的。各州 1986 年到 2003 年有 236 件涉及公共用途的案例,其中法院认定 84% 的案件满足公共用途的要求。这说明在美国司法界对公民最严格限制的征收态度是宽泛的,这也证实了德国学者雷斯纳(Leisner)认为的某些少数人的利益可转化为公共利益(陈新民,1992;叶必丰,2005)。美国联邦最高法院认为,"只要某种用途与某种可以想象的公共目的有合理的关联,那么这一用途就具有了充分的公共性质"(奥尔特,2006)。而对公共利益的宽泛理解,导致"美国法院关心的基本问题是'那些因为财产的再分配而受到损失的人应否得到赔偿'的问题"(邢益精,2008)。

19 世纪是美国城市化快速发展的阶段,人口的集中给社会经济发展带来极大的压力。社会经济的发展与私有财产保护产生了紧张的关系。这种紧张关系也反映到了司法界。19 世纪以后,司法在对公共利益的理解方面,采用的是更广义和更理性的标准。在如何理解公共利益和公共用途的问题上,"霍姆斯大法官强调'不完全的一般公众的使用构成一个普遍的标准'。从此以后,美国联邦最高法院一直采用广义的解释,而拒绝使用狭义的标准"(邢益精,2008)。这种一贯的对公共利益的理解,反映了法律回应社会发展的一种价值取向。

7.2.3 社会场景与公共利益

宪法对基本权利的限制是在公共利益需要的前提下,通过制定法律的方式来完成。城市规划作为政府干预私有产权以实现社会正义的工具,是依据规划法来编制的。宪法承认基本权利的存在,同时肯定了限制基本权利的目的的公共利益。这就造成制定法中基本权利与公共利益的紧张关系。从宪政的角度,由于公共利益概念的模糊性,立法很难协调和平衡公共利益和基本权利之间的关系。为弥补这种紧张关系,制定法往往以不确定的法律概念来明确公共利益。例如,在中国的《城乡规划法》第一条中,明确了城市规划的目的是"协调城乡空间布局,改善人居环境,促进城乡经济社会全面协调可持续发展"。人居环境和经济社会全面协调发展就是城市化进程中的公共利益。

在城市规划领域定义公共利益是一件十分复杂的事情。在城市化进程中,农村人口如何进入城市,城市是否要排斥外来的农村人口?如果将这一问题定义为公共利益,则在征地拆迁过程中,道路、中小学、公共绿地的建设等项目是为了公共利益,那么,住宅和工厂的征地是否是公共利益?从法律经济学的角度,征地的交易成本是巨大的,博弈者双方均要寻求合理的价格。但由于土地的稀缺性,土地的拥有者提出高昂的收购价格。如果采用巨大的成本收购土地,其成本只能转移到消费者身上。因此,经济的门槛阻碍了外来农业人口在城市中的就业权和居住权。

城市规划作为一项技术性与复杂性并存的工作,公众需花时间来理解城市规划方案决定的背景与过程。在目前的城市规划中,既出现个体利益膨胀而难以实现公共利益,也出现公共利益对个体利益的严重侵害。例如,在城市规划中,公共厕所、垃圾中转站、变电所灯箱即使符合国家规范,也很难得到群众的理解而无法选址。我们已经听到"高压线的布置必须离我 500 米远"的集体呼声,中小学往往受到各种利益的制约难以布局与实施。我们也看到为了暂时的"公共利益"对众多的个体权利的强行剥夺。

从空间宪政的角度很难判定房地产开发、工厂的建设是不是为了公共利益。因为它为当地人改善了居住环境，为外地人和当地人增加了就业岗位。问题是如何看待经济的发展与开发商巨大的商业利益的关系问题。例如，1981年美国密歇根州最高法院审理的波利敦社区诉底特律市案（Poletown Neiborhood Council vs. City of Detroit）就说明了这点。20世纪国家的任务发生了很大变化，由消极的"夜警"国家转为积极的"福利国家"，"国家任务的范围除了个人自由、生命和财产外，还包括个人的生存和发展"（叶必丰，2005）。城市的发展与公民的生存和发展紧密相连。

按照亚当·斯密的理念，"私利会带来公益"。个体经济的生产其目的不是为了自身的需求，而是为了社会的整体需求。从这一角度，市场机制是可以达到追求公益的目的的。功利主义认为公共利益为社会所有个人利益之和，因而用"为了大多数人的最大幸福"为公共利益的标准。公共利益的两种基本的观点为自由主义与社群主义。自由主义强调的是权利，社群主义则强调权利的法律意义和权利的相对意义。社群主义认为，"权利就是一种有法律规定的人与人之间的社会关系，是一种保护个人正当利益的制度安排"（杨帆，2008）。公共利益的模糊性导致不同立场或者角度有不同的看法或者是价值观。可以认为，公共利益是一种社会的价值导向。

物权法是保护私有产权的制度，在物权法后土地细分为许多小块，且由众多个业主所有。在未来的城市发展中，城市规划将面临产权的难题。若业主不愿意转让土地产权，城市规划改造的难度将加大。"新加坡并没有把自己限制在为公共利益而强制收购私有土地，政府也可以为城市的商业利益而征地"（朱介鸣等，2009）。由于土地的稀缺性，土地的征收是一种土地的再分配的形式。拥有土地的少数人与无地的大多数人将会就实现基本权利的载体而竞争。若按照少数服从多数的原则，从意愿的角度，对城市空间的竞争是否会出现"多数人的暴政"。

城市规划中的公共利益应从城市化进程中对城市公民权利的实现方式、权利矛盾的协调进行系统的、全面的分析。公共安全、公共健康、舒适便利、社会福祉、可持续发展均是公共利益的选项，而不是从一个简单私有财产的保护的角度来判读公共利益。如果，公共利益定义狭窄，仅限定于道路、公园、医院、学校等，那么在城市化的背景下，由于权利的大网已经笼罩在整个城市，最后的结果将是把外来人口排斥在城市之外，更何况是要实现他们的公民基本权利。为此，城市规划所代表的还包括社会考量中的公共利益。

2005 年美国最高法院对开罗诉新伦敦案的判决,要求城市规划本身就应承当公共利益的职能。该案的焦点是征收的土地用途并不是为建设道路、学校和公园,而是为了建造办公区、会议大楼、新住宅楼等项目。最高法院维持该案最重要的依据是土地的征收是依据一个周密详尽的经济发展规划。在新伦敦面临经济衰退时,该规划的实施可以为新伦敦注入活力。它给城市带来了就业机会和财政收入。如果该项目的土地征收不是依据经济发展规划,那么得到的结论将是征收 A 的财产,然后把 A 的财产转移给 B。这说明,一个合理、公平、公正的城市规划本身就是公共利益。

从上面分析可知,公共利益不是一个孤立的概念。笔者赞同王景斌教授总结的公共利益的四个特征:①整体性;②抽象性;③相对性;④历史性(邢益精,2008)。在城市规划中,公共利益找寻不仅要从法律的角度进行思辨,而且要从城市发展的角度、从进入城市的权利的角度、从城市中公民各种权利实现的角度进行判断。公共利益的界定不能采用个体的方法论从局部进行考量,而是应从历史的整体的角度进行思考。对公共利益的找寻,"需要根据不断变迁的社会中政治、经济、社会和文化等因素进行综合的考量"(邢益精,2008)。公共利益应该是在不同的社会经济发展场景中,数量较多的不定的利益群体的基本权利的集合的综合考量。

7.3　城市规划中的公众参与

公共利益的找寻需要公众参与。这是正当程序的体现。然而,阿罗不可能定律证明了不可能存在一致的公众偏好。如何从近似于布朗运动的公众意见中寻求一致,则是公众参与中的难题。

7.3.1　公众参与的概念

2008 年新的《城乡规划法》虽然没有直接明确公众参与城市规划的权利,但是对城市规划的编制、修改均设置了公众参与的程序。这是在制度上确立公众参与在城市规划中的法律地位。公众参与不是一个新的课题。规划界从 20 世纪 80 年代以来一直在研究公众参与的问题。但公共参与的法学含义和什么是有效的公众参与,仍然是值得讨论的问题。正如陈振宇(2009)所说,"'城市规划过程中的公众参与'这个在城市规划界不是新的话题,在行政法学依然是一个有待研究的新命题"。从法学看,公众参与既是决策的民主化过程,也是权力的再分配过程。

随着城市化的进程,城市出现了社会的分层。各阶层、各群体由于各自的文化、社会、经济的背景各不相同,从而产生了各自的价值观,形成不同的利益关系。公众参与是公民权利意识的觉醒,是公民依据法律对社会提出实现表达权、参与权的要求。在城市中,主要表现在多元利益的多种价值观的共存、多元利益的共存。由于各阶层、群体均在追求利益的最大化,必然在空间中形成冲突。若城市规划追逐单一的价值和理性,也必然和现实产生紧张的关系。为此,在市场经济和财产权保护制度的条件下,城市规划的转型是必然的。

虽然,公众参与尚未有精确的定义(陈振宇,2009),但是,其一般是指公众介入城市规划决策的过程。现代城市规划建立在干预私有产权的基础之上,整个行政过程充满利益的纷争。城市规划中的公众参与是缓解公共利益和个体利益紧张关系的重要方式。"当代行政过程无处不在的利益冲突、竞争和妥协,表明行政过程本质上已经成为政治过程"(王锡锌,2007)。城市规划同其他行政过程一样,在公众参与的背景下,城市规划的制定过程也是一个政治过程。公众参与促使城市规划从理性的专家模式转向社会政治的模式。公众参与中的利益表达、利益协调、利益整合成为了城市规划决策的基础。

城市规划编制的一个基本原则是正当程序,而公众参与则是正当程序的一个十分重要的组成部分。公众参与城市规划也是城市规划对"决策民主化"的一种回应。一般而言,城市规划中的公众参与具有四个基本职能:①城市规划正当性的来源:城市规划作为公权力对物权的干预过程,应遵循正当程序原则,也即应听取市民的陈述,"正当程序的核心是公众参与"(王国柱等,2004);②公共利益与个体利益的边界的求证:在多元化的社会中,公共参与还要寻找公共利益与个体利益冲突的方面与程度,确认公众利益与个体利益的边界,以避免对个体利益的严重侵害;③培养政府与公众的合作意识:它既为公众在公共决策中提供了直接对话的机会,唤醒公民意识,也有利于公民认识、理解和支持城市规划;④推进城市规划工作的公开:通过公众参与,促进了城市规划的公开,避免了"暗箱"操作的行为,有效地监督了城市规划。

在城市规划中公众参与,指的是在信息公开的条件下,公众通过意见征询会、方案讨论会、专家咨询会等方式,表达意见,发表评论,阐述利益诉求,甚至是听证和抗辩等多种形式,参与到城市规划的制定中来,以影响城市规划的制定过程。通过沟通与交流,便于城市规划制定主体根据法律、法的精神进行识别,以形成科学、合理的决策。公众参与是一种"以权力制约权力"的重要方式。它是一种主权在民的表现。公民通过参与,实现了宪法规定的参与权、表达自由的权利等政治权利。

公众参与的意义已广为人知,但参与的方式一直在争论之中。在西方的城市规划理论中,理性的规划、倡导式规划和激进的规划,对公众的参与的理解是不同的。在理性的规划模式中,参与仅限于精英与专家。这种模式已受到了强烈的批判。倡导性规划力图创造一种民主的规划模式。然而,由于公众的广泛性、信息和知识的不对称性,怎样的参与才有效,一直是人们关注的问题。正如激进式规划理论对倡导式规划批评所述的,多元的公众利益在资本主义现行的不平等的权利结构条件下加剧冲突。"不断增强的公众参与,又导致了'过度多元主义',在这样一种政治场景中,大量的私益性利益团体支配了公共决策制定过程"(Lineberry,1983;约翰·托马斯,2005)。公众参与到底是公共利益的求证过程还是个体利益的竞争过程,这确实是一个值得城市规划研究者思考的课题。

7.3.2 有限理性与意见极化

城市化的进程是以空间为载体,空间的"同时在场",使得空间中的相互影响不断变化。例如假想城中,规划将工厂放在相对较远的郊外。在一定的时期内,这个规划既要防止工厂对城市特别是居住区的影响,又要保证工人上班的出行距离不要太远。然而,某日发现该市有重要的可开采的矿产资源,如天然气、稀土等。随着矿藏资源的开发,人口迅速扩张。居住区的大量建设造成了原工厂与居住区的距离的减少,产生了工厂对居住区的影响。这会引发类似于美国大西洋水泥厂的诉讼案。

在美国的劳雷尔案中,原规划了大量的工业用地,事实是这些工业用地的预留并没有考虑社会的需求,而社会的需求是住宅,特别是中低收入的住宅。为此,产生的是规划与社会需求的紧张关系。城市规划应对的是城市化,而城市化的过程是一个不断变化的过程。城市规划的编制涉及大量的信息,人口、地理、社会、经济、历史、文化等方面的信息均与城市规划有关。掌握现状的信息是预测未来的重要条件。然而,城市天天在变化,经济、建设、交易、产权等方面的信息不断更新,使得城市规划编制的科学性与社会经济的未来发展发生矛盾。编制的期限越长,则预测的偏差越大,导致城市规划与现实的矛盾也越大。

如何对付社会经济的发展?人类的无知和对应付方法的无知成为人类发展中心议题,或称知识问题。作为哲学之一的认识论是一门关于知识的理论。"认识论的一个核心原则是,知识不是一个静态的概念"(柯武刚,史漫飞,2000)。认识论认为人类在开发、验证和应用知识上只具备有限的能力。无知是人类存在的一个基本组成部分。合理的决策需要知识,并在各种可选方案中作出有意识的选择。由于获得信息和知识所需的资源和时间有限,人们往往在有限知识和信息范围内作决策。人们吸纳和评价信息的能力是有限的,美国著名经济学家西蒙称之为有限理性或过程理性。由于有限理性的存在,人们所追求的目标是满意,而不是最佳化。人们同时根据已经获得的知识和经验不断地调整着自己的预期。

克服有限理性的关键问题是无知,也就是人们没有完备的知识来做出决策。柯武刚等(2000)认为有两种知识的不足:①未来的不确定,未来发生的事件较难预测;②横向的不确定,特别是数目较多的群体中个体的理性是变化和难于统计的。有限理性的存在,既影响到城市规划的工作方式,也影响到公众参与的方式。理性不能独自成为决策的依据,而公众参与也必须在尽可能多的信息下进行。人们往往是在有限的信息范围内做出决策,并通过试错的方式不断学习。也就是通过渐进和学习的方式来弥补理性规划的不足。

有限理性的存在,表明人们难以准确预测未来的发展状况。城市发展虽然有自身的规律,但是宏观发展政策、公众的意见、偶然性事件等等,也常常影响到城市发展的路径。例如,目前为回应公众的需求,中国城市规划的重点则在公租房。有限理性的存在,不仅对城市规划的决策方式提出了要求,同时也对公众参与的制度提出了要求。有限理性的存在,同时也加大城市参与的难度。个体理性与规划理性形成了城市规划中的新的难题。制度经济学认为大规模的集体行动,由于搭便车的存在,往往是只代表特定的群体。若处理不当,还会形成"集体合成谬误"。

公众和个体的意见不是一个简单的叠加关系。1965年林德布洛姆发表的《民主的智慧》认为,民主的智慧高于社会互动中的个体行为。根据博弈论的观点,人们总是在他人不改变自己的策略的前提下,也就是在给定的知识和信息的前提下，做出实现自我最大利益的决策。对于个体而言，信息量的多少决定了个体决定的"理性"程度。在信息不对称的条件下，个体的意见和偏好可能是一种布朗运动的方式。但随着信息量的改变，个体的意见会发生变化。孙斯坦指出："群体两极分化指的是协商群体的成员可以根据人们的预测朝着其成员在协商前表现出的倾向中更加极端的点移动"（孙斯坦，2006）。

虽然已经设计出不同的决策方式来克服理性不足的问题，但是从获得知识的角度，公众参与也是一种克服理性不足的重要方式。公众参与主要是解决横向理性不足的问题。为此，城市规划是在政府、社会、公民的三元机制下的互动的过程与行动。公众参与不仅是城市规划正当性的基础，同时也是一种克服理性不足的参与制度。目前，已有多种公众参与方式的总结。但是，在有限理性的存在和公众协商后意见极化的条件下，特别是在人数众多的多元群体中，公众参与则变得十分复杂，甚至是面临困境。

7.3.3　公众参与的困境

在这个多元的社会中，如何让共同体成员自由表达意见，如何协调多元的竞争关系，如何在不同的价值判断下形成"一致性"的共识，这是城市规划中的公众参与的难题。公众参与的难题：①如何取得一致：在个体理性与功利主义的背景下，如何寻求公共理性而取得一致。决策的基础是一致性同意，而阿罗的不可能定理证明不能获得公众的一致性意见。②少数与多数的问题：在"共同福祉总是被不断变动的多数重新界定"（格林，2010）的条件下，如果采用民主决策的方式如何对待少数与多数。少数与多数不仅包括了投票中的少数与多数，还包括参与与不参与的少数与多数。③程序正义与实质正义：参与的过程就是一种程序的正义，但仅有程序的正义是不够的，是否还出现集团利益而导致实质的不义。④人数与参与的复杂性：随着人数的增加，形成一种广泛协商的可能性在降低，而且增加了协商的复杂程度。

梁鹤年（1999）在其文《公众（市民）参与：北美的经验与教训》中，描述了加拿大温哥华市 1992 年至 1995 年在修订总体规划过程中发动了"大型公众参与"的情况。其公众参与分为四个阶段：①市民提供规划概念：在 200 多万的总人口中，共有 3000 人提出了意见；②市民讨论：投票表决可以进一步研究的意见；③市民选择：将第二阶段归纳的住房、就业、交通等 12 个主题编成"选择工作书",直接寄给 6000 人选择,并通过媒体和工作坊进行宣传;④市民与市议会讨论规划草案:规划部门根据收集到的市民意见编制规划草案后展出,并由各市议员到场与市民讨论。对此历时近五年的大规模的公众参与的过程,毁誉参半。支持者认为公众参与是市民的要求,是市民"行使权力"的体现。反对者则认为并不是每个公民都有兴趣去参与,参与仅是少数人的频频出现而已。投入如此多的人力物力,且耗时近五年所得到的是空泛的目标。

温哥华的公众参与的案例表明,即使政府动用大量资源,耗时五年也难以做到"全民参与"。在提供规划概念的过程中仅有不到 0.15% 的公众参与,而且也发现即使两个阶段的参与人数近万人,仍然面临参与的少数和沉默的大多数。即使是在总体规划编制中提出的鼓励居住区作多用途(生活、生产、服务等)以减少交通量的策略也只是得到参与市民 80% 的支持率。这表明,在城市规划中寻求全体市民意见一致的难题通过协商而形成一致的可能性在降低。"随着人数的增加和人均成本的降低,有效的公众参与的集体行动的可能性也在降低"(考默萨,2007)。

在提供概念过程中的少数人的参与,是否能代表温哥华公众的意见?如果参与的少量人是通过随机抽样抽选出来的,且达到一定的比例,例如 3%~4%。这从概率的角度,可称之为代表了温哥华公众的意见。但是,"参与者经常代表的是现存有组织的群体的需要,表达着他们的特殊利益,而不是公民的普遍利益"(托马斯,2005)。考默萨称之为"少数人的偏见",即"集中在一起的利益集团(为特殊利益的立法)的过度表达"(考默萨,2007)。这种状况往往以"多数的沉默"而发生,或者他们对周边发生的事件没有感知。当然相反的情况也常常发生。例如,美国的扬克斯公共住房的规划案例。扬克斯为中低收入阶层建设公共住房的过程中,由于社会压力规划布局了 27 个项目工程,其中的 26 个位于相对贫穷的居民聚居的城市西南角。考默萨称之为"多数人的偏见",即"分散的多数人的利益(多数人的暴政)的过度表达"(考默萨,2007)。

个体理性是私人生活中的理性,它是关于个体的价值评价和实现价值的方式。个体理性常常以功利主义的方式表现出来,即利益的最大化和损失的最小化。城市规划的决策是空间性,任何特定的决策均可分为获利者、利益损失者、受影响者、不受影响者。城市规划中邻避现象,也就是"不要在我的后院出现",就是利益损失者、受影响者的个体理性在城市规划中的体现,而且是一种工具理性的表现。若决策不涉及空间位置,对个体不造成任何影响,也即个体不可能产生工具理性,这时价值理性在起作用。这时诸如垃圾中转站、变电站、公共厕所、消防站、高压线等人人均需要,也无人会反对。

戴维·哈维在研究 20 世纪 70 年代美国巴尔的摩关于高速公路的争论时发现,对于这个已经有 30 年的提案,有七种不同群体的主张。它们是强调效率、追求经济增长、保护美学和历史遗产、保护社会和道德秩序、环境与生态保护、分配的正义、邻里情感和社群主义。七种主张是七个利益群体的利益表达。很显然,在城市规划中,不能以个体理性或者是个体理性的叠加作为决策的依据。城市规划作为一种公共政策,或对财产权干预的社会活动,应以公共理性作为依据。在城市规划中应倡导公共理性,而不是个体理性的竞争。若整个社会不存在公共理性,则发生"集体合成谬误"。梁鹤年(1999)在其文《公众(市民)参与:北美的经验与教训》中总结道,"公众参与是民主的表现,但不能是美式民主。……(公众参与)现在是一个死结,既不能解,代价又很大,在规划事业上也没有太大贡献"。笔者认为,这反映的是在多元民主的条件下,在参与过程中寻求一致的困难,或者是在倡导个体竞争的社会中,寻求公共理性的困难。

约翰·托马斯(2005)在其著作《公共决策中的公民参与:公共管理者的新技能与新策略》中记述了 1973 年在美国科珀斯·克里斯蒂市设定该市长期发展目标时的公众参与。由于仅有程序而无理性的思辨,虽有广泛的参与,但没有达成共识。博曼指出"仅有程序并不能确定公平或理性的标准"(博曼,2006)。这反映了公众参与仅有公众参与的程序,无程序的实质理性,公众参与只会流于形式。由于信息和知识的不平衡是普遍存在的,人的认识能力和实践能力是有限的,由此形成公众各自的价值观,甚至产生冲突。对这样的结果,约翰·托马斯(2005)总结道,"公民的广泛参与,有其局限性,广泛撒网式的参与会使政策的制定过程产生不必要的复杂化"。

7.4 城市规划中的公共协商

公众参与的主要问题则是知识的来源、公共理性的辨析、公众参与的程序。本研究积极倡导公共协商(Public Deliberation),可以化解这些问题。但公共协商后的意见极化,也是公共协商的难题。或许唤醒公众的美德,是解决公共协商难题的出路。

7.4.1 公共协商

传统的公众参与在寻找公共利益方面难以达成一致,在个体理性与公共理性、少数与多数、程序与实质中难于选择。这也是多数民主和代议民主面临的难题。这就必然要寻求新的参与模式的政治与社会动因。公共协商(Public Deliberation)正是解决这一难题的公众参与的新模式。公共协商是西方近30年政治思想的成果之一,罗尔斯和哈贝马斯均是民主协商的积极倡导者。公共协商的正是针对代议民主中个体理性强势、少数群体得不到关注、程序中没有理性的问题而产生。

公共协商是一种在公共领域"公开利用理性"(博曼,2006)的民主决策模式。公共协商的主要目标是利用公共理性(Public Rational)寻求能够最大限度地满足多元主体的愿望,而不是狭隘地追求个体利益。公共协商通过公共讨论、推理和判断,以形成"所有人都能接受的理性",也即公共理性。通过公共理性,赋予决策正当性(博曼,2006)。公共协商不是将自己的观点强加给别人,而是通过平等与自由的相互参与的过程达到一致,达成哈贝马斯所说的"非强制性的全体一致"。这是一种集体的批判性反思、判断和学习的理性过程。

协商民主将民主理论中的"多数决定",拓展为在公共理性的框架下的"多数决定"。根据王锡锌(2007),协商民主在价值诉求上具有如下优势:①培养公民美德和相互理解;②提升公众在公共生活中的集体责任感;③促进不同利益与文化主体之间的交流;④扩展知识和理性。"公共协商的目标是那些有着不同的视角和利益的人们一起来解决某个问题,这是一个必须对问题的一致理解为起点的过程"(博曼,2006)。通过公共协商,形成公众有序地表达利益需求的机制,容纳和平衡各种利益,形成政府—市场—公众的合作机制。因而,公共协商具有如下的特征:

(1)公共协商的包容性:公共协商首先要克服少数服从多数的理念,包容参与协商的不同的群体、不同的个体、不同的利益、不同的价值。通过协商对话,理性交流,改变偏好,达成共识。这种共识或者是公共理性,既包含多数群体的意见,少数群体也可以接受。公共协商强调广泛协商和审议,不同群体之间才能够加深沟通,从而维持一种深层的相互理解、相互尊重,从而才能倡导公共理性、节制个体的理性。

(2)公共协商平等性:公共协商是一个平等的过程,任何人没有超越他人的优先权,所有受决策影响的利益相关者都能够平等地参与决策过程。这是参与的平等,并包含平等获取信息、平等的发言权、平等的沟通等等,以形成所有公民能够自由参与协商,从而保证对所有公民需求、利益、价值观的系统思考。这种平等不受强势群体和精英群体的影响。"或许协商机会平等最重要的表现是发起公共辩论和商讨的能力"(博曼,2006)。

(3)和谐关系的构建性:既然罗尔斯(2006)认为公共理性是公共的善,公共理性就应是理性与伦理道德的统一。公共协商既然是一种理性交流、改变偏好、达成共识的过程,若没有和谐的社会关系,则个体的工具理性就难以得到矫正,个人主义和自利道德就会盛行。在激进的规划模式中得到的启示是,只有建立和谐的社会,才能更好地培养公民精神,寻找公共理性,才能更有效地进行公众参与,才能更好地在沟通中形成联结感、互动感。

公共理性是判断公共利益的基础,是一种共享的理性。按照罗尔斯(2006)的观点,公共理性是民主社会的特征,是平等公民共同的善。哈贝马斯认为理性有两个维度:工具理性和价值理性(多德,2003)。工具理性为计算性的,常以有效和效率来表达。而价值理性受一种理想和道德的影响,更多用于价值判断。个体理性也存在价值理性,常常受世界观、伦理道德或者是理想的影响。工具理性是基础性的,并受价值理性的支配,但价值理性也受工具理性的影响。例如,个体理性受价值观的影响,就可表现出利他主义或者是利己主义。梁鹤年(2008)认为,"利己、为己和任性是不用教的,……相对地,共识和互助倒需要栽培"。

公共协商的目的就是在代议民主不可能取得一致的情况下,寻求公共理性。公共理性既然是公众的理性,必然是建立在个体理性之上。公共理性则是源于个体理性而高于个体理性。一般而言,公共理性有三个来源:①理想和道德。高尚的伦理道德促成公共理性,而沟通理性引发道德进步(多德,2003)。②沟通的影响。按照哈贝马斯的观点是指通过辩护和批判(贝尔特,2006),或者按照柯福的观点启蒙理性是受规训的影响(多德,2003)。③共同的理性。按照理性选择理论,小集团比大集团更容易获得共同的理性。

7.4.2 城市规划中的宪政与民主

理论上,独立的个体民意的表现为"布朗运动"。集体的投票也无法形成一致,因此,公共协商是寻求合意的重要手段。但是,协商也面临困惑。协商改变了人们的偏见,但结果却更复杂。协商统一了部分人群的意见,最后协商促进了公众意见的两极分化。孙斯坦指出:"群体两极分化指的是协商群体的成员可以根据人们的预测朝着其成员在协商前表现出的倾向中更加极端的点移动"(孙斯坦,2006)。两极分化的意见,则使城市规划面临艰难的抉择。

在公众参与城市规划的过程中,我们还碰到势均力敌的对立意见。2003年伦敦实施的城市中心区汽车进入收费的决策(Livingstone,2004)充分反映了这一点。此项制度一直处于争论状态。而在2003年2月实施前的民意测验支持率和反对率均为40%。通过这一措施后,伦敦中心交通流量则改善效果明显,市民等待公交车的时间也因此减少了60%。因而在实施一年后,支持率上升为55%,而反对率下降到30%以下。该实例的另一个收获是,作为社会实践的城市规划,理性的获得不仅是来源于思辨和伦理,更重要的是来源于实践。这也是弗里德曼《公共领域的规划》中提出的社会学习的重要观点。

民主的原则是少数服从多数,在城市规划的决策中确实应以大多数人的利益为原则。但少数人的利益是不重要的吗?当代宪政的重要思想之一是平等与正义。多数人的民主并不能得到平等与正义的结果。若以少数人服从多数为决策原则,这是否意味着多数人对少数人的统治,或以强势群体为本。对于可持续发展的问题,并不能仅仅靠多数人的举手表决,还得靠公共理性作决断。对于弱势群体,是否应得到社会的关怀或规划的考虑。"必须保证多数派和反对者有平等的机会,并因此防止多数派滥用权力去侵害少数"(格林,2010)。罗尔斯的正义论就认为,社会结构和社会政策可以有利于社会不利地位的群体。

就正义而言可分为程序正义与实质正义。程序的价值在于对公众的告知,并提供协商的可能。程序正义论者认为只要符合程序就可得到理性或者是公正的结果。但是,"在对话和交往中,仅有程序并不能确定公平或理性的标准"(博曼,2006)。从公共选择理论来看,仅仅是程序正义,其结果是少数人被忽视了,弱势群体的利益没有了,甚至搭便车的个体利益成为了公共利益。程序性的价值应有实质性的理性来支撑,应有参与的理性、参与的思辨,才能更好地实现程序性与实质性的正义。

梁鹤年(2008)认为:"在个人(自我)和自由(竞争)的意识形态里去寻找公共利益,就是缘木求鱼"。另一方面,可以想象在一个利己主义盛行的社会里,要寻找"真实"公共利益,也是不易的。在"自我"、"小我"的社会里,造就了"人人既是为己,怎还会人人照顾人人;少数既无需服从多数,少数怎会服从多数"(梁鹤年,2008)的悖论。"公共利益应基于人性的需要,而非个人或者小团体利益,更非私利的相互竞争、相互指责、相互掠夺"(梁鹤年,2008)。

"立宪规范的概念意味着仅靠私人之间的讨价还价的相互作用并不能创立出一个有关公共选择的法治秩序"(季卫东,2005)。因此,城市规划的制定不是一个民众意见的汇总过程,而是基于民意的规范过程。民主是立法的必经过程。但是仅靠民主来立法和形成规范是不够的。罗尔斯在《正义论》中提出正义来源于"无知之幕",也就是"无知才能产生公平和公正"。当一个人不知道自己在社会中的地位,不知道自己属于哪个阶层,不知道自己的天赋和才能,甚至不知道自己喜欢什么追求什么的时候,他的决策就是毫无偏见的。为此,"立宪"是获得公平与正义的规范的基本前提。

从这一角度,规划师的作用非常重要。为此,利维(2003)总结规划师的角色为:作为中立的公仆、社区合意的形成者、企业家、代言人、激进改革的代理人。作为中立的公仆,规划师应运用专业知识提出"应该"或"不应该"的建议。作为社区合意的形成者,规划师应发挥专业特长,努力促进社区意见的一致。作为企业家,规划师应像企业家一样为城市的经营开发提出意见。作为代言人,规划师应既作为多数"民意"的代言人,也要成为少数"民意"的代言人。作为激进改革的代理人,规划师站在正义的角度,推动社会的改良。因此,城市规划师则充当了"无知之幕"之后的决策者。这就要求规划师要了解社会各阶层的需求,但不能受利益集团左右,对所有人都不偏不倚。这样,才能编制出公正的城市规划。

7.4.3 城市规划中的沟通与合作

城市规划所涉及的问题,如交通的改善、公共设施的配置、城市绿地的规划均是涉及民生的问题。这些问题与城市建筑的拆迁往往联系在一起,也就是和私人的财产权联系在一起。这使得在城市规划目标的设定、规划方案的拟订时面临艰难的抉择。为更好地为民生服务,城市规划的公众参与就显得十分必要,但在物权保护的背景下,公众参与又显得十分复杂。下面是在城市规划编制时常常碰到的两个基本问题。

1) 居民对自身利益的关注远大于对公共利益的关注

公众目前不仅对影响自己住宅日照设施提出批评,同时对城市的基础设施,诸如垃圾中转站、变电站、公共厕所、消防站、高压线等规划选址在"家门口"提出种种质疑。在规划公示中,居民意见和建议大多来自于本社区,所提意见与自身利益息息相关,尤其是旧城改造项目,有的居民还希望不要绿地、不要停车场(库)。

2)公众参与缺乏系统的方法和法规保障

虽然国家的法律、法规对公众参与提出了明确的规定,但如何进行公众参与和怎样进行有效的公众参与,仍是一个需探讨的课题。例如,公众的意见如何评判,在何种程度上采纳公众的意见。城市规划所涉及的均是民生问题,如何平衡道路交通、生态绿化、公共设施等与公民物权之间的矛盾,如何划定公共利益与个体利益的边界,仍需进一步讨论。

因此,城市规划中的协商与合作十分重要。合作规划强调的是政府、市场与公民的互动,通过理性的语言沟通,寻找决策的基础。城市规划师的职责不仅仅是在编制规划时"倾听"公众的意见,而是规划已开始编制就与相关利益者进行沟通,通过沟通形成一致。"合作规划涉及以合作伙伴为形式的相互作用,它贯穿一致性建立、规划制定、规划实施的过程……合作规划的决策需要通过一组利益相关者共享信息、共建一致性,并共享决策的过程"(Margerum,2002;Murtagh,2004)。

根据胡建淼(2002),行政主体与行政相对人的合作:①能够节约行政成本,提高行政效率,较为顺利地完成行政任务。②能够更好地提供高质量的行政服务。③可以大大减少行政纠纷。④更好地体现人民主体的地位。合作的基础为协商民主。协商民主"通过公众参与提升学习、认识和交流能力,重视政治实践中不同利益的妥协和偏好的转换"(王锡锌,2007)。妥协和偏好的转换是一个利益平衡和利益转换的过程。在公众参与的过程中,要形成公众有序地表达利益需求的机制,容纳和平衡各种利益,形成政府—市场—公众的合作机制。在激进的规划模式中得到的启示是,只有建立和谐的社会,才能更好地寻找公共利益,才能更有效地进行公众参与。社会和谐需要和谐的社会关系。这种社会关系,既包括一个组织或机构的公共关系,也包括在沟通中形成联结感、互动感。因此,我们要重视政府—市场—公众的互动与解决问题的能力。

公众的协商与合作不仅仅是听听意见,而是力图建立新型的公共关系。这种关系就是信任与沟通。这种关系的建立从方案的制订到决策,应体现全过程的参与。这个过程可由四个基本制度作支撑:

(1)沟通与讨论制度:媒体参与构建收集民意的网络,通过民意调查,小组讨论,部分社区居民与专家等进行座谈沟通,参与问题与目标的讨论,让公众充分表达民意。通过协商民主方式,政府可以最大限度捕捉到决策所需要的信息、公众的需求和利益函数。

（2）公示与论证制度:通过意见的广泛收集,并通过分析与论证,对公众提出意见的情况进行说明,并修正原规划方案与目标。公示期间还可就一些公众关注的问题进行研讨,必要时可召开讨论会、论证会、听证会,甚至是抗辩的方式,以更好地获得公共理性。

（3）协商与决策制度:政府是决策的主体,在决策时,应体现决策民主化的要求。可建立人大代表、政协委员、非公务员和专家参与的决策制度,针对规划方案、相关的意见采纳情况、专家的论证意见等方面进行总体研究与协商,并进行决策。

（4）告示与评价制度:规划部门有披露城市规划信息的职责,媒体可对告示的内容进行报道。规划部门可在特定的场所如规划展示馆对已批准的规划进行公告。公众能够从中及时了解或掌握城市规划相关信息,确保公众的知情权。

8 城市规划中的权利救济

8.1 城市规划的权利救济

城市规划的权利救济成为法学界高度关注的课题。许多学者认为"行政规划中的关键问题是法律救济"（应松年,2005;宋雅芳等,2009）。城市规划具有行政给付、行政强制、行政征收的特征,其行为的做出,必然影响到公民的合法权利。

8.1.1 城市规划中的权利救济

有权利必有救济。公民与法人的权利随时都有可能受到行政的侵害,这就需要国家提供救济,以避免侵害的发生、补偿利益的损失。既然权利救济涉及公民的基本权利以及对公权力的限制,权利救济应属于法律保留的范围,其救济的方式、程序、标准必须依据法律的规定来运作。从宪政的角度,权利救济制度的建立有利于:①责任政府的建立:宪政的一个重要目标是宪政政府权力,要求政府依法行政。法治政府的目标是服务于人民,政府必须承当侵权责任。②权利保障的完善:宪政另一个重要目标是尊重和保障公民基本权利。当行政权力对公民造成侵害和损失时,应当及时、合理地给以相应的救济。

如何对城市规划实施权利救济首先应分析城市规划的编制方式和特征。在第四章已经分析了城市规划的行为特征。城市规划是对未来城市土地与空间布局实施的管理与过程,其主要有如下四个特点:①公共利益,城市规划的产生是出于公共管理的需要。②立法性,城市规划的法律保留,使得城市规划具有立法的特征。③政治性,城市规划编制的过程也是一个政治的过程。④复杂性,城市规划所涉及的对象复杂而数量较大。

城市规划是以公共利益为目的并涉及未来的社会行动,其行为具有行政强制和行政征收的特征,这必然对行政相对人和公民产生利益影响。从城市规划角度看,人口集聚是必然的趋势。而人口和产业的集中所带来的诸多问题已经为我们所认识。要解决住宅紧张、环境污染、交通拥挤等宏观的城市问题,就要对土地使用进行限制。公共利益不断变化发展而难以界定,但确实存在。进入城市的权利、财产权的保护、基本权利的空间冲突,再加上城市规划涉及众多的人口,以及多元化的价值观,使得城市规划十分复杂。

城市规划的编制是一个公共利益的论证过程,也是一个"立法"过程。城市规划编制前要做现状调查、未来预测。在拟定城市规划草案后,要让公众参与,提出意见和建议,并经专家评审、修改后方能上报。城市规划一经法定程序确定,才可成为城市规划管理和许可的依据。城市规划批准后,作为规范性文件得以公布,让公众知晓。对已经批准的城市规划,不得随意修改。若要修改,须经严格的法律修改程序。《城乡规划法》对城市规划的编制没有进行高密度的规范,只是设置了规划的原则和编制的程序。因此,在城市规划编制过程中,行政机关组织编制时有很大的裁量权。

城市规划分为城市总体规划和控制性详细规划。由于城市规划采用的是大比例尺,且受城市总体规划的影响对象相对地难以确定,而控制性详细规划则对土地使用比较准确地进行限制,因而,法律应重点关注控制性详细规划编制以及对土地的限制。在第五章已经分析作为行政行为的城市规划。城市规划其行为溯及方向上、反复使用方面、行为效率的间隔上均与行政规定或抽象行政行为相一致,在归属上更偏向抽象的行政行为。但城市规划针对的对象则是具体的。当城市规划编制完成后,受影响的公民可以清楚知道自己的土地未来的规划用途。具体的行政行为方面,城市规划具有行政指导、行政给付、行政强制和行政征收的特征。

城市是人口和产业的集中地,各组成要素的关联性和复杂性是其重要的特征之一。对某一群体公民的给付,必然要涉及对其他公民基本权利的限制。例如,为一个居住区规划设置一个学校,很可能涉及另一块工业用地性质和功能的改变,使得该工厂不能继续长久地发展。为规划一条城市快速路,很可能给规划快速路两侧造成影响,近期应控制范围不能再发展。当快速路修通时,可能对两侧还有一定的噪声影响,也许是在国家规范许可范围。城市中要素的关联性和复杂性造成了城市规划决策的复杂性,使得城市规划决策往往陷入两难的境地。

城市规划的这些特征,使得城市规划的可诉性研究十分复杂。学界也有不同的意见。刘飞提出了城市规划的可诉性,郑文武则提出城市规划是不可诉的。宋雅芳认为："如果为具体行政行为性质的规划，人民法院应当予以受理；如果为抽象行政行为的规划，则可通过行政复议制度中合理性审查予以救济"（宋雅芳，2009）。一般而言，司法审查针对的是具体的行政行为，而城市规划是抽象的行政行为，或者是立法行为。但城市规划确实具有具体行政行为的特征，如何设计城市规划的权利救济是一个值得认真研究的问题。

现代城市规划是福利社会的思想在空间干预的反映，也是政府职能从"夜警"转向福利国家的体现。传统行政法中"三权"严格分设的思想，难以解释城市规划的干预行为。法律赋予城市规划的权利不仅仅是行政权，还有立法权，在英国甚至是"司法权"。如果采用权力制约权力的思路，司法应对城市规划进行严格的法律监督。但是，法律赋予城市规划的行政权力是采用不确定的法律概念。这就加大了司法审查的难度。公众参与与协商合作等形式的采用，使得城市规划的编制过程就是一个政治过程。从美国城市规划的司法实践上看，"现实是，对于大部分地区的地方规划决策事务，联邦法院和大多数州法院事实上已经不再插手干预了"（考默萨，2007）。

从宪法的角度，不同的权力运行的方式是不同的，但是目的应该是一致的，就是保障公民的基本权利与维护社会的有序秩序。宪政的核心不在于事前对公共利益和个体利益之间标准的严格划定，而是在于建立一个有效的利益协调和利益平衡的机制。如果采用宪政的思路，对城市规划的法律控制则是一个制度的设计问题，以确保公民的基本权利在城市规划的过程中得到合理的保障。宪法对权力分设，采用权力制约权力并不是宪法的目的，只是一种手段而已。因此，对城市规划的权利救济中最重要的是保障公民有平等的机会表达利益的主张，并在利益的协调和平衡中发挥实质性的影响。

8.1.2 权利救济与分类

权利救济是控制城市权力的重要方式。从控制权利的角度，可分为"权利控制权力"以及"权力控制权力"。权力控制权力又可分为行政权力的限制和司法权力的限制。从救济实施的主体角度，可以分为三类：①程序救济，也就是公民与法人通过参与实现"自力救济"；②行政救济，有权的行政机关实施核查行为；③司法救济，司法机关对行政行为的合法性进行审查。

"行政程序救济是对可能侵害相对人合法权益的行政行为而实施的事前、事中的程序性救济"（刘飞，2007）。行政程序救济符合民主、公正和效率的理念。行政相对人在行政行为尚未作出之前，就参与行政过程，通过争辩和建议等方式，影响行政行为的作出，避免行政行为对自身的侵害。这种程序救济的方式直接、便利，行政机关也可以较早知道行政行为产生的后果，以利于行政机关作出更加公平、公正的行政决定。

行政救济为自我纠错的机制，司法救济为最终救济手段。行政救济主要通过行政复议的方式进行。姜明安（2006）认为行政救济具有三个方面的价值："①对相对人提供方便、快捷、廉价的权利补救；②行政救济制度有助于强化其内部监督并提高行政效率；③对行政争议起到一种过滤作用，减轻司法负担"。行政复议是行政体制内的自我纠错机制。行政复议可以在事中发现问题，及时纠正，可避免事端发展到最后形成僵局。因而可以节约资源，并且解决争议的成本相对低廉。在城市规划中，每一个行政决定均涉及较大的资金投入，如在前期发现问题，将有利于问题的解决。例如，依据规划审批的建设项目，在建设前发现争议总比在建设后发现争议的解决较为容易。当然，行政复议机关往往是作出行政行为的上级机关，因此，不能成为纠纷解决的终局方式。

作为权力分设制度的司法审查，是社会正义的最后一道防线。其审查特征是合法性审查，而不针对行政行为的合理性问题。而且司法审查往往是事后审查，其对问题的解决不论是解决的过程还是解决的方式，均涉及大量的社会成本。例如，一栋建筑建成后发现对周边居民产生侵害，其结果是要么拆掉产生影响的部分，要么居民提出过高的补偿要求。无论如何解决，都面临巨大的社会成本问题。何况城市规划所影响的不是一个项目，而是整个城市。对于城市规划的司法审查的难度是可想而知的。由于城市发展的复杂性，单一手段难以完成对城市的规划。"以司法审查为核心的传统行政模式，已经无力完成对行政权力及其行使合法化使命"（王锡锌，2007）。需建立公平代表、有效参与的"制度过程"。

8.2　自力救济

鉴于司法限度的存在，建立全过程的权利救济制度，将对公民的权利保障更有积极的意义。公众参与是公众自力救济的重要方式。通过公众参与，实现权利制约权力的目的。

8.2.1 行政公开

随着行政权力的扩张,其后果是增加了对公民基本权利影响的可能。行政权力越大,越有可能侵害公民的基本权利。"由于扩张的行政权基本上是行政裁量权,尽管司法审查也是一种规范行政裁量权的强有力的方法,但它毕竟是一种事后补救性的程序法律机制"(章剑生,2008)。由于司法审查的局限,通过实体对行政权力的控制已经不能满足正当性的要求,程序控制成为权力控制的另一种重要的方式。程序控制中行政公开可以弥补司法审查作为事后补救的缺陷。公民可以更好地参与监督行政裁量权的使用。通过正当程序,如信息公开、听证会、论证会的程序控制行政权力成为现代行政法的基本规则。

程序控制也是"权利制约权力"的表现方式。要实现权利制约权力,首先要求行政公开。行政公开是行政机关除要求保密的内容外,公开事项与行政过程。行政公开可以让公民了解行政过程与行政决定,它有利于:①权利自救:公民迅速了解行政权力实施的合法性,可以事前、事中更好地制约行政权力,以实现"自救"的目的。公民的参与可以更好地保护其基本权利,更好地实现个体利益与公共利益的平衡。②权力合法:行政权力可以在"阳关"下操作,更好地依法行政。行政公开还可以预防行政权力的滥用,维护公民的合法权益。③结果的可接受:行政权力的运行必然影响公民的合法权益,公开有利于社会和解。行政过程的公开与公民的参与是提高行政决定可接受度的有效方式。

行政公开已经成为法治国家规范行政运作的基本原则,并作为行政程序法的重要内容。行政公开是行政民主化的重要体现,也是公民主体意识的体现。章剑生(2008)总结行政公开的基本特征为:①过程性:对于影响公民合法权益的行政决定应全过程公开;②有限性:公开不得损害国家利益,在保密的前提下,依法公开;③参与性:公开的目的之一是让行政相对人了解更多的信息,更好地参与行政过程。

行政公开是公民自力救济的基础。行政的公开要便于公民的自力救济。行政公开主要有三个方面的内容:①事前公开行政依据:包括事前公开法律法规、行政规章、行政规定以及作出行政决定的相关信息;②事中公开行政过程:公开作出行政决定必经的流程,并告知行政相对人具有建议权和听证的权利;③事后公开行政决定:向社会和行政相对人公开行政决定以便于社会的监督,以及权利相关人采取进一步的救济手段。

8.2.2 自力救济

对于公民和行政相对人而言,城市规划编制的主要特征为:①城市规划是高度裁量性的行政行为。法律不可能对城市规划进行严格和高密度的规范。城市规划的制定是依据当时国民经济发展的状况、发展目标来综合确定。城市规划制定过程所依据的内容均为不确定的法律概念,如公共利益等。②城市规划是一种干预行政。城市规划是一种具有行政指导、行政给付、行政强制和行政征收的特征的抽象行政行为。城市规划编制后,对公民的合法权益影响很大,有正面的也有负面的。例如,垃圾中转站的规划布局会对周边物业产生潜在的负面影响,而绿地和学校的建设会带来周边物业的升值。

因此,公众参与城市规划可以防止城市规划在编制过程中对自己利益随意或者不恰当的侵害。赋予公民知情权、参与权、建议权和监督权,有利于公民的实体性合法权利的事前救济。然而,在城市规划中,公共利益和个体利益的矛盾是必然的。若没有城市规划,城市发展过程中所产生的住宅紧张、交通拥挤、环境污染、资源浪费等问题将无法解决。公民的参与、个体权利的保护并不是不要公共利益和空间秩序,关键是如何取得公共利益与个体利益之间的平衡。

由于城市规划具有行政强制和行政征收的特征,对个体利益的干预应按照宪法的征收条款和比例原则进行。对于征收条款可以简单地表述为:①公共目的:干预的目的是为了实现公共利益,城市规划编制的目的应是增进和实现公共利益;②正当程序:城市规划的编制应实现公平、公正和公开,并按照正当程序要求"听取利害相对人的意见";③合理补偿:若城市规划的编制造成了行政相对人权益损失,并构成了征收,应给予合理补偿。同时,对个体利益的干预还要符合比例原则。比例原则要求:①侵害最小:所采用的手段是所有可行手段中对个体利益侵害最小的。例如规划城市快速路时,应充分进行现状调查,应使未来所涉及的拆迁量为最小。②比例妥当:公共利益的收益远大于个体的损失。例如,不能为了一条支路的规划,而出现大量的潜在拆迁。

城市规划着眼于城市未来的整体发展,也就是城市的公共利益。公民与行政相对人参与到城市规划编制过程,以使城市规划化更加科学合理。公民的知情权,指的是在城市规划编制中,在充分了解民意的基础上,提供有关城市规划的相关信息。知情权反过来要求行政部门具有公开信息、说明理由和告知的义务。公民参与是行政管理民主化的方式,它体现了人民主权的原则,以及权力来源于权利。通过公民或公众的参与,行政行为获得了正当性。公民和行政相对人可以在听证会、论证会、讨论会等活动中,陈述、申辩和主张权利,使得城市规划编制更好地平衡公共利益和个体利益。

对城市规划的制定的控制采用的是行政程序,也就是通过公众参与的制度的设立,来实现城市空间中的权利冲突的协调。公民和行政相对人的自力救济关键在于城市规划过程的设置。城市规划的过程一般由五个主要步骤组成:

- 完整地定义问题和总体目标;
- 分析问题和总体目标,并将它们分解为问题群和目标群;
- 提出一系列完整的备选方案;
- 评价备选方案,并选择一个可行方案;
- 实施确定的方案,并不断进行审查。

公民和行政相对人应参与到上述的五个过程中。公民和行政相对人可以在城市规划编制中提出问题和总体目标,参与方案的评价与比选。这既是行政机关了解民意的过程,也是给行政在方案的草拟过程中增加了可比选的选项,促使规划方案好中选优。通过公众的参与,城市规划可以更好地在社会经济发展的场景中定义公共利益。公民行政相对人还要对城市规划的实施进行监督。通过城市规划全过程的参与,实现公民权利的预先救济。

8.3 行政救济

要实现城市规划的法制化,就应研究行政规划的可诉性以及相关的补偿问题。公民的权利救济一直是法学的争论焦点。本研究仍坚持,司法与行政在公共利益的找寻和认定中各有优势。中国是行政强势的国度,发挥行政在城市规划权利救济中的作用,具有积极的意义。

8.3.1 城市规划行政救济

行政救济是行政相对人对行政行为不服,申请要求对其采取变更、撤销,从而行政受理机关进行合法性和合理性审查并作出决定的过程。在中国行政救济体现为行政复议。行政复议是上级权力部门对下级权力部门制约的一种方式。《行政复议法》规定的复议对象是具体的行政行为。一般认为，城市规划中的行政许可是具体的行政行为，所编制的城市规划则抽象的行政行为。因此，在目前的法律制度中，所编的城市规划是不可以复议的。

但近年来法律界一直在呼吁应扩大行政复议的范围，将抽象的行政行为列为复议的范围。为此，许多学者对城市规划的可复议性进行了研究。但是，由于城市规划的复杂性，对城市规划的复议有不同的意见。宋雅芳等学者认为，应根据城市规划的表现形式来确定救济的方式。城市规划具有很大的裁量性：①对未来的预测与判断；②对公共利益的明确过程。从另一个角度认为，城市规划的合法性关键是城市规划的合理性。为此，"如果为抽象行政行为性质的规划，则可以通过行政复议制度中的合理性审查予以救济"（宋雅芳等，2009）。

刘飞分析了城市规划的法理依据和法律依据，认为"制定城市规划的行为应该属于抽象行政行为"（刘飞，2007）。抽象的行政行为还未具备直接的对外效力，"若对其进行审查，就违背了行政复议作为事后救济途径的性质"（刘飞，2007）。在城市规划中，若一个地块的用地性质由工业改为学校，并不意味着城市规划一经公布，工厂就立即变为学校。该工厂可以一直使用，一直到新的建设项目——学校获得规划许可为止。

但对于城市规划的可复议性，刘飞（2007）认为"城市规划是一种规范性文件，并依据制定主体的不同取得规章或者是行政规定的法律地位"。他将城市规划中的城市总体规划和详细规划分为三种情况：①较大城市的城市总体规划为执行《城乡规划法》而制定的"规章"；②其他城市的总体规划为"其他规范性文件"；③详细规划和建设规划属于"其他规范性文件"。因此，刘飞（2007）建议：除了直辖市和较大城市的总体规划外，所有城市政府制定的城市规划，包括一般城市和县城的总体规划、详细规划、建设规划，均是行政复议的受案范围。

按此分析，一般城市和县城的总体规划均由省政府审批，行政复议主体应为国务院。控制性详细规划由市政府审批，行政复议的主体应为省政府。修建性详细规划或建设规划为市规划主管部门审批，行政复议主体为市政府。行政复议最大优点是方便、快捷与廉价。在目前国务院与省政府行政资源相对缺乏的情况下，这样的制度设计也许发挥不了行政复议方便、快捷与廉价的优点。

实际上，新的《城乡规划法》第五十八条规定："对依法应当编制城乡规划而未组织编制,或者未按法定程序编制、审批、修改城乡规划的,由上级人民政府责令改正,通报批评"。这赋予了上级人民政府对在城市规划编制中的行政不作为和不按程序编制的行为予以纠正的权力。但新的《城乡规划法》并没有赋予上级人民政府对城市规划编制中的实体行为如何处理的权力。因此,在城市规划的行政复议中,同样存在行政复议的限度问题。

笔者认为城市规划的可复议性,关键是如何确定城市规划的法律地位。如果所编制的城市规划成果属于抽象的行政行为,上述分析是成立的。但如果分析城市规划,特别是控制性详细规划具有行政给付、行政强制和行政征收的特征,城市规划应属于法律保留的范畴,也就是编制控制性详细规划的行为也就是"立法"行为,那么对城市规划的审查,便不是行政复议可以解决的问题,而是应通过法律的违宪性审查来解决的问题。

8.3.2　城市规划督察

行政复议虽然是权力制约权力的一种方式,但毕竟是行政内部的一种制约行为。为了提高行政复议的公正性,姜明安教授(2006)提出了:①行政复议程序的司法化;②增强行政复议机构的相对独立性。行政复议程序的司法化就是要增强行政复议的公开性和参与性,引入论证、听证、抗辩等程序,以保证行政复议结果的合理、公平和公正。增强行政复议机构的相对独立性,有利于改善行政复议中立性较弱的形象。在城市规划中,相对独立的行政监督机构就是城市规划督察。

规划督察的概念来源于英国的城乡规划制度。英国的城市规划是一种指导性的规划,也就是在规划许可中地方规划仅是地方规划当局作出行政许可的依据之一。由于英国的地方政府具有很大的自由裁量权,而"规划所解决的问题没有对错之分"(于立,2007),矛盾和冲突是必然的。因此,英国城乡规划法授权中央政府在城乡规划方面的准"司法权",也即开发者有向中央政府规划主管部提出上诉(Appeal)的权利,以反对地方规划当局不公正的行政决定。规划申诉分为两个方面的内容:①规划的许可方面;②规划的强制执行方面。1968年的城乡规划法改变了仅向部长提出申诉的制度,把部分申诉移交给了专业的规划督察。而现在几乎所有的上诉均由规划督察承当,部长只承当1%~2%少数重要个案的复审。

规划上诉处理的程序:①书面报告程序;②听证会程序;③聆询会程

序。一般的规划上诉采用书面报告的程序。这是最快捷和最常用的方法,约 80% 的上诉是以书面报告程序。对于复杂的上诉,规划督察先行了解情况,并进行协调,如无法协调,则采用听证会或者是聆询会程序。对规划督察的决定不服的仍可以要求中央规划主管部复审。因此,英国的"规划督察应当成为解决各种冲突和矛盾的一种公正的、专业的和主要的力量"(Corporate Plan,2002/2003;于立,2007)。英国是普通法的国家,如果对中央规划主管部的决定不服,还可以通过高等法院要求进行"司法审查"。凡属于超越法律的行为,如行政越权、滥用职权的决定和违反法律程序的决定,法院有权撤销,或者要求重新受理。

英国的城市规划督察针对的是具体的建设项目。目前中国的规划督察是学习英国的一项制度。这种制度对属于行政"立法"行为或者是抽象的行政行为的城市规划的制定是否具有参考价值?《城乡规划法》《行政复议法》等相关法律均没有将城乡规划列为行政复议的对象和行政诉讼的受案范围。《城乡规划法》第五十八条规定:"对依法应当编制城乡规划而未组织编制,或者未按法定程序编制、审批、修改城乡规划的,由上级人民政府责令改正,通报批评;对有关人民政府负责人和其他责任人员依法给予处分。"因此,《城乡规划法》授予上级人民政府对城市规划编制监督检查的责任。

在目前的城市规划体制中,城市总体规划的审批主体是国务院或者省人民政府。控制性详细规划的审批主体则是县以上人民政府。由于城乡规划的专业性很强,城市规划的制定涉及公共利益,可以由中央或省政府建立具备一定规划知识的专业化的、相对独立的规划督察机构。对于城乡规划编制的督察重点是两种情况:①有条件编制城乡规划而未组织编制的;②未按程序编制、审批与修改城乡规划的。目前城市规划的制定尚未列入行政复议的对象和行政诉讼的受案范围,对城市规划制定的督察是具有积极意义的。

8.4 司法救济

要实现城市规划的法制化,就应研究行政规划的可诉性以及相关的补偿问题。公民的权利救济一直是法学的争论焦点。可诉与不可诉均有相应的依据。司法如何看待公共利益,司法如何看待社会权的实现的途径是讨论城市规划可诉性的关键所在。

8.4.1　城市规划的可诉性之争

城市规划具有行政给付、行政强制和行政征收的特征,自然引发人们对城市总体规划和控制性详细规划等法定规划是否会过程侵权的思考。"要分析法律、权利及法院的功能,就必须面对一个基本的'悖论':最需要司法保护和法律赋予的,往往发生在那些最难以实施司法保护的情景当中"(考默萨,2007)。实际上,城市规划的可诉性是一个有争议的议题。对城市规划的可诉性研究,主要涉及三个问题:①城市规划是否可诉;②司法审查城市规划的法律依据;③司法对城市规划的审查严格到什么程度。

在中国司法审查针对的是具体的行政行为。对于城市规划是否可诉有不同的观点。郑文武等人(2005)认为:①城市规划的制定在广义上属于一种广义的立法活动;②城市规划的成果是一种规范性法律文件;③城市规划是一种抽象的行政行为。因此,城市规划具有不可诉性。有的学者借鉴德国对行政规划诉讼的相关规定,提出可以对城市规划提起行政诉讼。刘飞(2007)认为,"将城市规划行政规定纳入行政诉讼的范围,及早纠正违法行为是必要的"。当城市规划行政决定对当事人的合法权益产生影响时,可提出行政诉讼(刘飞,2007)。章剑生提出"对于具有拘束性的行政规划,应当纳入司法审查的范围,利害关系人对其可以提起行政诉讼"(章剑生,2008)。

在现代福利社会的指引下,"立法、行政及审判中,迅速地扩张使用无固定内容的标准和一般性条款"(昂格尔,1994;章剑生,2008)。例如,在《城乡规划法》中,第四条提出编制城乡规划应遵循合理布局的原则,这里合理布局就是一个无固定内容的标准或者是不确定的概念。诸如"合理"、"防止"、"改善"、"保持"等概念的模糊性实质上给予城市规划很大的自由裁量余地。

对于城市规划是否可诉,首先应研究司法审查的范围。"行政对司法管辖权的服从正是要体现下列假设,即每个行政都应该被带入和法律整体的一种和谐关系——在特定立法中所规定的法律,在一般法律全书中所规定的法律,'普通法'的原则和观念,以及和宪法相联系的最终保障"(Jaffe,1965;张千帆等,2008)。从这个角度看,司法审查的范围相当广泛。但各国的司法审查制度各不相同,对于不同的行政行为有不同司法审查标准。"可以将司法审查准确地定义为行政行为的司法审查合法范围以及法院用来衡量行政行为正当性的方法"(沃伦,2005)。

在法律制度方面,德国和中国的台湾地区允许对城市规划的制定行为提出行政诉讼。中国台湾地区对城市规划的变更与终止,承认其可诉性。"司法院"大法官释字第 156 号的解释为:"主管机关变更都市计划,系公法上之单方行政处分,如直接限制一定区域人民之权利、利益或增加其负担,即具有行政处分的性质,其因而只是特定人或可得确定之多数人之权益遭受不当或违法之损害者,自应允许其提起诉愿或行政诉讼以资救济"(刘飞,2007)。但释字第 148 号指出,"主管机关变更都市计划,如果行政院认为不属于对特定人的行政处分,不得提起诉讼"(刘飞,2007)。

但最值得思考的还是美国司法的经验。美国是实行普通法的国家,城市规划是可诉的。从欧几里得村的诉讼案开始,司法也积累了众多的涉及城市规划的诉讼案件。只要符合公共利益,或者是与公共利益有必然的联系,司法就积极支持城市规划,认为城市规划合宪。但是,城市规划往往是一个复杂的政治过程,因而"现实是,对于大部分的地方规划决策事务,联邦法院和大多数州法院事实上都已经不再去插手干预了"(考·默萨,2007)。

"在日本当事人不能直接针对城市规划的内容提起行政诉讼,只能对城市规划执行过程中实施的处分行为进行诉讼"(刘飞,2007),但日本学界普遍认为,"当具体的事业实施规划实际上影响着相对人的权利义务时,就应该承认规划的处分性,允许相对人提起诉讼"(刘飞,2007)。马武定等(2006)提出城市总体规划的权利救济,公民或法人可以向人民代表大会、人民政府、规划委员会或法院提出申诉、复议或者是诉讼。

8.4.2 司法审查的限度

司法与行政是权力分设与制约的方式,其关系十分复杂。行政面对的是易变和复杂的社会事务,为维护公共利益和社会秩序,行政机关要有效率地作出行政决定。当然,无论什么样的行政决定均不能随意地侵害公民的基本权利。司法则是监督行政机关依法行政的国家权力。司法如何介入行政领域,应当确定一个合理适当的范围。章剑生(2008)认为可以从如下三个方面进行思考:①司法审查权的可行性;②行政权行使的有效性;③行政权与公民权的关系。

司法救济作为法治国家的一个基本制度,其受案范围是有限制的,只有诉讼属于法定的受案范围,法院才能受理。但是"确立行政诉讼受案范围不是一个法律问题,而是一个政策性问题"(章剑生,2008)。王宝明等(2004)认为,"法院是解决法律问题的,不宜解决政策问题"。当然,立法对不可诉的行政行为具有决定权,也就是立法可以设定不审查条款。行政机构中,有大量的行政活动涉及政策性的行政行为。这些政策也常常侵害公民和法人的权益,"对这种政策性的行政活动由议会来行使监督权更加合适,也更具有可行性,这在《宪法》中也可以找到明确的依据"(章剑生,2008)。1946 年美国通过的《行政程序法》第七章规定,对司法审查不适用于"①法律排除司法审查;②行政行为依法交由行政机构自由裁量"(沃伦,2005)。

但"法院不对行政行为进行审查的原因有很多,主要的原因是法官通常愿意尊重行政机构的权威和专门知识"(沃伦,2005)。一般认为,行政具有优先的管辖权,也就是在司法审查前,行政机构已经穷尽了所有的救济手段。这里涉及两个基本原则:优先管辖原则和穷尽原则。优先管辖权是"指行政机构不经法院干预解决牵涉行政机构的纠纷的优先或初审管辖权"(沃伦,2005)。优先管辖权原则认为:"①该行政机构以前已裁决相同的问题;②纠纷涉及的法律或问题显然不合理;③该问题引起了显然属于司法系统管辖和能力范围之内的问题"(沃伦,2005)。穷尽原则"要求法院将纠纷交给行政机构解决,直到请求人在行政机构内已经完成(完全穷尽)行政机构提供的所有上诉途径"(沃伦,2005)。穷尽原则要求申诉人必须完全使用行政机构提供的救济,并等待行政机构对纠纷的正当的结论。

穷尽原则给予行政机构充分纠错的机会。这对司法审查十分有益,在行政审查时,可以对纠纷充分地研究与论证,这既体现分权原则,也为司法审查提供参考。当然,行政机构也不能利用穷尽原则对行政纠纷随意进行拖延。沃伦(2005)指出法院适用穷尽原则应避免:"①行政机构违反(或一定为违反)宪法的正当程序条款;②行政机构以不公正或带有偏见的方式作为(或将要作为);③只能提供(或必然提供)无望、无用的救济(有时不忠实);④不正当地延迟补救性救济"。

涉及可诉性方面还有三个原则:①成熟原则;②判断余地;③尊重原则。

1)成熟原则

成熟原则指的是"当受到质疑的行政裁决是成熟的裁决时,它就成熟到足以为司法审查作准备的程度"(沃伦,2005)。成熟性原则的采纳可以避免法院过早地介入行政程序,只有对行政相对人产生实际不利影响才进行司法审查。"成熟原则的功能在保护行政过程免受法院的不正当干涉,同样保护法院免于审理法院不打算解决的争议"(沃伦,2005)。成熟原则要求:①已经完成的行政行为;②符合穷尽原则。

2)判断余地

对不确定法律概念,大陆法系中则有"判断余地"理论。奥托·巴霍夫(Bachof)1955年2月发表的《行政法上之判断余地、裁量与不确定法律概念》一文提出,"行政机关通过适用不确定法律概念获得了一种判断余地,即独立的、法院不能审查的权衡领域或判断领域;行政法院必须接受在该领域内作出的行政决定,只能审查该领域的界限是否得到遵守"(吴鹏,2007)。"判断余地"理论限制司法对行政机关对不确定法律概念的解释的审查。判断余地在德国的学术界和实务界得到广泛的认同。

3)尊重原则

司法审查的目的是防止行政机构武断、随意或者是滥用权力。尊重原则来源于宪法中的权利分设的尊重和对行政机构中的专业知识的尊重。对不确定法律概念,英美法系的"尊重原则",即"尊重行政机关的解释,不予全面审查"(吴鹏,2007)。"立法机关使用不确定法律概念,其目的是期望行政机关为立法赋予实质内容,此时应视为立法机关对行政机关的授权,法院就应当尊重行政机关对不确定性法律概念的解释适用"(吴鹏,2007)。

对于依据不确定法律概念做出的行政行为的可诉性,由于有成熟原则、判断余地、尊重原则的存在,是否可诉的决定并不由行政机构掌握。行政机构不能以成熟原则、判断余地和尊重原则来规避司法的审查。要回避司法审查,只能通过法律的授权。例如,"如果行使国家征用权的立法机关判定其行为是出于'公共用途',法院将不会代之以自身的不同判断,除非它相信立法机关完全错误"(芒泽,2006)。

除了上述三个原则以外,霍罗威茨还分析了司法体制的结构性缺陷,提出司法的目的是解决法律纠纷,不应极力影响公共政策的制定和执行。霍罗威茨(沃伦,2005)认为:①法院不能提起诉讼,与行政人员相比,必须在缺乏全面信息的情况下迅速做出判断;②法官必须将注意力限制在诉讼当事人纠纷中的特定法律问题上,而不是具有广阔的视野;③法院的判决必须根据一个一个理由作出。所以,法院不能解决需要全面、合理的政策计划的问题。考默萨(2007)也认为:"法院在处理边界清晰、相对简单的社会问题时,其功能发挥得最好"。

章剑生(2008)提出司法的有限性是建立在如下三个方面的理论基础上的:①行政权效率理论:司法审查必然会降低行政权的运作效率,而行政权力面临日益变化的行政事项必须做出行政决定;②现代诉讼效益理论:司法在介入行政领域时必须保持优先的深度和广度,司法制度也应体现较高的诉讼效益;③分权与制约理论:权力制约并不代表权力替代,有限理性的存在使得司法在充满专业技术内容的行政行为辨认方面困难重重。

司法审查的限度还表现在所审查行政行为涉及的人数和复杂性。"随着人数和复杂性的增加,被司法制度所审查的政府行为占政府行为总数的比例,一定会越来越小"(考默萨,2007)。这反映出现代行政决策是一个复杂的过程。这个过程往往含有政治性的成分。这使得司法审查的难度大大增加。司法审查的限度还表现在司法判决的不彻底性。"司法判决的一个最大特点在于其不彻底性,它表现在法院不能直接代替行政机关通过司法判决作出行政决定"(章剑生,2008)。也就是即使行政行为被司法否决,新的行政行为的做出仍要依靠行政部门。

因此,对于行政行为的可诉性是一个复杂的问题,既要从法律的角度进行分析,也要从社会发展的场景中进行判断。司法在权利的维护中是十分必要的,但也不是全能的。由于司法限度的存在,权利的维护应从制度的角度整体设计。在城市发展中,空间形成的过程是复杂的。从宪政的角度,制度的设计与配合更有利于权利的维护与实现。

8.4.3　城市规划与司法审查

行政诉讼一般针对的对象是行政决定或者是具体的行政行为。但对于城市规划编制的成果,城市总体规划和详细规划是否可诉,则争论较大。如前所述,一旦城市规划批准时,受影响的当事人是基本确定的,也是可以事前统计的。如《广州大学城发展规划》的批准,则意味"小谷围艺术村"将要列入拆迁的范围(刘飞,2007)。若该论点成立,那么我们面临的难题是国务院、省政府批复的城市总体规划是否可诉。一般认为,国务院批复的 106 个城市的总体规划为行政法规,"不是司法审查的对象"(刘飞,2007)。但对于省政府批准的城市总体规划和市政府批准的详细规划,是否具有可诉性?若城市规划可诉,则是否符合所遵循的"成熟性原则"。

马武定等(2006)学者提出根据城市总体规划的不同内容,制定不同的权利救济途径,但对于总体规划中的合法性、政策性、指导性内容均具有可诉性。这是法律对城市总体规划控制最严厉的观点。由于我国实行人民代表大会的制度,若城市总体规划可诉,如果司法认定城市总体规划违法,哪个机关来撤销批准的城市总体规划?就目前城市总体规划的审批体制,其实已经排除了106个城市总体规划的可诉性。

若城市总体规划不可诉,详细规划是否可诉仍可以讨论。对于相当于规范性文件的详细规划,陈锦富等(2005)建议将其纳入《行政复议法》和《行政诉讼法》的受案范围。但是,如果详细规划也可诉,法院采用什么标准来判断城市规划是违法的呢?因此,对于城市规划的可诉性的分析,不能移植国外的相关经验,不仅要从法理方面进行研究,还要从我国的制度以及城市规划在行政法中的定位来研究。

理论上,作为抽象行政行为的城市规划是可诉的,但在实践上,由于公共利益的模糊性,在利益衡量和公平性方面很难有明确的规范。例如,在城市发展中,如何看待环境权与就业权的关系、财产权与就业权的关系。在2005年美国联邦最高院判决开罗诉新伦敦案(陈辉萍,2006)中,就是将经济规划看作为公共目的,而认为市政府征用私人土地建造旅馆、商店和住宅等是合法的。这里引发的问题是,若起诉经济规划侵权,现状业主不同意在此建设旅馆、商店和住宅,法院将如何判决。这实质上是公共利益与私有产权的博弈。由于公共利益的模糊性,仅从法律的角度是很难做出公正的判决。公共利益应放在社会经济发展的大场景来判断,例如,开罗诉新伦敦案的背景是经济的持续下滑和失业率的上升。

这里得出的结论是,模糊公共利益与实在个体侵权的矛盾,可称为城市规划悖论。一方面城市规划的制定是为了公共利益,另一方面城市规划的行为干预了私有产权,甚至是剥夺。例如,建设公共厕所或垃圾中转站均认为是公共利益或公共目的,但由于公共厕所造成的影响,决不允许公共厕所或垃圾中转站建在自己家门口已成为一种现象。这种现象不仅在西方国家出现,也在中国出现。这种现象的解决依赖于法治(含宪法)的健全、公民的伦理,而不是简单的城市规划作为行政规定或抽象的行政行为是否可诉的问题。

现代财产权保护的逻辑是(林来梵,2001):不可侵犯条款,制约条款,补偿条款。"现代西方各国宪法大多承认私人财产的社会性,肯定对财产权的公共制约"(林来梵,2001)。由于城市规划本质特征是对财产权的公共制约,这从宪法的角度肯定了城市规划的合宪性。目前,仅赋予地方政府编制城市规划的权力,对涉及宪法权利如何规范,没用明确的规定,例如,对财产权的限制可控在什么程度(土地的规划控制),对社会权的保障可以强制到什么程度(土地的征收)。

城市规划制定是在资源稀缺的背景下,国家采用警察权(行政强制)对资源进行配置的方式,是主权的体现。城市规划的编制必然会带来土地价值的升降,或者是城市空间中权利的"此消彼长"。对土地的规划带来了部分土地价值的减少,造成了所谓广义上的"征收"行为的发生。司法审查的核心问题是在什么情况下行政强制转化为行政征收,而需要政府进行合理补偿。这种判断可以按照斯普兰克林(2009)提出的两个步骤:①判断管理行为是否占有不动产、是否导致不动产的经济用途或者是有效用途的丧失,或者是政府要求强制捐献的部分是否与合法的城市利益有本质的联系,并与所建项目成比例;②按照布伦南提出的征收判别的三个要素来推论,也即政府的管理或规制行为是否对权利相关人产生显著的经济影响。

从宪法司法化的观点,城市规划作为行政规定或地方立法应从合宪性进行审查。从城市规划编制的过程来看,城市规划的编制不仅是一个"立法"过程,由于公众的参与,也是一个政治过程。"对于政治失灵进行直接的司法审查,是一个成本高、代价大的回应"(考默萨,2007)。若城市规划的编制出现了争议,从另一个角度,可以认为是政治失灵的表现。"对政治失灵进行直接的司法审查,是一个成本高、代价大的回应。因此,对于很少有法院愿意对土地规划进行干预,就没有什么值得大惊小怪了"(考默萨,2007)。"在宪政层面上,就是尽可能较少(甚至完全没有)对政治活动的违宪审查"(考默萨,2007)。

城市规划的复杂性,在于城市规划不确定法律概念的授权,以模糊的公共利益为依据,是不成熟的行政行为,是一个政治的过程。由于司法限度的存在,导致了司法审查结论的摇摆。"有的时期法庭倾向于保护个人权益,有的时期倾向于鼓励政府控制"(周国艳等,2010)。因此,"现实是,对于大部分地区的地方规划决策事务,联邦法院和大多数州法院事实上已经不再插手干预了"(考默萨,2007)。对于空间中的权利冲突,"美国法院大多会决定'不去做决定',也就是说,把保护财产的任务交给其他的制度去解决"(考默萨,2007)。

如果将上述的情况与英国的城市规划制度相比较,我们会发现同为普通法国度的英国和美国对待城市规划的方式是不一致的,但最终的结论基本相同。英国为议会主权的国家,司法并不干预议会授权政府的权力,也不裁定规划决定的政策价值。"法院对行政规划的监督应当侧重于法律方面,而技术方面的细节则应尊重行政机关的裁量权"(姜明安,2006)。美国推行三权分立,对城市化进程中的财产权保护的任务,则是思考由其他制度而不是司法或者是各种制度的协同来解决。

从英国、美国的城市规划的司法审查的实践得到的启示是,城市规划的法律控制更应从制度的层面设计。对于城市规划的权利救济重点是在编制阶段的公众参与过程中的听证与抗辩制度的建立。因此,笔者认为城市规划的司法审查应限定在一定范围,或者是有限度的审查。对于城市总体规划,在本研究中定位为公共政策,不应列为司法审查的范畴。对于控制性详细规划,依据《城乡规划法》,司法审查主要包括两个方面:①未按程序编制、审批与修改城乡规划的;②编制城市规划对具体的在建项目形成征收的。

8.4.4 征收与补偿

在中国,2008 年生效的《城乡规划法》第五十条提出,在"一书三证"核发后,"因依法修改城乡规划给被许可人合法权益造成损失的,应当依法给予补偿"。这是中国首次提出行政补偿的概念。这是出于在城乡规划部门作出行政许可后的一种信赖保护,同时也是防止城市规划的频变给公民造成损失。由该补偿问题引出了一个从理论到实践都值得探讨的问题:由于城市规划造成的其他公民的损失是否需要补偿?

根据金伟峰等人(2007),引起行政补偿的原因有三个观点:①具体行政行为说,仅限于合法的具体行政行为;②行政行为说,合法的行政行为引起的损害;③合法行为说,只要行政主体的合法行为引起的损害都可能引发行政补偿责任的发生。行政行为说和合法观点说基本一致。这两种观点都包含了具体行政行为和抽象行政行为。这与具体行政行为说是不一致的。金伟峰等人(2007)认为"'合法行为说'的观点更为恰当",并进一步认为"将部分涉及对私人财产的征收征用的想象行政行为纳入行政补偿范围,更将有利于对私人合法权益的保障"(金伟峰等,2007)。

笔者认为该观点值得进一步讨论。如果抽象的行政行为也列为行政补偿的对象,关键是如何补偿。抽象的行政行为针对的是不特定的人群,以及对未来尚未发生的行为。如果要进行行政补偿,如何确定损失的程度和制定补偿的标准,如何体现行政补偿的公平、公正?因此,笔者赞同具体行政行为说,对于抽象的行政行为则要具体分析,研究是否具有具体行政行为的特征和是否具有"可操作性"。

行政征收的目的是公共利益,因而在补偿过程中始终存在着公共利益与个体利益的矛盾。合理补偿意味着:①公共利益与个体利益的平衡;②每个成员能从社会中获得基本的生存条件和物品。当然,在公共财力有限时,"个人要为着公共利益忍受这样的'善意的伤害'"(金伟峰等,2007)。例如,中国人多地少,为了充分利用土地以获得更多的发展空间,国家居住区规范规定每户至少一个居室在大寒日的日照时数为不少于 2 小时。从另一个角度看,原来一户住宅的日照时数为 4 小时,由于其南侧建造建筑而遮挡变成了 2 小时。这种情况就是"善意的伤害",而不是侵权行为。所有人均应无偿地承当这种社会性义务。当然这种限制不能超过一定的范畴,应当符合比例原则的要求。

城市规划造成土地财产权的减少而应补偿是一个十分复杂且难以操作的过程。英国 1919 年《住宅与城市规划法》规定,依规划项目未被批准,业主可得补偿。但实践证明这一条款难以操作。1947 年《城乡规划法》规定开发权国有化,并由地方政府控制。地方政府在规划许可时征用土地开发费,但否决时不予补偿。地方政府被授予了很宽的强制权,包括保护树木和重要建筑物、控制广告等。这种行政强制权的使用,往往给公民造成了经济损失。

城市规划具有行政强制与行政征收的特征,或者是规制性的行政强制和行政征收。如何区别这两个概念? 在美国依据美国宪法第五修正案,征收应给予合理补偿,但行政强制(警察权)则没有补偿。可是这两个概念有时难以区别。弗罗因德(Ernst Freund)在其文《警察权、公共政策和宪法权力》(*The Police Power, Public Policy and Constitutional Rights*)(1904,第 511 节)中写道,"州根据剥夺(征收)条款剥夺财产,如果对公众有益,那么给予公平的补偿;根据正当程序条款剥夺(征收)财产,如果这些财产对公众是有害的,那么,完全不用给予补偿"(奥尔特,2006)。可以说,这是两个概念最重要的区别。

按照刘向民(2007),在美国早期的判断是针对规制的目的是公益还是公害的区别来定。公益则补偿,公害的则不用给予补偿。但规制是为公益还是防公害往往是相同的,要区别是为公益还是防公害是困难的(曼德尔克,1997)。现在常用规制限制和约束财产权后所造成的损失大小来定。1992 年美国最高法院对卢卡斯(Lucas)一案的判决中,针对卢卡斯在购买两块土地时是允许建房的,但不久后政府的立法是不允许建房的情况,提出即使规制是防公害的,"完全对所有(土地)使用的否定就是征用"(曼德尔克,1997)。

对私有财产的干预是否需要补偿,自由主义者埃普斯坦做得更远。埃普斯坦希望政府的行为受到司法审查,并建议扩大征用的概念,"只要政府对受普通法保护的私人财产之利用的任何方面进行了干预,都构成了征用"(Epstein,1985;考默萨,2007)。这是广义征收的概念。根据该概念,只要造成私有财产的损失,即使是行政强制也应给予补偿。芒泽(2006)认为征收涉及两个问题:①法律问题:法律制度应该如何处理政府行为有害私人持有的情况? ②道德和政治制度问题:一个社会应该如何处理政府行为有害私人持有的情况? 而在这两个问题中,"道德和政治制度问题是更根本的"(芒泽,2006)。

一旦法院认定为管理或者规制征收,"救济措施是补偿性赔偿"(斯普兰克林,2009)。但是"政府享有选择权"(斯普兰克林,2009),如修改管理法规,撤销违法的管理行为,或者是行使征收权。在司法判断是否是征收行为时,"最重要的因素显然是管理行为对权利人的经济影响"(斯普兰克林,2009)。多大的经济影响可以认定为征收? 美国最高法院的态度十分明确:"如果管理行为'与促进社会整体福祉存在合理关系',即使极大地'减少了不动产价值',也不属于征收行为"(斯普兰克林,2009)。也就是说,在城市规划编制中,无论对土地的限制行为导致不论多少的潜在的损失,只要城市规划符合城市整体利益,也就不存在征收行为。

城市规划是关乎市民利益的工作,规划的决策是在公众参与的背景下作出,或者是"规划是在高度政治化的背景下进行的"(利维,2003)。"事实上,合理的补偿很有可能恶化而非改善爱普斯坦最为关注的那种政治失灵"(考默萨,2007)。1995 年美国 8 个州通过法律进行"征用影响分析",参议院多数党领袖提出执行"征用影响分析",并提出在规制下"只要财产价值损失超过一定百分比,就要求补偿全部损失"(利维,2003)。这标志着右翼思维的抬头,但却遭到了美国规划师学会和一批环境组织的强烈抗议。佩恩中央运输公司诉纽约市案(Penn Central Transportation vs. City of New York)一案的判决指出,"只要合理的经济使用价值还存在,就不构成需要补偿的征用"(刘向民,2007)。因此,对于城市规划作为规制对财产权的限制,只要可保持合理的经济价值就不是征用,但对限制多少为合理仍是激烈争论的话题。

9 结论:发展、权利与社会和谐

中国的城市化不断地推进人口与产业在空间中的结构转型。在这个转型过程中农民工、征地拆迁现象成为了社会关注的焦点。这不是两个互不关联的问题,而是进入城市的权利与财产维护过程在资源有限的条件下的场景。实质上,这就是基本权利的"同时在场",基本权利在空间的矛盾与博弈。梁鹤年(2008)发出感慨:"一个市民共有、共享、共赏的城市应该是怎样的城市,该怎样规划呢?"弗里德曼则提出"谁的城市"。这一系列问题表达了一个共同的话题:我们能构建出所有公民共有、共享、共赏的"美好城市"制度吗? 这个答案只能是空间宪政。

考默萨认为不同的制度对权利的配置结果是不同的。在空间中任何一种制度,均不能完美地承担权利的责任。市场是资源配置的基本制度,但是市场失效产生的外在影响、市场对公共货品供给的缺失、市场机制引发社会分层而带来的城市贫困均对公民基本权利的实现产生负面影响。市场机制的缺陷是政府介入的依据。然而,从法律的角度,最不放心的是将权力放在行政之手。从空间宪政的角度,政府不仅要承当弥补市场失效的责任,还要承当在城市化进程中权利的实现方式的公共治理的责任。公众参与的困境与有限理性的存在,促使人们改变思路。仅仅依靠民主无法获得最佳的资源配置方案。从空间宪政的角度,权利配置的最佳方案来源于市场、政府、民主、道德和司法的协同配合。

在资本主义制度下,人们崇尚自由,将个体利益置于首位。假如人人都是自利的,假想城将出现何种状况? 从理性的角度,每个人均不会将自己的土地贡献出作为学校、公园、道路等等,那么理想城将是一个没有公共设施、基础设施的城市。正如社会契约论所假设的一样,理想城的每个公民都要贡献出一份土地给国家,用来建设公共设施、基础设施、道路。这是最公平的土地资源配置的思路。在理想城的初始状态,这是可行的方案。然而,随着社会经济的发展,理想城已经不是人人均有一份土地的状态,而是社会分层出现了,城市贫困出现了,资源已经不是平等地拥有。如果假想城是开放的体系,假想城还得承接大量的外来人口。这时配置资源的难度就大大增加了。

城市化导致人口、产业的集中。人口的增加使得城市的复杂性不断增大，未来的不确定性使得对未来的预测难度加大，资源的有限性扩大了公民权利的博弈程度。这不仅是一个现实问题，也是一个理论问题。这些问题涉及人们的世界观、方法论。从宪法的视角，政府的角色是一个矛盾的统一体。政府既要采用消极立场以防止政府对公民的自由与权利的过分干预，又要积极作为以帮助公民更好地实现基本权利。由于城市的复杂性，法律对政府的授权采用的是不确定的法律概念。因此，作为社会行动的城市规划就是对城市空间的公共治理的过程，也是一个宪政的过程。

德国学者奥托·迈耶曾认为"行政法是变动的宪法"。行政法的变动性在于行政法所规制的对象——行政的变动性。这种变动性的重要原因是基本权利的变动性。宪法是一部保障公民基本权利的法。基本权利从自由权扩展为自由权、社会权、政治权、环境权，必然要求政府从消极政府转为积极政府。城市化使空间宪政成为可能。由此引出了空间宪政中的核心内容：①美好城市中的空间公民基本权利的构成；②空间中基本权利实现的路径；③城市规划作为政府干预的工具的宪政职能。

我们的公民可以进入城市吗？列斐伏尔提出了进入城市的权利。我们将吉登斯的空间概念导入宪政之中，我们会发现一个新的领域。权利的同时在场，重新改变了我们对权利的认识。权利不仅是个体的权利，而且也是社会的权利。作为公民基本权利支撑的财产权的社会化就是这种转变的重要体现。这主要表现在干预空间发展的城市规划的出现。美国最高法院在欧几里得村案中对分区规划合宪性的认可，是对作为社会干预的城市规划制度的确认，也是财产权社会化的重要标志。英国1947年《城乡规划法》的颁布，更是奠定了以公共利益为目的的现代城市规划的法律基础。

私有财产制度是市场经济的基石。在城市化的冲击下，财产权的概念已经改变。作为空间资源的财产不是为了保护而保护，而是为了实现整体的公民基本权利和社会和谐而对其实施公共管理。在城市化的背景下，财产的概念不是个体的，而是个体与社会的结合。在对财产的干预过程中，立法、行政、司法均对公共利益概念作了泛化的解释。征收是对财产干预最严厉的行使，即使是对私有财产最尊重的美国，"目前美国法院关心的基本问题是'那些因为财产的再分配而受到损失的人应否得到赔偿'的问题"（邢益精，2008）。而这种对公共利益泛化的理解和司法对征收的立场不是法律的倒退，而正反映了法律对社会发展与社会问题的回应。

在空间宪政的框架下，城市规划的职能应有较大的转变。城市规划不能仅仅"以物为本"，更应当"以人为本"。城市规划也不仅是对私有财产的干预，更应实现对公民基本权利的"给付"。法律授权编制城市规划采用的是不确定的法律概念。在空间宪政的框架下，这不是赋予城市规划巨大的自由裁量权，而是在城市化的复杂背景下，要求城市规划的"自我约束"、"自我规范"。在制度的设计中，立法授权、司法的监督，促使城市规划的编制能够代表公共利益，也就是城市规划不是为城市中某个特定阶层服务的，而是为了公众，为了整体市民。

宪法赋予每一个公民平等的生存和发展权利。基本权利的目的既是个体防止政府的恣意侵害，同时也是个体和谐共处的社会契约。公民基本权利的实现和财产的保护应放在城市化的场景中。这里再次引用罗斯福对权利的关注："人们有权在美国的工厂、商店、农场或矿厂获得有益的和有报酬的工作；人们有权获得足够收入，以便得到充足的衣食和娱乐；每一个农民都有权种植并出售农作物，并以由此获得的收益保证他和他的家庭有尊严地活着；每一个商人，无论大小，都有权在免受国内外不公平竞争和垄断者控制的环境中从事商业活动；每一个家庭都有权拥有体面的住宅；人民有权获得充分的医疗照料，并得到机会以维持和享有良好的健康；人民有权获得充分的保护，以免于因年老、疾病、意外事故和失业而导致的经济恐慌；人民有权接受良好的教育"。（桑斯坦，2008）

如何"认真对待权利"不仅是一个思辨的问题，也是一个宪政的问题。宪法赋予公民的权利是抽象的，而工厂、商店、农场、住宅、医院、学校则是具体的。工厂、商店、农场、住宅、医院、学校的建设依赖于发展，依赖于城市空间的可支持性。这些都要建立在对土地资源的合理配置以及再配置上。空间是公民基本权利实现的载体。社会经济的发展在资源稀缺的条件下如何"认真对待权利"？这需要新的理论做指导。空间的视角赋予宪政新的活力。空间宪政的提出目的是探讨在城市化的背景下公民基本权利的实现方式。因此，空间宪政是基于公民的基本权利研究权利配置的制度设计，规范政府在资源配置与再配置中的权力，以实现社会和谐。

政府职能的转变迫切需要设计出新型的行政方式。"行政法之任务不再是限于消极保障人民不受国家过度侵害之自由，而在于要求国家必须以公平、均富、和谐、克服困境为新的行政理念，积极提供各阶层人民生活工作上之照顾,国家从而不再是'夜警',而是各项给付之主体"(黄锦堂,2006;章剑生,2008)。城市规划正是顺应政府职能的转变而在二次世界大战以后产生的一种新型的干预空间发展的权力。由于权利的"同时在场"和资源的有限性,城市规划在履行行政指导和行政给付时,同时采用了规制性的行政强制与行政征收。城市规划的颁布实施是政府覆盖在私有产权制度上的一种权力"大网",它限制了土地产权的自由使用。

城市规划是回应城市化的政府行为。作为行政法的城市规划所承当的不仅是控权的功能,还具有"经济法"和"社会法"的功能。城市发展、城市空间、基本权利是城市规划的基本内容。公平、公正和正义是城市规划体现法的基本要求。在城市规划批准颁布后,城市规划就是一种覆盖在私有产权之上的法律大网。作为干预私有产权的城市规划,宪法的要求为公共利益、正当程序、合理补偿、法律保留。

所编制的城市规划是一种具有具体行为特征的抽象行政行为。从政府的行为特征上看,城市规划是行政指导、行政强制(警察权)和行政征收。但这种复合型的行政行为并不是一种"成熟"的行政行为,只是一种规制型的行政行为。因此,法律保留理应成为控制城市规划的一种基本原则。但在未来难预测的背景下,法律对行政的授权采用的是不确定的法律概念,诸如合理布局、公共卫生、公共安全等概念。为此,城市规划行政权具有极大的裁量权。

对城市规划的严格限制会造成城市规划难以回应社会经济的发展,对城市规划控制不严则又会使财产权处于频变的法律环境之中。由于城市规划法律保留和行政裁量的双重特征,对城市规划的法律保留的密度不能太大。"刚柔相济"则正好符合城市规划的这种特征。对公民基本权利产生严格限制效果的内容采用硬法的模式,而对公民的权利的一般性限制可采用软法模式。作为法律保留的硬法采用的是"行政立法",而软法则是一种协商性立法。

公共利益是一个与个体利益相对的模糊概念。但公共利益并不是仅限定于道路、公园、医院、学校等公共用途所表现出来的一致性利益与共同的利益。既然公共利益是不定多数人的利益,公共利益往往表现为多元利益。公共利益在不同的场景中所表现出来的概念是不一致的。城市规划中的公共利益应从城市化进程中公民权利的实现进行系统的全面的分析。公共安全、公共健康、舒适便利、社会福祉、可持续发展均是公共利益的选项。增进公共利益是城市规划的核心,城市规划应根据社会经济的发展场景合理界定公共利益。公众参与是公共利益找寻的重要手段。

正当程序则是公众参与的法律依据,公众参与也是正当程序和核心内容。城市规划中的公众参与具有四个基本职能:①城市规划正当性的来源;②公共利益与个体利益的边界的求证;③培养政府与公众的合作意识;④推进城市规划工作的民主化。但是如何进行有效的公众参与则面临困境。公共协商可改善公众参与的效果。阿罗的不可能定理提出了不可能获得"一致性"的意见,孙斯坦则提出协商后公众意见两极分化的理论,博曼提出了多元利益条件下公众参与的不平等性。为此,制度改革和集体行动(博曼,2006)是获得有效的公共协商的重要举措,如对弱势群体的赋权协商。

由于法律对城市规划的授权采用的是不确定的法律概念,作为干预财产权的城市规划是否可诉是法律对城市规划控制的一个重要问题。如何确定城市规划的可诉性,关键是要确定城市规划的法律地位。如将城市规划定位为行政立法,对城市规划的法律监督是合宪性问题,而不是可诉性问题。如将城市规划定位为抽象的行政行为,随着法律制度的改革,可以将城市规划列入受案范围。本研究认为由于司法审查限度的存在,并且城市规划涉及不确定法律概念授权,司法应尊重政府在城市规划方面的专业水准和现代政府对城市发展的应对能力,仅对城市规划进行有限的审查。司法审查的重点是目的性与程序性审查,而不是实质性审查。

在美国,自从城市规划产生开始,司法便从合宪性与合法性的角度对城市规划进行审查,以防止城市规划不适当地干预私有产权。在欧几里得村案中,美国联邦最高法院支持了城市规划的合宪性。在宾夕法尼亚煤炭公司诉马洪案以及佩恩中央运输公司诉纽约市案中,美国联邦最高法院支持政府对私有财产规制型征收,甚至是极大地"减少不动产的价值"。在开罗诉新伦敦案中,联邦最高法院则有进一步支持政府在公共利益方面宽泛的定义。这些案例表明权利的保护不是绝对的。权利的概念是建立在社会经济的发展场景中的。权利所代表的是个体的利益,所反映的是社会关系,所服务的则是社会的发展与和谐。

在城市空间中,基本权利"在时间上是变化的,在空间上是矛盾"。作为物质形态的城市空间是表象的,而实质是权力与权力、权力与权利、权利与权利在空间中的"同时在场"。从这个角度,城市规划的过程是在市场—政府—公民的合作背景中的宪政过程。面对城市空间中的利益博弈,城市规划所关注的不仅是物质形态的规划,而且是在城市化进程中人的发展。在城市空间中,基本权利随着城市的发展"此消彼长"。是否形成社会和谐,或者是社会系统的平衡则是判断城市规划法律制度好坏的判断标准。"美好城市"是一个关注人的基本权利的城市,是一个包容的城市、平等的城市、正义的城市。因此,空间宪政的目的是"美好城市"的制度设计,而发展、基本权利和社会和谐应是城市规划法律制度研究的中心或主题。

参 考 文 献

毕雁英. 2010. 宪政权力架构下的行政立法程序[M]. 北京:法律出版社:17.

曹现强,张福磊. 2011. 空间正义:形成、内涵及意义[J]. 城市发展研究, 18(4):彩2-3.

陈果,顾朝林,吴缚龙. 2004. 南京城市贫困空间调查与分析[J]. 地理科学,24(5):548.

陈辉萍,MARY SZTO(编译). 2006. 美国财产法[M].北京:中国民主法制出版社:159.

陈锦富,刘佳宁. 2005. 城市规划行政救济制度探讨[J]. 城市规划,29(10):22.

陈鹏. 2005. 自由主义与转型社会之规划公正[J]. 城市规划,29(8):24.

陈小文. 2009. 行政法的哲学基础[M]. 北京:北京大学出版社:137.

陈振宇.2009. 城市规划中的公众参与研究[M]. 北京:法律出版社:3, 13,65.

杜雁. 2010. 深圳法定图则编制十年历程[J]. 城市规划学刊,186(1): 108.

段进. 1999. 城市空间发展论[M]. 南京:江苏科技出版社.

段进. 2008. 控制性详细规划:问题和应对[J]. 城市规划,32(12):14.

范润生. 2002. 传统区划与区划改良——浅谈美国城市开发控制机制的核心内容[J].规划师,18(2).

耿毓修,黄均德. 2002. 城市规划行政与法制[M].上海:上海科技出版社:273.

龚向和. 2007. 作为人权的社会权:社会权法律问题研究[M].北京:人民出版社:15-17.

郭建,孙惠莲. 2007.公众参与城市规划的伦理意蕴[J]. 城市规划,31(7).

郭庆珠. 2009. 行政规划及其法律控制研究[M]. 北京:中国社会科学出版社:299,318.

郭素君. 2009. 由深圳规划委员会思索我国规划决策体制变革[J]. 城市规划,33(3):51-52,53.

何包钢. 2008. 民主理论:困境与出路[M]. 北京:法律出版社:156,157,160,161,162,163.

何明俊. 2005. 建立在现代产权制度之上的城市规划[J]. 城市规划,29(5).

何明俊. 2008. 西方城市规划理论范式的转换及对中国的启示[J]. 城市规划,32(2):73,74,76.

何明俊. 2009. 城乡规划效能监察中的申诉机制[J]. 规划师,25(9).

何永红. 2009. 基本权利限制的宪法审查——以审查基准及其类型化为焦点[M]. 北京:法律出版社.

何真,唐清利. 2006. 财产权与宪法的演进[M]. 济南:山东人民出版社.

何子张. 2009. 城市规划中空间利益调控的政策分析[M]. 南京:东南大学出版社.

胡建淼(主编). 2002. 行政强制[M]. 北京:法律出版社:6,61,137,144,148.

胡建淼. 2003. 行政法学[M].2 版. 北京:法律出版社:4,197,243,262,263,359.

胡建淼(主编). 2005. 论公法原则[M]. 杭州:浙江大学出版社:326,327.

胡静. 2009. 环境法的正当性与制度选择[M]. 北京:知识产权出版社:173.

黄宁,熊花. 2009.《城乡规划法》实施背景下的武汉控制性详细规划编制方法探讨[J]. 规划师,25(9):37-38.

黄怡. 2006. 城市社会分层与居住隔离[M]. 上海:同济大学出版社:225,233,253.

季卫东. 2005. 宪政新论——全球化时代的法与社会变迁[M].2 版. 北京:北京大学出版社:10.

江必新. 2005. 行政法的基本类型[M]. 北京:北京大学出版社:108.

姜明安. 2006. 行政程序研究[M]. 北京:北京大学出版社:88,121,124,322-323,324,331-333,346,378-379.

姜昕. 2008. 比例原则研究——一个宪政的视角[M].北京:法律出版社:

17.

蒋永甫.2008.西方宪政视野中的财产权研究[M].北京:中国社会科学出版社:37-40,58,68,69,78,80,83,86,183,252,253,307.

金伟峰,姜裕富.2007.行政征收征用补偿制度研究[M].杭州:浙江大学出版社:9,28-29,31,49,93,97,98.

李图强.2004.现代公共行政中的公民参与[M].北京:经济管理出版社.

李志明.2009.空间、权力与反抗:城中村违法建设的空间政治解析[M].南京:东南大学出版社:6,7,8,31,97,100.

黎伟聪.1997.香港城市规划检讨[M].香港:商务印书馆:5,22,23.

梁鹤年.1999.公众(市民)参与:北美的经验与教训[J].城市规划,23(5):51-52,53.

梁鹤年.2004.西方规划思路与体制对修改中国规划法的参考[J].城市规划,28(7):37,41.

梁鹤年.2008.人本思想与公共利益[J].国际城市规划,23(1):99,a.

梁鹤年.2008.公共利益[J].城市规划,32(5).

林来梵.2001.从宪法规范到规范宪法:规范宪法学的一种前言[M].北京:法律出版社:91,110,116,118,189,190,191,197,198,206.

林来梵(主编).2009.宪法审查的原理与技术[M].北京:法律出版社:175.

刘飞(主编).2007.城市规划行政法[M].北京:北京大学出版社:1-9,11,16,17,18,74-75,93,176,181-182,186-187,191,187-191,196-197,201.

刘佳燕.2006.国外城市社会规划的发展回顾及启示[J].国外城市规划,21(2):54,63.

刘全波.1990.英国城乡规划立法[J].城市规划,14(4).

刘向民.2007.美国的征地行为[M]//吴敬琏,等(主编).洪范评论(第7辑).北京:中国法制出版社:98,100.

刘晔,李志刚,吴缚龙.2009.1980年以来欧美国家应对城市社会分化问题的社会与空间政策评述[J].城市规划学刊,184(6):73,74,76.

刘莘.2006.法治政府与行政决策、行政立法[M].北京:北京大学出版社:109-110,130,131,189.

刘玉亭.2005.转型期中国城市贫困的社会空间[M].北京:科学出版社:

41.

柳砚涛. 2006. 行政给付研究[M].济南:山东人民出版社:14,44-46,48-
52.

罗豪才. 2004. 现代行政法制的发展趋势[M].北京:法律出版社:10.

罗豪才,等. 2006. 软法与公共治理[M].北京:北京大学出版社:14-15,
21-22,52-55,58,63,137.

马生安. 2008. 行政行为研究——宪政下的行政行为基本理论[M].济
南:山东人民出版社.

马武定,文超祥. 2006. 我国城市总体规划的改革探讨[J].城市规划,30
(10):9,13.

潘弘祥. 2009. 宪法的社会理论分析[M].北京:人民出版社:210,212,
225,245,252,275.

钱福臣. 2006. 宪政哲学问题要论[M].北京:法律出版社.

钱志鸿,黄大志. 2004. 城市贫困、社会排斥和社会极化——当代西方城
市贫困研究综述[J].国外社会科学,(1):55,58.

乔艳洁,曹婷,唐华. 2007. 从公共政策角度探讨邻避效应[J].郑州航空
工业管理学院学报(社会科学版),26(1):94.

秦前红. 2009. 新宪法学[M].2版.武汉:武汉大学出版社:104,111,115
-117,318.

仇保兴. 2002. 从法治的原则看《城市规划法》的缺陷[J].城市规划,26
(4):13,14,55.

宋雅芳,等. 2009. 行政规划的法治化——理念与制度[M].北京:法律出
版社:272,274,289,292.

隋卫东,王淑华,李军. 2009. 城乡规划法[M].济南:山东大学出版社:
25.

孙江. 2008. "空间生产"——从马克思到当代[M].北京:人民出版社:1,
208.

孙丽岩. 2007. 授益行政行为研究——探寻行政法通道内的公共资源配
置[M].北京:法律出版社:112-118.

孙施文. 2005. 英国城市规划近年来的发展动态[J].国外城市规划,20
(6).

孙施文,殷悦. 2004. 西方城市规划中公众参与的理论基础及其发展[J].
国外城市规划,19(1).

孙笑侠. 1999. 法律对行政的控制[M]. 济南:山东人民出版社:121, 284.

孙笑侠. 2005. 程序的法理[M].北京:商务印书馆.

苏腾,曹珊. 2008.英国城乡规划法的历史演变[J]. 北京规划建设,163 (2).

苏则民. 2001. 城市规划编制体系新框架研究[J]. 城市规划,25(5):30.

谭纵波. 2008.《物权法》语境下的城市规划[J].北京规划建设,162(1): 44.

唐清利,何真. 2010. 财产权与宪法的演进[M].修订版.北京:法律出版社:53,55-57,93-94.

唐子来. 1999. 英国的城市规划体系[J]. 城市规划,23(8).

田莉. 2004. 区划的尴尬[J]. 城市规划学刊,152(4):59,60.

田莉. 2007. 我国控制性详细规划的困惑与出路——一个新制度经济学的产权分析视角[J]. 城市规划,31(1):17.

田莉. 2007. 论开发控制体系中的规划自由裁量权[J]. 城市规划,31 (12):79.

王宝明,赵大光,等. 2004. 抽象行政行为的司法审查[M].北京:人民法院出版社:8.

王东. 2010.《城乡规划法》实施背景下广州市城乡规划编制体系的思考与实践[J]. 规划师,26(1):49.

王国柱,王爱辉. 2004. 城市规划:公共利益、公众参与和权利救济——兼论修订《中华人民共和国城市规划法》[J]. 国外城市规划,19(3):38.

王铁雄. 2007. 财产权利平衡论——美国财产法理念之变迁路径[M].北京:中国法制出版社:273,275,282,283,333.

王锡锌. 2007. 公众参与和行政过程——一个理念和制度的分析框架[M].北京:中国民主法制出版社:9,26,40.

王伊倜,苏腾. 2008. 国内学者关于国外规划法的研究观点综述[J].北京规划建设,162(2):91.

文超祥,马武定. 2009. 论控制性详细规划实施的平衡机制[J]. 规划师,25(8):67.

肖北庚. 2008. 论我国私有财产行政法限制之"依据法律规定"[J].政治与法律,153(2).

吴宁. 2008. 列斐伏尔的城市空间社会学理论及其中国意义[J]. 社会,28
(2):112.

吴鹏. 2007. 行政诉讼的法律适用[M]. 北京:人民法院出版社:150,
153.

吴越. 2007. 经济宪法学导论——转型中国经济权利与权力之博弈[M].
北京:法律出版社:33,47,123.

向德平,章友德. 2005. 城市社会学[M]. 北京:高等教育出版社:3,45,
55,63,65,143,207.

谢维雁. 2004. 从宪法到宪政[M]. 济南:山东人民出版社:108,127,
238,244.

薛源. 2006. 美国财产法案例选评[M]. 北京:对外经济贸易大学出版
社:274,278,284-295,312-319.

邢益精. 2008. 宪法征收条款中公共利益要件之界定[M]. 杭州:浙江大
学出版社:12-14,23-63,65-68,92,128,182,185,186,267,277.

徐大同,马德普. 2003. 现代西方政治思想史[M]. 北京:人民出版社:9,
14-16.

杨保军. 2003. 直面现实的变革之图——探讨近期建设规划的理论与实
践意义[J]. 城市规划,27(3):6.

杨保军,闵希莹. 2006. 新版《城市规划编制办法》解析[J]. 城市规划学
刊,164(4):2.

杨帆. 2008. 城市规划政治学[M]. 南京:东南大学出版社:95.

叶必丰. 2005. 行政法的人文精神[M]. 北京:北京大学出版社:110,
111,117.

叶涯剑. 2006. 空间社会学的方法论和基本概念解析[J]. 贵州社会科
学,199(1):70.

叶祖达. 2006. 从城市规划角度看消除贫穷[J]. 城市规划,30(6):30,
31.

袁媛,吴缚龙. 2010. 基于剥夺理论的城市社会空间评价与运用[J]. 城
市规划学刊,186(1):72.

于泓,吴志强. 2000. Lindblom 与渐进式决策理论[J]. 国际城市规划,15
(2).

于立. 2007. 规划督察:英国制度的借鉴[J]. 国际城市规划,22(2):73,
74.

俞可平.2005.权利政治与公益政治[M].北京:社会科学文献出版社:284,285,292.

张兵.2000.渐进的规划制度改革面临的出路——关于制定《城乡规划法》的讨论[J].城市规划,24(10).

张光宏.2008.抽象行政行为的司法审查研究[M].北京:人民法院出版社.

张鸿雁.2000.侵入与接替——城市社会结构变迁新论[M].南京:东南大学出版社:206,485-486.

张京祥.2005.西方城市规划思想史纲[M].南京:东南大学出版社:203.

张留昆.2000.深圳市法定图则面临的困难及对策初探[J].城市规划,24(8):29.

张萍.2002.社会学法学与城市规划法法律价值的研究——关于方法论的思考[J].城市规划汇刊,142(6):66.

张萍.2006.城市规划法的价值取向[M].北京:中国建筑工业出版社.

张萍,陈秉钊.2000.城市规划法修订中的几个问题[J].城市规划汇刊,129(5).

张千帆.2004.宪法学[M].北京:法律出版社:181,193.

张千帆,赵娟,黄建军.2008.比较行政法——体系、制度与过程[M].北京:法律出版社:193,530.

张苏梅,顾朝林.2000.深圳法定图则的几点思考——中美法定层次规划比较研究[J].城市规划,24(8):28,34,35.

张翔.2008.基本权利限制问题的思考框架[J].法学家,106:137.

张翔.2008.基本权利的规范建构[M].北京:高等教育出版:44-45,63-64.

章剑生.2008.现代行政法基本理论[M].北京:法律出版社,:9,19,41,131,132,238,241,244,251,312,315,472-473,510,513-515,517,519,521,522.

赵民.2000.城市规划行政与法制建设问题的若干探讨[J].城市规划,24(7):8,9.

赵民,乐芸.2009.论《城乡规划法》"控权"下的控制性详细规划——从"技术参考文件"到"法定羁束文件"的嬗变[J].城市规划,33(9):24.

赵鼎新.2006.社会与政治运动讲义[M].北京:社会科学文献出版社:78.

赵绘宇. 2008. 规划法律中的环境利益增进——以近期的三起环境公共事件为例[J]. 法学,(3):75.

郑文武. 2007. 当代城市规划法治建设研究——通向城市规划自由王国的必由之路[M]. 广州:中山大学出版社.

郑文武,魏清泉. 2005. 论城市规划的诉讼特性[J]. 城市规划,29(3):37-38.

郑也夫. 2009. 城市社会学[M]. 上海:上海交通大学出版社:115,116-124,125,130.

周国艳,于立. 2010. 西方现代城市规划理论概论[M]. 南京:东南大学出版社:1,129,134,141,145,156,157.

周剑云,戚冬瑾. 2006. 中国城市规划法规体系[M]. 北京:中国建筑工业出版社:4,28,162,163.

周剑云,戚冬谨. 2007. 从《物权法》出台看《城市规划法》的修订及迫切性[J]. 城市规划,31(7):1.

周江平,孙明洁. 2005. 城市规划和发展决策中的公众参与——西方有关文献及启示[J]. 国外城市规划,20(4).

周伟林,郝前进. 2010. 城市社会问题的经济学研究:文献纵览和本土需求[J]. 城市发展研究,17(1):23.

卓健. 2007. 街道是属于我们大家的——访法国著名城市学家佛朗索瓦·亚瑟教授[J]. 国际城市规划,22(3):103.

邹兵,陈红军. 2003. 敢问路在何方——由一个案例透视深圳法定图则的困境与出路[J]. 城市规划,27(2):63,64-65.

许学强,周一星,宁越敏. 2009. 城市地理学[M]. 2版. 北京:高等教育出版社.

朱福惠. 2005. 宪法学原理[M]. 北京:中信出版社:169,182,188,211,214,208,209,250-251.

朱介鸣,刘宣,田莉. 2007. 城市土地规划与土地个体权益的关系——物权法对城市规划的深远影响[J]. 城市规划学刊,170:57.

朱新力,黄金富. 2004. 论公共利益[J]. 浙江工商大学学报,68(5):4.

[美]约翰·V 奥尔特. 2006. 正当法律程序简史[M]. 杨明成,陈霜玲,译. 北京:商务印书馆:51,67,69.

[英]布莱恩·巴利. 2008. 社会正义论[M]. 曹海军,译. 南京:凤凰出版传媒集团,江苏人民出版社:20,21.

[美]布莱恩·贝利. 2008. 比较城市化——20世纪的不同道路[M]. 顾朝林,等,译. 北京:商务印书馆:1.

[英]帕特里克·贝尔特. 2005. 二十世纪的社会理论[M]. 瞿铁鹏,译. 上海:上海译文出版社:157.

[美]詹姆斯·博曼. 2006. 公共协商:多元主义、复杂性与民主[M]. 黄相怀,译. 北京:中央编译出版社:5,7,28,103,113.

[美]罗伯特·布鲁格曼. 2009. 城市蔓延简史[M]. 吕晓惠,等,译. 北京:中国电力出版社:102.

[美]罗伯特·达尔. 2006. 多元主义民主的困境[M]. 周军华,译. 长春:吉林人民出版社:6,36,77,127,128,130.

[日]大桥洋一. 2008. 行政法学的结构性变革[M]. 吕艳滨,译. 北京:中国人民大学出版社:7,17,167.

[美]Michael J. Dear. 2004. 后现代都市状况[M]. 李小科,等,译. 上海:上海教育出版社:56,57,70,164,167.

[美]丁成日. 2005. 市场失效与规划失效[J]. 国外城市规划,20(4):1,3.

[美]丁成日,宋彦,黄艳. 2004. 市场经济体系下城市总体规划的理论基础[J]. 城市规划,28(11):71.

[英]尼格尔·多德. 2003. 社会理论与现代性[M]. 陶传进,译. 北京:社会科学文献出版社:115,131,126.

[美]南茜·弗雷泽,[德]阿克塞尔·霍耐特. 2009. 是分配,还是承认?——一个政治哲学对话[M]. 周穗明,译. 上海:上海人民出版社.

[美]约翰·弗里德曼. 2005. 美好城市:为乌托邦的思考辩护[J]. 王红扬,钱慧,译. 国际城市规划,20(5):23-26,27.

[法]伊夫·格拉夫梅耶尔. 2005. 城市社会学[M]. 徐伟民,译. 天津:天津人民出版社.

[英]克莱拉·葛利德. 2007. 规划引介[M]. 王雅娟,张尚武,译. 北京:中国建筑工业出版社:3,6-7,19,59,88.

[德]迪特尔·格林. 2010. 现代宪法的诞生、运作和前景[M]. 刘刚,译. 北京:法律出版社:102,127,136,146,154,161,162.

[美]马克·戈特迪纳,雷·哈奇森. 2011. 新城市社会学[M]. 3版. 黄怡,译. 上海:上海译文出版社.

[美]戴维·哈维. 2006. 社会正义、后现代主义和城市[M]. 朱康,译// 许纪霖,等(主编). 帝国、都市与现代性. 南京:凤凰出版传媒集团,江苏人

民出版社:212.

[英]简·汉考克. 2007. 环境人权:权力、伦理与法律[M]. 李隼,译. 重庆:重庆出版集团,重庆出版社:1,7,8,9,80,82,83,107.

[英]帕齐·希利. 2008. 制度主义理论分析、沟通规划与场所塑造[J]. 邢晓春,译. 国际城市规划,23(3):27.

[美]Engin F Isin. 2007. 城市、民主和公民权:历史意向与当代实践[M]. 王小章,译//公民权研究手册. 杭州:浙江人民出版社:424,425,427,428,429.

[德]柯武刚,史漫飞. 2000. 制度经济学:社会秩序与公共政策[M]. 北京:商务印书馆:53,55.

[美]尼尔·K 考默萨. 2007. 法律的限度——法治、权利的供给与需求[M]. 申卫星,等,译. 北京:商务印书馆:4,5,11,12,14,18,19,20,21,27,34,55,56,58,68,72,73,74,87,90,97,98,122,132,175,187,194.

[德]托马斯·莱塞尔. 2008. 法社会学导论[M]. 高旭军,等,译. 上海:上海人民出版社:251.

[英]丹尼斯·劳埃德,M 弗里曼(修订). 2007. 法理学[M]. 许章润,译,北京:法律出版社.

[美]约翰·M 利维. 2003. 现代城市规划[M]. 5 版. 张景秋,等,译. 北京:中国人民大学出版社:3,8,41,56,67,68,69,72,74,87,93,97,98,229,230,289.

[法]亨利·勒菲弗. 2008. 空间与政治[M]. 李春,译. 上海:上海人民出版社:17.

[美]詹姆斯·博曼,威廉·雷吉. 2006. 协商民主:论理性与政治[M]. 陈家刚,等,译. 北京:中央编译出版社:68.

[美]刘易斯·芒福德. 1989. 城市发展史:起源、演变和前景[M]. 倪文彦,宋峻岭,译. 北京:中国建筑工业出版社.

[美]斯蒂芬·芒泽. 2006. 财产理论[M]. 彭诚信,译. 北京:北京大学出版社:3-4,5,216,227,376-378,381,389.

[美]保罗·诺克斯,史蒂文·平奇. 2005. 城市社会地理学导论[M]. 柴彦威,张景秋,等,译. 北京:商务印书馆:7,13,26,27,30,43-44,126,129,206,330.

[印]M P 赛夫. 2006. 德国行政法——普通法的分析[M]. 周伟,译. 济南:山东人民出版社:109.

[美]凯斯·R 孙斯坦. 2008. 权利革命之后:重塑规制国[M].钟瑞华, 译.北京:中国人民大学出版社:3,5,6,13,23,59.

[美]凯斯·R 孙斯坦. 2006. 设计民主:论宪法的作用[M].金朝武,刘会 春,译.北京:法律出版社:15,31,264,265-270.

[美]约翰·G 斯普兰克林. 2009. 美国财产法精解[M].钟书峰,译.北 京:北京大学出版社:1,2,7,21,587,588,590,591-593,594,654,655, 658,659,660,661,662,664.

[荷]多米尼克·斯特德,文森特·纳丁. 2009. 欧洲空间规划体系和福 利制度:以荷兰为例[J].许玫,译.国际城市规划,24(2):71,73,74.

[瑞士]T 斯托福. 2009. 市场经济的宪法[M].郑鹏程,等,译.北京:中 国方正出版社:38.

[英]亚当·斯威夫特. 2006. 政治哲学导论[M].萧韶,译.南京:凤凰出 版传媒集团,江苏人民出版社:14,18,33,38,41,110,107-111.

[美]Gregory D Squires,Charies E Kubrin. 2007. 优越的场所:美国城 市中的种族、不平衡发展和机会的分布[J].周江平,译.国际城市规划, 22(7):13,14,16,22.

[英]尼格尔·泰勒. 2006. 1945 年后西方城市规划理论的流变[M].李 白玉,陈贞,译.北京:中国建筑工业出版社:3,93,119,121,127,128- 129,130.

[英]杰弗里·托马斯. 2006. 政治哲学导论[M].顾肃,刘雪梅,译.北京: 中国人民大学出版社:145,146,156,194,199-200,265,268.

[美]约翰·克莱顿·托马斯. 2005. 公共决策中的公民参与:公共管理 者的新技能与新策略[M].孙柏瑛,等,译.北京:中国人民大学出版社: 23,62,140.

[美]肯尼思·F 沃伦. 2005. 政治体制中的行政法[M].王丛虎,等,译. 北京:中国人民大学出版社:442,451,452,457,463,465,466,467.

[美]彼得·S 温茨. 2007. 环境正义论[M].朱丹琼,等,译.上海:世纪出 版集团,上海人民出版社.

[日]盐野宏. 1999. 行政法[M].杨建顺,译,北京:法律出版社:9.

[美]张庭伟. 2008. 转型时期中国的规划理论和规划改革[J].城市规划, 32(3):23,24.

[美]张庭伟,Richard LeGates. 2009. 后新自由主义时代中国城市规划 理论的范式转变[J].城市规划学刊,183:1,2,4.

Alan Prior. 2005. UK planning reform: a regulationist interpretation? [J]. Planning Theory & Practice, (6).

Andy Thornley. 1991. Urban Planning under Thatcherism, The Challenge of the Market[M]. London: Rouledge:222.

Brendan Murtagh. 2004. Collaboration, equality and land-use planning [J]. Planning Theory & Practice,(5):455.

Central Office of Information(COI). 1992. Planning[M]. London: HMSO Publications Centre.

Daniel R Mandelker, Roger A Cunningham. 1990. Planning and Control of Land Development, Case and Materials [M]. 3rd ed. Virginia: The Michie Company:13,50,52-56.

Daniel R Mandelker. 1997. Land Use Law[M]. 4th ed. Virginia:Lexis Law Publishing:2-3,20,22-23,37,55,62,64.

Jonathan B Sallet. 1990. Regulatory "Taking" and Just Compensation: The Supreme Court's Search for a Solution Continues, Regulatory Taking, The Limits of Land Use Controls [M]. Chicago, Illinois: Amaerican Bar Association.

Ken Livingstone. 2004. The challenge of driving through change: introducing congestion charging in central London[J]. Plannig Theory & Practice, 12(5):490.

Leslie A Pal, Judith Maxwell. 2003. Assessing the Public Interest in the 21st Century: A Framework [M]. Ottawa: Canadian Policy Research Networks.

Samuel R Staley. 1994. Planning Rules and Urban Econmonic Performance: The Case of Hong Kong[M]. Hong Kong : The Chinese University of Hong Kong:12,78.

六尺巷:http://baike. baidu. com/view/329827. htm.

http://www. pco-bcp. gc. ca/smartreg-regint/en/06/01/su-10. html.

后　记

　　本书是在我的博士论文的基础上适当修改而成。落笔于此,意味着博士学习的成果可以面对社会,接受更多人士的指正。但回首过去的写作经历,心中感慨颇多。感谢我的导师胡建森教授对我的博士论文从选题、资料收集、构思到最后定稿的各个环节给予细心的指引和教导。授人以鱼不如授人以渔,胡建森教授视野广阔,学识渊博,治学严谨,他宽厚的胸怀和乐观的态度为我营造了一种良好的学术探求的精神氛围。虽然我从事城市规划工作20多年,一入学就将选题确定在城市规划的法律研究范围,但始终为选题所困扰。胡建森教授的学术研究"顶天立地"说,使我豁然开朗。最终将我的博士论文题目确定为:空间宪政中的城市规划。

　　在浙江大学光华法学院学习期间,我体会到了法学的严谨和博大精深,也体会到了光华法学院开放与包容的学术氛围。感谢光华法学院的教授们在我求学期间的谆谆教诲。孙笑侠教授在公法原理的授课中展现了丰富渊博的知识、敏锐的学术思维,从而启发我萌生了空间宪政的猜想。朱新力教授对政府规制的多角度分析,使我关注到城市规划的法律比较研究。章剑生教授严谨的逻辑思维和林来梵教授对学术孜孜不倦的追求,成为我在学术探索中的楷模。在此还要感谢金承东等教授对我学习的关心。

　　感谢范文舟、李训民、林卉、郑洁等同学在学习过程中的交流与合作、关心与帮助。我要感谢我的爱人和女儿,没有她们的帮助、体谅、包容和支持,相信这几年的博士学习生活和书稿的修改将是很不一样的光景。感谢东南大学董卫教授、南京工业大学赵和生教授对书稿审阅并提出修改建议。在此还要感谢所有在我学习期间曾经支持、鼓励、帮助过我的人。

何明俊
2012 年 4 月 10 日

内 容 提 要

　　本书采用宪法与行政法理论,提出了空间宪政的理念,试图从城市空间发展过程中的矛盾性和复杂性出发,分析公民的基本权利与城市空间发展之间的相互影响,解释空间资源配置中权利与权力的关系,以探讨"美好城市"的制度构建,并作为政府介入城市空间发展的理论依据和分析框架。本书不仅关注空间平等和空间正义,而且对城市规划的立法模式进行了比较和研究,还对城市规划中的公共利益与公众参与作了认真分析梳理。作者最后借鉴国外的经验对城市规划的权利救济提出了自己的观点。

　　该书具有跨学科的意义,对拓展法学理论和城市规划理论的研究视野有积极的参考价值,对法学、城市规划、城市地理以及相关城市研究领域的研究人员和高校师生的同类研究工作具有借鉴作用。

图书在版编目(CIP)数据

　　空间宪政中的城市规划 / 何明俊著. —南京:东南大学出版社,2013.4

　　(中国城市规划·建筑学·园林景观博士文库/赵和生主编)

　　ISBN 978-7-5641-4145-5

　　Ⅰ.①空…　Ⅱ.①何…　Ⅲ.①城市规划—研究　Ⅳ.①TU984

　　中国版本图书馆 CIP 数据核字(2013)第 052853 号

出版发行:东南大学出版社
社　　址:南京四牌楼 2 号　　邮编:210096
出 版 人:江建中
网　　址:http://www.seupress.com
电子邮箱:press@seupress.com
经　　销:全国各地新华书店
印　　刷:江苏省南通印刷总厂有限公司
开　　本:700 mm×1000 mm　1/16
印　　张:16.5
字　　数:268 千
版　　次:2013 年 4 月第 1 版
印　　次:2013 年 4 月第 1 次印刷
书　　号:ISBN 978-7-5641-4145-5
定　　价:42.00 元